机载干涉合成孔径雷达数据处理技术

丁赤飚　李芳芳　胡东辉　尤红建　著

科学出版社

北京

内 容 简 介

本书深入探讨了机载干涉 SAR 在地形测绘应用中的信号处理问题。首先,简单讲述了干涉 SAR 的基本概念、发展现状、应用领域等;然后,介绍了利用 SAR 进行干涉测量的原理、相干性、定位精度分析以及数据处理流程;在此基础上,以机载干涉 SAR 数据处理流程为线索,从运动补偿及成像、干涉处理、定标及区域网平差、数字高程模型重建及后处理等几个方面进行了系统、全面的阐述。

本书是作者近年来在 SAR 干涉测量领域的研究成果总结,内容具体实用,适合于从事遥感、测绘等领域的研究人员、技术人员以及高等院校相关专业的研究生参考阅读。

图书在版编目(CIP)数据

机载干涉合成孔径雷达数据处理技术/丁赤飚等著. —北京:科学出版社, 2017.2

ISBN 978-7-03-051866-8

Ⅰ.①机… Ⅱ.①丁… Ⅲ.①合成孔径雷达-研究 Ⅳ.①TN958

中国版本图书馆 CIP 数据核字(2017)第 034657 号

责任编辑:张海娜 纪四稳 / 责任校对:桂伟利
责任印制:徐晓晨 / 封面设计:蓝正设计

科 学 出 版 社 出版
北京东黄城根北街 16 号
邮政编码:100717
http://www.sciencep.com

北京凌奇印刷有限责任公司 印刷
科学出版社发行 各地新华书店经销
*
2017 年 2 月第 一 版 开本:720×1000 1/16
2021 年 2 月第四次印刷 印张:17 1/2 插页:4
字数:352 000

定价:128.00 元
(如有印装质量问题,我社负责调换)

前　言

合成孔径雷达（synthetic aperture radar，SAR）是一种利用脉冲压缩技术和合成孔径原理实现二维高分辨率的微波成像雷达。作为一种主动式的对地观测手段，SAR具有全天时、全天候、多波段、多极化、可穿透等优点。因此，自1951年合成孔径的概念诞生以来，SAR便得到了广泛的关注。目前，SAR已经在灾害监测、国土测绘、资源勘探、农业估产及军事侦察等诸多领域得到了广泛的应用。

干涉合成孔径雷达（interferometric synthetic aperture radar，InSAR）自20世纪70年代发展起来，它将无线电干涉测量的理论和方法与SAR技术相结合，能够在获取二维高分辨率图像的同时，利用SAR复数据的相位信息提取地表的三维地形或微小形变，具有很高的精度，因而，广泛应用于地形测绘、冰川研究、地震火山监测、海洋测绘、地面沉降监测、陆地覆盖分类等多个方面。

就地形测绘的应用而言，星载InSAR系统具有覆盖范围宽、平台稳定的特点，有利于进行全球测绘，而机载InSAR系统则具有较高的空间分辨率和测量精度，因而更适用于区域性高精度的地形测绘。本书针对机载平台下的InSAR技术在地形测绘中的应用，从InSAR的基本原理入手，围绕信号处理中的关键技术，对运动补偿及成像、干涉处理、干涉定标及区域网平差、数字高程模型重建及后处理等几个方面进行了较为系统和全面的阐述。

本书作者承担了我国第一部机载InSAR系统的研制工作，首次在国内实现了具有大比例尺测图能力的InSAR，对InSAR系统和信号处理技术有着较为系统和深入的认识。本书以作者近年来的研究工作和工程实践为基础，并融入了其他研究者的研究成果，以期较为全面地呈现该领域的研究进展，从而为从事遥感、测绘等技术领域的研究生和科研人员提供有益参考，也为促进我国InSAR技术的业务化应用贡献绵薄之力。

本书的主要内容如下：第1章阐述SAR的发展历史及趋势，对InSAR的基本概念、应用领域和发展现状进行总结概括，并指出机载InSAR信号处理的关键技术；第2章简要介绍InSAR地形测绘的基本原理，阐述相干性、平地效应、高度模糊数等重要概念，并给出机载InSAR信号处理的基本流程，为后续各个信号处理步骤的介绍奠定理论基础；第3章结合机载双天线InSAR及重轨InSAR的特点，介绍运动补偿误差对干涉测量的影响及相应的补偿方法；第4章针对机载InSAR干涉处理流程中的各个步骤，较为系统地介绍其基本原理和常用方法；第5章针对大面积区域的机载InSAR地形测绘，介绍多景影像的同名点提取、干涉定标和区域网平差方法;第 6 章介绍机载 InSAR 数字高程模型重建过程中的 DSM 后处理、正射校正及拼接方法。

林雪博士参与了本书 3.5 节内容的撰写,王山虎博士参与了 5.2 节内容的撰写,马婧博士参与了 5.4 节和 6.4 节内容的撰写,罗华硕士参与了 6.3 节内容的撰写,在此表示感谢。

本书的研究工作先后得到了国家 863 计划(项目编号:2007AA120302)、国家自然科学基金(项目编号:61331017、61401428)等项目的支持,在此一并表示感谢。同时,本书在研究和撰写过程中,还得到了中国科学院电子学研究所的吴一戎院士、洪文研究员、向茂生研究员、梁兴东研究员、雷斌研究员、胡玉新研究员、龙辉研究员、仇晓兰副研究员、孟大地副研究员等领导和同事的指导、帮助和支持,在此向他们表示衷心的感谢。

InSAR 技术一直处于不断的发展和进步之中,作者仅将近年来的研究成果进行了初步的梳理和总结,限于作者水平,书中疏漏之处在所难免,恳请读者不吝指正。

目　　录

第1章 绪 论

1.1 SAR 发展概况

合成孔径雷达(synthetic aperture radar,SAR)是一种可实现二维高分辨率成像的微波成像雷达。合成孔径的概念可以追溯到 20 世纪 50 年代初。1951 年,美国 Goodyear 公司的 Wiley 率先提出通过频率分析的方法改善雷达的方位分辨率,并将其称为多普勒波束锐化,这为 SAR 的发展奠定了理论基础。随后,伊利诺伊大学控制系统实验室用相参雷达进行试验,证实了频率分析方法确实能提高方位分辨率,并于 1953 年 7 月采用非聚焦合成孔径的方法获得了第一幅 SAR 图像。同年在美国密歇根大学举办的暑期讨论会上,许多学者提出利用机载运动将雷达的真实天线合成为大尺寸的线性天线阵列的新概念,进一步推动了 SAR 向实用化方向发展。在此基础上,美国密歇根大学成功研制出第一个 X 波段机载 SAR 系统,并于 1957 年 8 月进行了飞行试验,获得了第一幅大面积聚焦的 SAR 图像。从此,SAR 得到了世界的广泛承认并引起了众多学者的关注。

SAR 系统接收到的回波数据是散焦的,信息存在于相位之中,因此需要通过相干处理得到聚焦图像。早期,SAR 是利用傅里叶光学原理,通过激光波束和透镜组来获取聚焦图像的。这种方法需要对安放在光路上的透镜组进行精细的调整,难以做到自动化处理。为了克服光学处理方法的固有缺陷,人们开始研究 SAR 数字信号处理器。1978 年,美国国家航空航天局(NASA)发射了第一颗 SAR 卫星 SEASAT,它的发射激发了许多数字信号处理方面的设计灵感,同时也促进了 SAR 数据在遥感应用中的广泛发展。此后,随着信号处理技术和雷达系统技术的不断改进,许多科技强国相继研制成功自己的星载 SAR 系统,如欧洲太空局的 ERS-1/2、日本的 J-ERS、加拿大的 RadarSAT-1/2 等。这些卫星的发射,获得了大量的对地观测数据,在全球掀起了 SAR 研究和应用的热潮。

SAR 具有全天时、全天候的工作能力,可以实现二维高分辨率成像,选择合适的波长,还能够穿透一定的遮蔽物。这些优点使其在军事侦察、灾害监测、地质测绘、资源勘探、环境保护等诸多方面得到了广泛的应用。随着 SAR 应用技术和应用领域的不断发展和拓宽,许多 SAR 的新体制和新概念纷纷涌现。目前 SAR 的发展趋势主要体现在以下几个方面。

1) 高分辨率宽测绘带

高分辨率和宽测绘带始终是 SAR 不懈追求的目标。在距离向,为突破宽带和超宽带信号实现的技术难题,国际上普遍将调频步进信号和调频连续波作为备选信号体制。目前,一些 SAR 系统已经能够达到距离向亚米级甚至厘米级的分辨率。例如,美国的长曲棍球系列卫星第 5 颗在精细模式下能达到 0.3m 的分辨率,德国先进的机载 SAR 系统 PAMIR 更达到了厘米级的分辨能力。在方位向,为解决分辨率和测绘带宽之间的矛盾,发展出了一些新的成像模式,如滑动聚束模式,此外,许多新的工作体制也被提出,如方位多波束、同步轨道 SAR 等。

2) 多极化 SAR

早期的 SAR 系统工作在单一的极化状态,相当于对电磁波矢量进行了标量处理,无法完全获得包含在回波极化特性中的关于目标散射特性的信息。多极化 SAR 比单极化 SAR 包含更多的地物信息,通过极化信息的提取,可以最大限度地将不同散射机制的目标区分开来,从而为地物的精细分类及目标参数反演提供了新方法。目前,许多先进的 SAR 系统都具备多极化或全极化的功能,如 Radar-SAT-2、TerraSAR-X 等。进一步,将极化技术与干涉技术结合,又发展出了极化干涉 SAR 技术,它利用干涉 SAR 能够进行高程测量的优势,可以分解处于不同高度上的散射机制类型,在植被参数反演、森林生物量估计等方面具有重要的应用价值,也成为定量化遥感研究的一个重要方向。

3) 多平台 SAR

传统单一平台 SAR 电磁波的发射和接收由同一部雷达完成,多平台 SAR 则是指电磁波的发射和接收由位于不同空间位置的两部或两部以上的雷达完成,也称为分布式 SAR。与单平台系统相比,多平台系统具有隐蔽性好、安全性高、抗干扰能力强的优点,而且系统的灵活性更强,在高分辨率宽测绘带成像、干涉测量和动目标监测等方面都有明显的优势。另外,通过多颗卫星的组网观测,还可以缩短重访周期,提高 SAR 数据获取的时效性。双站 SAR 作为多平台 SAR 的一种最简形式,成为近年来 SAR 领域的研究热点之一。

4) 高维成像能力

干涉 SAR 技术通过对同一场景两次观测得到的复图像对进行干涉处理,能够获取分辨单元内所有目标的平均高程信息,将 SAR 从常规的二维成像拓展到高程测量,是 SAR 发展历史上的一次革命性的飞跃。但是,干涉 SAR 并不具有高程向的分辨能力。近年来发展起来的三维 SAR 技术通过形成一个分布在立体空间中的采样阵列,能够获得观测对象的三维分辨能力,突破了干涉 SAR 无法实现高程分辨的局限。目前,学者针对多种三维成像体制如圆迹 SAR、下视三维 SAR、多基线层析 SAR 等开展了广泛的研究,由此带来的信号处理理论和方法也在蓬勃发展。

1.2　InSAR 概述

1.2.1　InSAR 的基本概念

20 世纪 70 年代初,干涉合成孔径雷达(interferometric SAR,InSAR)技术发展起来,它将无线电干涉测量技术与 SAR 技术相结合,在获取二维 SAR 图像的同时,能够利用 SAR 复数据的相位信息提取地表的三维信息和变化信息[1]。在实现上,InSAR 通过两副天线同时观测或单天线不同航次观测,获取地面同一场景的复图像对。目标与两天线位置的路径差在复图像上形成相位差,利用该相位差与 InSAR 成像参数的几何关系,可以精确测量出图像上每一点的高程信息或变化信息[2,3]。与传统的雷达立体像对测量技术[4]相比,InSAR 技术在理论上可以获得波长量级的高程精度。

根据数据获取方式的不同,InSAR 可划分为单航过模式和重复轨道模式。

单航过模式是通过在同一平台上安装的两副天线在单次飞行中同时获取双通道的 SAR 数据,具有不受时间去相干影响、大气干扰效应小、基线稳定的优点。单航过模式根据基线构型的不同,又可以划分为交轨干涉(cross track interferometry,XTI)和顺轨干涉(along track interferometry,ATI)两大类。其中,XTI 是指基线与航向垂直的工作模式,该模式下,干涉相位由两副天线与地面目标之间的路径差引起,而路径差又与地形紧密联系,因此,XTI 模式可用于获取地物高程信息。ATI 是指基线与航向平行的工作模式,此时干涉相位主要由两次观测时间间隔内地面目标的位移变化引起,因此 ATI 常用于地面动目标检测、水流制图等方面。对于星载平台,其覆盖范围宽,有利于进行全球测绘,但在同一卫星平台上构建足够长的基线难度很大,SRTM 系统是迄今为止唯一的星载双天线 InSAR 系统。而机载单航过模式 InSAR 系统更容易实现,且具有较高的空间分辨率和测量精度,空间分辨率通常能达到 1m 或者更高,DEM 精度可以达到米级以下,因而广泛应用于高精度地形测绘应用中。

重复轨道模式是仅在雷达平台上安装单副天线,通过沿重复轨道的两次飞行获取 InSAR 数据,主要用于地表形变监测。与飞机平台相比,卫星平台具有稳定、周期性的运行轨道,容易进行基线控制和重构,因此星载重复轨道模式的应用更加广泛。通常,对于重复轨道 InSAR 测量,两次观测的轨道并非是完全重合的,即存在交轨基线分量,因而得到的干涉相位中既包含观测时间间隔内视线向的形变信息,也包含地形信息,消除其中的地形信息实现地表形变测量的技术称为差分 InSAR(differential InSAR,DInSAR)技术。差分干涉相位对地表形变非常敏感,因此差分 InSAR 可达到毫米级的测量精度。差分干涉技术原理类似于 ATI 技术,但其时间基线远大于后者,因而主要用于地面沉降、冰川监测等慢变化的测量。

随着 InSAR 技术的发展,又逐渐衍生出长时间序列 InSAR 技术、极化 InSAR 技术、多基线 InSAR 技术等多项新技术。

1) 长时间序列 InSAR 技术

差分 InSAR 技术在进行地表形变测量时,受时间、空间去相干以及大气效应[5,6]等因素的影响,大大限制了其应用。长时间序列 InSAR(time series InSAR,TSInSAR)技术是获取同一区域多景不同时相的 SAR 数据,通过识别在长时间范围内相位和幅度变化稳定的点,利用这些稳定点上的相位特征,消除大气效应的影响,从而实现长时间尺度上的连续地表形变信息提取。该技术突破了传统差分 InSAR 时间和空间去相干的限制,能够最大限度地提高数据的利用率,提高形变测量的精度。常用的长时间序列 InSAR 处理方法有永久散射体(permanent scatterers,PS)方法、小基线集(small baseline subsets,SBAS)方法、相干目标(coherent target,CT)方法等。

2) 极化 InSAR 技术

极化 InSAR(polarimetric InSAR,PolInSAR)技术是将 InSAR 技术和极化 SAR 技术相结合,既保持了 InSAR 高程测量的能力,又引入了极化 SAR 对目标散射机制敏感的优势。将极化技术引入干涉应用,可以利用极化信息来改善数据的相干性,实现相干最优,从而能提高干涉测量的精度,并能更好地解释目标的散射机理,对于地表植被物理参数反演、森林结构参数估测等方面具有十分重要的应用价值。

3) 多基线 InSAR 技术

多基线 InSAR(multi-baseline InSAR)技术是单基线 InSAR 的扩展,能够克服单基线 InSAR 测高精度与相位解缠可靠性不可兼顾的矛盾。干涉基线越长,系统的高度模糊数越小,有利于获取高精度的 DEM 数据,但是长基线会使干涉条纹更加密集,不利于相位展开。多基线 InSAR 结合模糊度不同的多个干涉相位进行联合处理,能够提高相位解缠的稳健性,获得高精度的 DEM。另外,多基线 InSAR 通过在不同高度上的多次观测,能够形成在目标高度方向上的分辨能力,这样可以解决叠掩区域的干涉相位估计问题,实现复杂地形如陡峭山区、城市建筑物等的三维重建(图 1.1,见文后彩图),这一技术也称为多基线层析(multi-baseline tomography)技术。

1.2.2　InSAR 的发展现状

雷达干涉测量的最初报道可以追溯到 1946 年,Ryle 和 Vonberg 构造了类似于 Michelson-Morley 干涉仪产生的无线电波,并能对一些新的宇宙电波进行定位[2]。但直到 20 世纪 60 年代末才有了进一步的发展,1969 年美国喷气推进实验室的 Rogers 和 Ingalls 用雷达干涉仪对金星表面进行了观测[8]。1972 年,Zisk 利

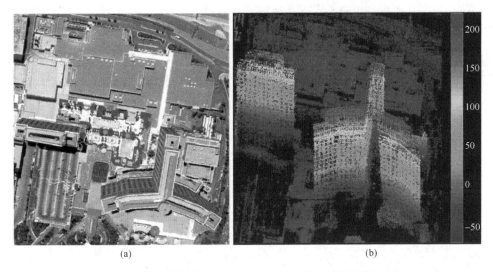

(a)   (b)

图 1.1   拉斯维加斯 Bellagio 酒店三维重建结果[7]

用类似的方法实现了对月球地形的测量[9]。1974 年，Graham 利用机载 InSAR 技术获得了满足 1∶250000 地形制图要求的高程数据，开创了 InSAR 技术获取地表三维信息的先河[10]。1986 年，Zebker 和 Goldstein 等对 InSAR 技术在理论和实践上进一步完善，获取了高程精度优于 10m 的更加实用的地形测绘结果[11]。

随着星载 SAR 技术的发展，人们获取了大量的数据，有关 InSAR 技术的研究得以全面展开。重轨干涉是星载 InSAR 系统最早和最普遍采用的模式，为 InSAR 技术的研究提供了丰富的数据源，对其最初阶段的发展起到了极大的推动作用。第一个应用于干涉测量的星载 SAR 系统是 SEASAT 系统。1988 年，Goldstein 等利用 SEASAT 数据获得了 Death Valley 的 Cottonball Basin 地形图[12]。1991 年，欧洲太空局成功发射了 ERS-1[13]卫星，获得了丰富的数据，使得 InSAR 技术成为研究的热点。1995 年，欧洲太空局又发射了 ERS-2 卫星，与 ERS-1 轨道参数几乎完全相同，两颗卫星以相同的视角和相距 1 天的时间间隔对同一地区进行观测，获取了相干性很高的干涉数据[14]。1994 年，SIR-C/X-SAR 首次获取了多频段、多极化和多时相干涉数据，大大推进了 SAR 遥感的反演问题研究，同时也开启了 SAR 极化干涉测量的研究[15]。1995 年，加拿大发射的 RadarSAT-1 卫星[16]，是第一个具有 ScanSAR 模式的星载 SAR 系统，可进行多种模式成像，但由于其轨道控制精度不高，影响了干涉数据性能。2002 年，欧洲太空局发射了 Envisat 卫星[17]，该卫星工作在 C 波段，具有重轨干涉能力，可在 ScanSAR 模式下工作。2007 年，加拿大发射了新一代商用卫星 RadarSAT-2[18]，精细模式 SAR 分辨率为 3m，重轨干涉的高程精度可达 10m。

2000 年，美国的"航天飞机雷达地形测量任务"（Shuttle Radar Topography

Mission,SRTM)是 InSAR 研究领域的又一个重要里程碑,该任务利用"奋进号"航天飞机,通过加装一个60m 可伸缩长臂将一部 X 波段和一部 C 波段天线伸出舱外,和舱内主天线构成了双天线 InSAR 系统,如图 1.2(a)所示。该系统对北纬60°至南纬56°的地形区域进行了测绘,测绘面积超过了全球陆地面积的80%,产生了平面分辨率为30m×30m、相对高程精度为6m、绝对高程精度为16m 的数字高程模型。这是迄今为止唯一由航天飞机搭载的双天线 InSAR 系统[19,20]。

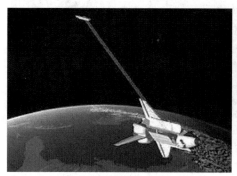
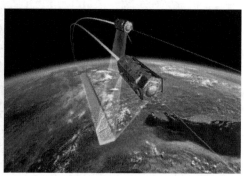

(a) SRTM系统结构　　　　　　　　　　(b) TerraSAR-X与TanDEM-X双星编队

图 1.2　SRTM 系统结构和 TerraSAR-X 与 TanDEM-X 双星编队

　　分布式干涉是通过多个单天线星载 SAR 的分布式观测来实现类似于单航过干涉的工作模式,从而可以克服重轨干涉中的时间去相干问题,同时避免了在单星平台上构建长基线的问题,且多颗卫星能实现多基线干涉,有助于提高干涉性能。德国的 TanDEM-X 任务就是由两颗非常相似的卫星 TerraSAR-X 卫星[21,22]与TanDEM-X 卫星[23-25]组成了星载分布式 InSAR 系统。TerraSAR-X 于 2007 年发射,具有多极化和多种模式成像功能,平面分辨率高达 1m。2010 年,TanDEM-X卫星成功发射,与 TerraSAR-X 组成双星编队,典型的交轨基线长度为 $250\sim$500m,如图 1.2(b)所示,能够产生分辨率为 12m×12m、相对高程精度优于 2m、绝对高程精度优于 10m 的 DEM 产品(图 1.3,见文后彩图),这是继 SRTM 后 In-SAR 技术应用的又一个巨大飞跃。图 1.4 给出了意大利 Etna 火山利用 SRTM和 TanDEM-X 任务生成的 DEM 对比图,可见 TanDEM-X 的水平分辨率明显提升,能够反映更多地形的细节信息。

　　20 世纪 90 年代以来,伴随着导航技术的进步和高精度测绘的需求,机载InSAR系统也得到了快速的发展。目前,国外有多个国家拥有机载 InSAR 系统,包括美国喷气推进实验室(JPL)的 AIRSAR[28]和 GeoSAR[29-31]、ERIM 的IFSARE[32]及 Sandia 国家实验室的机载 InSAR 系统[33],德国 DLR 的 E-SAR[34]、F-SAR[35]、Dornier 的 DO-SAR[36]、FGAN 的 AER-II[37]和 AeroSensing 的 AeS-1[38],加拿大遥感中心(CCRS)的 C/X-SAR[39],法国 ONERA 的 Ramses[40],丹麦技术

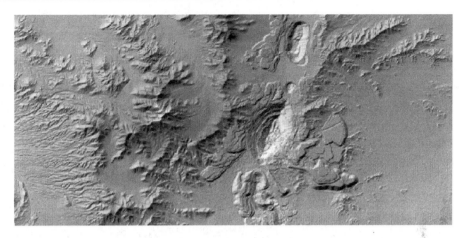

图 1.3 智利铜矿区域 TanDEM-X 生成的 DEM[26]

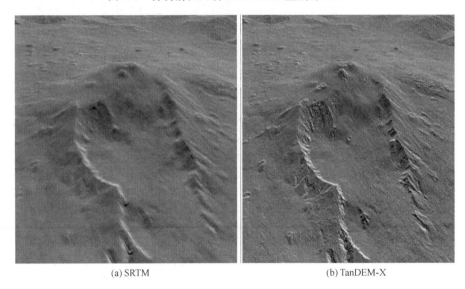

(a) SRTM   (b) TanDEM-X

图 1.4 意大利 Etna 火山 SRTM 与 TanDEM-X 生成的 DEM 对比[27]

大学的 EMISAR[41]，日本 CLR/NASDA 的 PISAR[42]，巴西 Orbit 遥感中心的 OrbiSAR[43]等。

机载 InSAR 系统灵活性强，目前很多机载 InSAR 系统都具有多波段、多极化、多工作模式的特点。NASA/JPL 于 1988 年研制出 AIRSAR 系统，该系统可同时工作在 C、L、P 三个波段，有三种工作模式：极化（POLSAR）模式、交轨干涉（TopSAR 或 XTI）模式及顺轨干涉（ATI）模式。ATI 模式是试验性的，沿飞机机身上的两对天线（C 波段和 L 波段各一对）可获取 ATI 数据，用于探测洋流运动的方向。TopSAR 系统可以工作在标准模式和乒乓模式，实际高程误差为 3～40m。

德国 DLR 的 E-SAR 系统最初于 1988 年研制成功,之后经过多次升级改装。可工作在 X、C、L、P 四个波段,其中 X 波段为交轨和顺轨工作模式,L、P 波段为重轨工作模式,并通常结合多极化模式进行,该系统搭载 IGI CCNS4/Aerocontrol IId 导航系统,重轨基线可控制在 10m 以内。从 20 世纪 90 年代至今,E-SAR 进行了多次干涉测量试验,德国 DLR 发表了包括运动补偿、干扰抑制、差分干涉等一系列研究成果,并衍生出了多基线层析 SAR、极化层析 SAR 等新的干涉技术。为了进一步提高系统性能,2006 年 DLR 在 E-SAR 系统基础上研制了该系统的升级版 F-SAR。F-SAR 可工作在 X、S、C、L、P 五个波段,在 X、S 波段具有交轨干涉能力,在 X 波段还具有顺轨干涉能力,在 C、L、P 波段具有重轨干涉能力,其中,重轨干涉模式是 F-SAR 系统的标准工作模式。

随着机载 InSAR 系统技术日益成熟,InSAR 开始逐渐向商业化方向迈进。1997 年,Intermap 公司首次主导"Indonesia Map"工程,开创了 InSAR 系统商业化运作的先河。ERIM 的 IFSARE 系统是全球第一个商业化的交轨干涉系统。随后,Intermap 公司又进行了"Nextmap Britian"和"Next USA"测图工程[44]。

GeoSAR 系统是一个单航过柔性基线构型的机载 InSAR 系统,该系统于 1997 年启动,由 NASA/JPL 负责系统设计和数据处理,2000 年开始由 Fugro EarthData 公司负责系统的商业运作。该系统的两副 P 波段天线分别安装在两侧机翼末端,形成一个独特的柔性基线结构,为此专门配备了激光基线测量系统(LBMS),用于实现毫米级的基线重构,如图 1.5 所示。GeoSAR 的 X 波段和 P 波段可以同时工作,能够分别获取植被冠层和底层的 DEM,进而实现对树高信息的提取,图 1.6(见文后彩图)显示了对同一地区利用 X 波段和 P 波段分别测绘得到的 DEM。自 2002 年 GeoSAR 成功完成首次商业运作"哥伦比亚热带雨林区测图工程"以来,该系统已经参与完成诸多商业计划任务,成为机载 InSAR 系统商业化运作的典范。

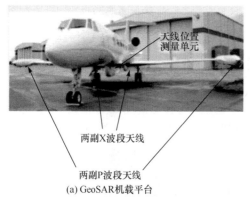

(a) GeoSAR 机载平台

(b) GPS/IMU 系统

图 1.5　GeoSAR 系统搭载平台及 GPS/IMU 系统[31]

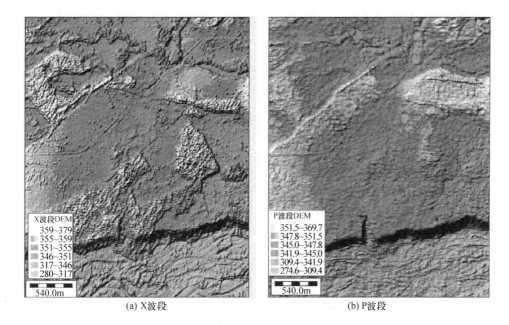

(a) X波段　　　　　　　　　　(b) P波段

图 1.6　GeoSAR 系统 X、P 波段 DEM 测绘结果[31]

巴西 Orbit 遥感中心研制的 OrbiSAR-1 系统可搭载于小型飞机如 Cessna 207A、Dornier 228 等之上，其工作于 X、P 两个波段，其中 X 波段为 HH 极化双天线交轨模式，用于获取数字表面模型，P 波段为全极化重轨模式，用于获取数字地形模型。

总之，在进入 20 世纪以后，机载 InSAR 系统的性能得到了很大的提高，大部分系统的空间分辨率可保持在 2m 以内，高程精度优于 2m，其中，AeS-1 系统、OrbiSAR 系统、F-SAR 系统的高程精度更是达到 0.5m 以内。可见，目前机载 InSAR 系统技术日渐成熟完善，进一步朝着实用化、商业化的方向发展。

我国 InSAR 技术的研究与应用起步较晚，20 世纪 90 年代起，中国科学院电子学研究所、中国科学院遥感与数字地球研究所、北京航空航天大学、北京理工大学、南京航空航天大学、西安测绘研究所、西安电子科技大学等院校与科研单位均开展了 InSAR 的研究，但主要是利用国外星载干涉数据对 InSAR 信号处理进行研究。"十五"期间，国家 863 计划课题"机载干涉 SAR 系统"开启了我国 InSAR 实际系统的研制进程。2004 年，中国科学院电子学研究所研制成功国内首部机载 InSAR 系统原理样机[45]，并于 2004 年 5 月成功进行了飞行试验，获取了三维雷达影像图。该系统工作在 X 波段，采用标准模式，交轨基线为 0.56m，生成的 DEM 数据平面分辨率为 2m×2m，高程精度为 2～5m。它的研制成功验证了 InSAR 技术的应用潜力，填补了我国 InSAR 系统研制的空白，为进一步开展 InSAR 技术研究提供了宝贵的试验平台。之后中国电子科技集团第三十八研究所(中电集团 38 所)也成功研制了机载 InSAR 系统[46]。2007 年,中国科学院电子学研究所在国家 863 项目和"西部测图工程"项目的支撑下,进一步向实用化机载 InSAR 系统迈进,于 2010 年研制完成了高效能航空遥感 SAR 系统。该系统可同时工作在 X 波段双天线干涉模式和 P 波段全极化模式,能够获得优于 0.5m 的平面分辨率和优于 0.5m 的高程精度[47],可以应用于大面积高精度的地形测绘,这标志着我国在机载 InSAR 技术领域已经跻身国际先进行列。

1.2.3　InSAR 的应用领域

随着机载和星载 InSAR 系统的迅速发展,InSAR 技术的应用领域得以不断扩展。目前 InSAR 的主要应用包括以下几个方面。

1)地形测绘

自 1974 年 Graham 利用 InSAR 技术进行地形制图开始,地形测绘一直是 InSAR 技术最直接和最主要的应用之一。与摄影测量、激光雷达等技术相比,InSAR 技术具有全天时、全天候的特点,尤其是星载 InSAR,是进行大面积快速地形测绘的一种经济有效的手段。与 SAR 立体测图技术相比,InSAR 具有更高的测量精度。目前,利用 InSAR 技术进行地形测绘已经可以实现业务化的应用,如 SRTM、TanDEM-X 等星载系统为获取全球不同分辨率的地形信息发挥了巨大作用。

2)地表形变监测

InSAR 在地表形变监测方面的应用,早期主要是开展形变比较明显的地震、火山运动的监测研究。对地震现象的研究主要是利用 InSAR 技术获取同震位移和震后形变,从而可以结合形变模型模拟结果,分析形变场,推算震源参数,解释发震机理。对火山的研究是通过对其运动规律的分析,进行火山爆发的预测。目前,研究人员已成功地利用 InSAR 技术研究了大量的火山形变情况。冰川研究也是 InSAR 技术的一个重要应用,一方面 InSAR 可以获取高精度的冰川地形数据,另一方面可以测量冰流速度及其他变化(图 1.7,见文后彩图)。

随着 InSAR 技术的不断成熟,利用 InSAR 对地表形变的研究重点逐渐转移到地面沉降等细微持续的形变。与地震、火山的形变不同,地面沉降过程通常较为缓慢,需要采用时间跨度较长的 InSAR 数据进行研究,因此,时间去相干和大气的影响是研究的难点。近年来发展起来的时间序列 InSAR 技术,为克服时空去相干和大气延迟等因素的影响提供了有效的途径。

3)海洋研究

利用顺轨 InSAR 可以测量海浪方向和海流速度,交轨 InSAR 则可以用于测量海面高度,进而估算海浪高度。另外,InSAR 还可以用于海面舰船等动目标监

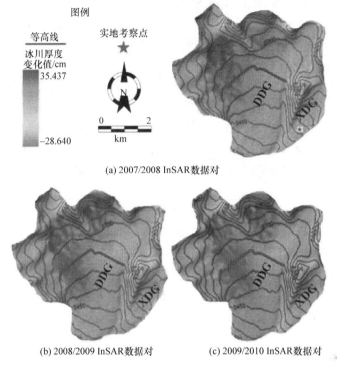

(a) 2007/2008 InSAR数据对

(b) 2008/2009 InSAR数据对　　　　　　　(c) 2009/2010 InSAR数据对

图 1.7　冰川厚度变化检测结果[48]

测、海岸线的动态监测等。

4）陆地覆盖分类

在 InSAR 多次重复观测期间，地表散射特征的变化会导致干涉相干性的变化。不同的地表类型具有不同的时间相关特性。通常，城区表现出的相关性最高，森林次之，河流、湖泊等水体区域则完全不相关。因此，InSAR 可以应用于森林类型分类、洪水监测、土地分类等。

除了民用方面的应用，InSAR 也广泛地应用于军事领域，如地面动目标监测、军事伪装目标识别等。随着 InSAR 数据的获取途径更为丰富，InSAR 技术不断成熟，测量精度不断提高，未来将会在更为广泛的领域中得到应用。本书将介绍机载平台下的 InSAR 技术在地形测绘中的应用。

1.2.4　机载 InSAR 信号处理的关键技术

机载 InSAR 进行地形测绘的几何原理较为简单，但在信号处理过程中，如何保证干涉通道之间的高相干性，获得高精度的制图产品是一个复杂的问题。其中的关键技术主要包括以下几个方面：

（1）机载 InSAR 对运动补偿的精度要求更高。机载 InSAR 系统利用双通道复图像对的干涉相位提取地表高程信息,要实现高精度的地形测绘,必须获得高精度的干涉相位信息。成像处理作为整个 InSAR 数据处理的基础,不仅要获取高质量的幅度图像,更要求保持高精度的图像相位信息,因而实现高精度的运动补偿是机载 InSAR 信号处理的首个关键问题。

(2) 从机载 InSAR 复图像对中获得干涉相位的真实值需要经过预滤波、图像配准、去平地效应、相位滤波、相位解缠等一系列复杂的步骤。在整个处理过程中,必须保证主辅通道之间的相干性,尽量减小干涉相位误差,使其能够反映实际的波程差。例如,如何保证相位滤波在去除噪声的同时尽量保持干涉条纹的细节,相位解缠如何避免在低相干区域的误差传播等问题,一直以来都是 InSAR 处理研究的热点和难点。

(3) 要利用机载 InSAR 进行高精度的地形测绘,如何实现定位参数的高精度标定是另一个关键问题。面向测绘制图作业的机载 InSAR 系统通常要将多景存在重叠区域的影像进行拼接,形成最终的产品。而对各景影像单独进行定标处理时,难以保证所有场景都布设有足够的地面控制点,而且在影像重叠区域会存在三维定位不一致的情况,影响拼接效果。因此,如何在稀疏控制点条件下,通过高精度的同名点提取技术,将摄影测量中的区域网平差方法应用到机载 InSAR 多景影像的联合定标过程中是需要解决的又一个关键技术。

(4) 根据 InSAR 干涉相位反演出的高程,一方面在水体、阴影等低相干区域近似噪声,无法反映真实地形,影响 DEM 的完整性;另一方面,InSAR 获取的高程实际上是数字表面模型(digital surface model,DSM),它是包含地表建筑物、桥梁和树木等高度的高程模型。因此,必须经过合适的后处理方法修复水体、阴影区域的高程,并滤除地表的非地面高程,从而获得完整的反映真实地形的高程数据。此外,要获得大区域下的高级测绘产品,还需要选择合适的正射校正及拼接策略,将测区内的多景影像转换到地理坐标系下并拼接形成整个区域的正射影像(digital orthophoto map,DOM)及正射 DEM。

1.3　本书内容概要

本书针对机载 InSAR 在地形测绘中的应用,围绕信号处理中的关键技术,从运动补偿及成像、干涉处理、干涉定标、DEM 重建等几个方面进行了比较系统和全面的阐述。

本书共分为 6 章,各章的主要内容如下:

第 1 章阐述了 SAR 的发展历史及趋势,对 InSAR 的基本概念、应用领域和发展现状进行了较为全面的概括,并指出了机载 InSAR 信号处理的关键技术。

第 2 章简要介绍 InSAR 地形测绘的基本原理,阐述相干性、平地效应、高度模糊数等重要概念,并给出机载 InSAR 信号处理的基本流程,为后续各个信号处理步骤的介绍奠定理论基础。

第 3 章结合机载双天线 InSAR 及重轨 InSAR 的特点,介绍运动补偿误差对干涉测量的影响及相应的补偿方法。

第 4 章针对机载 InSAR 干涉处理流程中的各个步骤,较为系统地介绍其基本原理和常用方法。

第 5 章针对大面积区域的机载 InSAR 地形测绘,介绍多景影像的同名点提取、干涉定标和区域网平差方法。

第 6 章介绍机载 InSAR 数字高程模型重建过程中的 DSM 后处理、正射校正及拼接方法。

参 考 文 献

[1] 廖明生,林辉. 雷达干涉测量——原理与信号处理基础. 北京:测绘出版社,2002.

[2] 王超,张红,刘智. 星载合成孔径雷达干涉测量. 北京:科学出版社,2002.

[3] Rosen P A, Hensley S, Joughin I R, et al. Synthetic aperture radar interferometry. Proceedings of the IEEE, 2000, 88(3): 333-382.

[4] 舒宁. 雷达影像干涉测量原理. 武汉:武汉大学出版社,2003.

[5] Tarayre H, Massonnet D. Atmospheric propagation heterogeneities revealed by ERS-1 interferometry. Geophysical Research Letters, 1996, 23(9): 989-992.

[6] Williams S, Bock Y, Fang P. Integrated satellite inteferometry: Tropospheric noise, GPS estimates and implications for interferometric synthetic aperture radar products. Journal of Geophysical Research, 1998, 103(B11): 27051-27067.

[7] Zhu X X, Bamler R. Demonstration of super-resolution for tomographic SAR imaging in urban environment. IEEE Transactions on Geoscience and Remote Sensing, 2012, 50(8): 3150-3157.

[8] Rogers A E, Ingalls R P. Venus: Mapping the surface reflectivity by radar interfrometry. Science, 1969, 65: 797-799.

[9] Zisk S H. Lunar topography: First radar-interferometer measurements of Alphonsus-Ptolemaeus-Arzachel region. Science, 1972, 178(4064): 977-980.

[10] Graham L C. Synthetic interferometer radar for topographic mapping. Proceedings of the IEEE, 1974, 62(6): 763-768.

[11] Zebker H A, Goldstein R M. Topography mapping from interferometric synthetic aperture radar observations. Journal of Geophysical Research, 1986, 91: 4993-4999.

[12] Goldstein R M, Zebker H A, Werner C L. Satellite radar interferometry: Two-dimensional phase unwrapping. Radio Science, 1988, 23(4): 713-720.

[13] Goldstein R M, Engelhardt H, Karmb B, et al. Satellite radar interferometry for monitoring ice sheet motion: Application to an Antarctic ice stream. Science, 1993, 262: 1525-1530.

[14] Stebler O, Pasquali P, Small D, et al. Analysis of ERS-SAR tandem time-series using coherence and backscattering coefficient. FRINGE' 96, ESA Workshop on Application of ERS SAR Interferometry, Zurich, 1996.

[15] Schmullius C C, Evans D L. Synthetic aperture radar frequency and polarization equirements for applications in ecology, geology, hydrology and oceanography: Atabular status quo after SIR-C/X-SAR. International Journal of Remote Sensing, 1997, 18: 2713-2722.

[16] Parashar S. RADARSAT program. Proceedings of International Geoscience and Remote Sensing Symposium, Pasadena, 1994: 1709-1713.

[17] 匡燕, 李安, 李子杨, 等. ENVISAT 卫星综述. 遥感数据, 2007, 1: 90-92.

[18] Thompson A A, Luscombe A, James K, et al. RADARSAT-2 mission status: Capabilities demonstrated and image quality achieved. Proceedings of the 7th European Conference on Synthetic Aperture Radar, Friedrichshafen, 2008: 47-50.

[19] Brown C G J, Sarabandi K, Pierce L E. Validation of the Shuttle Radar Topography Mission height data. IEEE Transactions on Geoscience and Remote Sensing, 2005, 43 (8): 1707-1715.

[20] Werner M. Shuttle Radar Topography Mission (SRTM): Experience with the X-band SAR interferometer. Proceedings of CIE International Conference on Radar, Beijing, 2001: 634-638.

[21] Breit H, Schattler B, Fritz T, et al. TerraSAR-X SAR payload data processing: Results from commissioning and early operational phase. Proceedings of the 7th European Conference on Synthetic Aperture Radar, Friedrichshafen, 2008: 95-98.

[22] Suchandt S, Runge H, Breit H, et al. Automatic extraction of traffic flows using TerraSAR-X along-track interferometry. IEEE Transactions on Geoscience and Remote Sensing, 2010, (2): 807-819.

[23] Bartusch M, Hermann J B, Siebertz O. The TanDEM-X mission. Proceedings of the 7th European Conference on Synthetic Aperture Radar, Friedrichshafen, 2008: 27-30.

[24] Yague-Martinez N, Eineder M, Brcic R, et al. TanDEM-X mission: SAR image coregistration aspects. Proceedings of the 8th European Conference on Synthetic Aperture Radar, Aachen, 2010: 576-579.

[25] Fritz T, Rossi C, Yague-Martinez N, et al. Interferometric processing of TanDEM-X data. Proceedings of International Geoscience and Remote Sensing Symposium, Vancouver, 2011: 2428-2431.

[26] Krieger G, Zink M, Bachmann M, et al. TanDEM-X: A radar interferometer with two formation-flying satellites. Acta Astronautica, 2013, 89: 83-98.

[27] Bachmann M, Zink M. The TanDEM-X mission—Bistatic SAR for a global DEM. Proceedings of the 3rd Asian and Pacific Conference on Synthetic Aperture Radar, Seoul, 2011.

[28] Madsen S N, Martin J M, Zebker H A. Analysis and evaluation of the NASA/JPL TOPSAR across-track interferometric SAR system. IEEE Transactions on Geoscience and Remote

Sensing,1995,33(2):383-391.

[29] Wheeler K, Hensley S. The GeoSAR airborne mapping system. IEEE International Radar Conference, New York, 2000:831-835.

[30] Hensley S, Chapin E, Freedman A, et al. First P-Band results using the GeoSAR mapping system. Proceedings of International Geoscience and Remote Sensing Symposium, Sydney, 2001:126-128.

[31] http://directory. eoportal. org/web/eoportal/airborne-sensors/geosar[2016-5-6].

[32] Adams G F, Ausherman D A, Crippen S L, et al. The ERIM interferometric SAR:IFSARE. IEEE Aerospace and Electronic Systems Magazine,1996,11(12):31-35.

[33] Bickel D L, Hensley W H. Interferometric SAR phase difference calibration:Methods and results. Proceedings of International Geoscience and Remote Sensing Symposium, Pasadena, 1994:2259-2262.

[34] Horn R. The DLR airborne SAR project E-SAR. Proceedings of International Geoscience and Remote Sensing Symposium, Lincoln, 1996:1624-1628.

[35] Horn R, Nottensteriner A, Scheiber R. F-SAR—DLR's advanced airborne SAR system on-board DO228. Proceedings of the 7th European Conference on Synthetic Aperture Radar, Friedrichshafen, 2008:195-198.

[36] Nikolaus P F, Erich H M. First results with the airborne single-pass DO-SAR interferometer. IEEE Transactions on Geoscience and Remote Sensing,1995,33(5):1230-1237.

[37] Ender J H G, Berens P, Brenner A R, et al. Multi channel SAR/MTI system development at FGAN:From AER to PAMIR . Proceedings of International Geoscience and Remote Sensing Symposium, Toronto, 2002:1697-1701.

[38] Holecz F, Pasquali P, Moreira J, et al. Rigorous radiometric calibration of airborne AES-1 InSAR data. Proceedings of International Geoscience and Remote Sensing Symposium, Seattle,1998:2442-2444.

[39] Gray A L, Vanderk M W A, Mattar K E, et al. Progress in the development of the CCRS along-track interferometer. Proceedings of International Geoscience and Remote Sensing Symposium, Pasadena, 1994:2285-2287.

[40] Fernandez P D, Plessis O R, Coz D L. The ONERA RAMSES SAR system. Proceedings of International Geoscience and Remote Sensing Symposium, Toronto, 2002:1723-1725.

[41] Christensen E L, Dall J. EMISAR:A dual-frequency, polarimetric airborne SAR. Proceedings of International Geoscience and Remote Sensing Symposium, Toronto, 2002: 1711-1713.

[42] Uratsuka S, Satake M, Kobayashi T, et al. High-resolution dual-bands interferometirc and polarimetric airborne SAR(Pi-SAR) and its applications. Proceedings of International Geoscience and Remote Sensing Symposium, Toronto, 2002:1720-1722.

[43] Perna S, Wimmer C, Moreira J, et al. X-Band airborne differential interferometry:Results of the OrbiSAR campaing over the Perugia area. IEEE Transactions on Geoscience and Remote

Sensing,2008,46(2):489-503.

[44] Tennant J,Coyne T,Decol E. STAR-3i interferometric synthetic aperture radar:More lessons learned on the road to commercialization. Proceedings of the 4th International Airborne Remote Sensing Conference and Exhibition,Ottawa,1999:21-24.

[45] Xiang M,Wu Y,Li S,et al. Introduction on an experimental airborne InSAR system. Proceedings of International Geoscience and Remote Sensing Symposium, Seoul, 2005: 4809-4812.

[46] Sun L,Zhang C Y,Hu M L. Performance analysis and data processing of the airborne X-band InSAR system. Proceedings of the 1st Asian and Pacific Conference on Synthetic Aperture Radar,Huangshan,2007:541-545.

[47] 陈立福. 机载双天线干涉 SAR 实时处理算法研究. 北京:中国科学院电子学研究所博士学位论文,2010.

[48] Zhou J,Li Z,He X,et al. Glacier thickness change mapping using InSAR methodology. IEEE Geoscience and Remote Sensing Letters,2014,11(1):44-48.

第 2 章　SAR 干涉测量原理

2.1　InSAR 基本原理

InSAR 通过两副天线同时观测(单航过模式)或单天线不同航次(重复轨道模式)的观测,获取地面同一区域两个通道的 SAR 回波数据,对其分别成像,由两幅复图像共轭相乘产生干涉相位图,进而利用两副天线与目标之间的几何关系计算观测区域的高程。图 2.1 给出了 SAR 干涉测量的几何关系图。图中,H 为 SAR 平台高度,B 为基线长度,即两天线相位中心间的距离,α 为基线倾角。地面上的目标点 P 到天线 1 和天线 2 的距离分别为 R_1 和 R_2,天线 1 相对于 P 点的视角为 θ,h 为目标的高度。

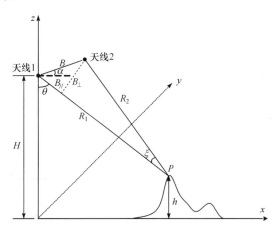

图 2.1　SAR 干涉测量几何关系示意图

SAR 复图像中的每个像素是一个复矢量,包括分辨单元内所有散射点相干叠加的后向散射系数以及传播路径的相位延迟两部分。InSAR 在两个相近的位置对同一场景进行观测,因此,可以认为同一分辨单元的后向散射系数近似相等。对两副天线接收到的 SAR 回波信号分别进行成像,由于天线 1 和天线 2 下视角的差异,聚焦成像后的两幅 SAR 图像并非完全重合,需要对它们进行配准处理,精确配准后的图像对为

$$
\begin{aligned}
s_1 &= A\mathrm{e}^{\mathrm{j}\phi_b}\,\mathrm{e}^{\mathrm{j}\phi_1} \\
s_2 &= A\mathrm{e}^{\mathrm{j}\phi_b}\,\mathrm{e}^{\mathrm{j}\phi_2}
\end{aligned}
\tag{2.1}
$$

式中,A 为后向散射系数的幅度;ϕ_b 为后向散射系数的相位;ϕ_1 和 ϕ_2 分别为两天线传播路径引起的相位延迟。对复图像对进行复共轭相乘就得到复干涉图为

$$s_1 s_2^* = |s_1| |s_2| e^{j(\phi_1 - \phi_2)} \tag{2.2}$$

取式(2.2)的相位,得到干涉相位为

$$\phi_w = \arg\{s_1 s_2^*\} = \text{Wrap}\{\phi_1 - \phi_2\} \tag{2.3}$$

式中,ϕ_w 是缠绕相位,它是绝对相位差介于$(-\pi,\pi]$的相位主值部分;$\text{Wrap}\{\cdot\}$是缠绕算子。经过相位解缠,得到的解缠相位为 ϕ。由图 2.1 可知,两副天线接收信号的相位差为

$$\phi = \phi_1 - \phi_2 = -\frac{2\pi Q}{\lambda}(R_1 - R_2) \tag{2.4}$$

式中,Q 为系数,若 InSAR 工作在标准模式下,即一副天线发射信号、两副天线同时接收信号,则干涉相位仅反映单程相位差,此时 $Q=1$;若 InSAR 工作在乒乓模式下,即两副天线分别发射和接收信号,则干涉相位反映双程相位差,此时 $Q=2$。

同时,根据图 2.1 所示的几何关系,可得

$$\sin(\theta-\alpha) = \frac{R_1^2 - R_2^2 + B^2}{2R_1 B} \tag{2.5}$$

由式(2.4)可知,$R_2 = R_1 + \dfrac{\lambda}{2\pi Q}\phi$,将其代入式(2.5),可得

$$\theta = \alpha + \arcsin\left(\frac{B}{2R_1} - \frac{\lambda\phi}{2\pi QB} - \frac{\lambda^2\phi^2}{8\pi^2 Q^2 R_1 B}\right) \tag{2.6}$$

根据 SAR 平台位置与地面目标的几何关系,有

$$h = H - R_1\cos\theta = H - R_1\cos\left[\alpha + \arcsin\left(\frac{B}{2R_1} - \frac{\lambda\phi}{2\pi QB} - \frac{\lambda^2\phi^2}{8\pi^2 Q^2 R_1 B}\right)\right] \tag{2.7}$$

式(2.7)给出了目标高程 h 与干涉相位 ϕ 的关系,在已知天线的参数 H、B、α 和目标的斜距 R_1 后,即可以从干涉相位中解算出目标的高程。

进一步,可以将式(2.5)重新写为

$$\sin(\theta-\alpha) = \frac{(R_1 - R_2)(R_1 + R_2)}{2R_1 B} + \frac{B}{2R_1} \tag{2.8}$$

为分析方便,对式(2.8)进行一些近似,其中 $R_1 + R_2 \approx 2R_1$,另外对于一般干涉系统有 $B \ll R_1$,故式(2.8)中右边第二项可以忽略,由此可得

$$R_1 - R_2 \approx B\sin(\theta-\alpha) \tag{2.9}$$

这一近似称为远场近似或平面波近似。将基线沿视线方向和垂直视线方向进行分解,可以得到平行基线和垂直基线如下:

$$B_{\parallel} = B\sin(\theta-\alpha) \tag{2.10}$$

$$B_{\perp} = B\cos(\theta-\alpha) \tag{2.11}$$

因此,干涉相位 ϕ 可以表示为

$$\phi \approx -\frac{2\pi Q}{\lambda}B\sin(\theta-\alpha) = -\frac{2\pi Q}{\lambda}B_{/\!/} \tag{2.12}$$

由此,目标高程 h 可表示为

$$h = H - R_1\cos\theta \approx H - R_1\cos\left[\alpha - \arcsin\left(\frac{\lambda\phi}{2\pi QB}\right)\right] \tag{2.13}$$

由式(2.12)可知,对于确定的 InSAR 系统,干涉相位仅随天线到目标的视角 θ 变化。而 θ 与目标的高度 h 和斜距 R 有关,因此干涉相位 ϕ 包含高度和斜距两方面的信息。对式 $h=H-R\cos\theta$ 两边取微分,有

$$\Delta h = R\sin\theta \cdot \Delta\theta - \cos\theta \cdot \Delta R \tag{2.14}$$

进一步,可得

$$\Delta\theta = \frac{\Delta h}{R\sin\theta} + \frac{\Delta R}{R\tan\theta} \tag{2.15}$$

图 2.2 分别给出了干涉相位随高度和斜距变化的几何关系示意图。如图 2.2(a)所示,P 点与 P' 点的斜距相等,两者的高度差为 Δh,视角变化量为 $\Delta\theta_h$,P 点和 P' 点的干涉相位分别为

$$\phi_P = -\frac{2Q\pi}{\lambda}B\sin(\theta-\alpha)$$
$$\phi_{P'} = -\frac{2Q\pi}{\lambda}B\sin(\theta+\Delta\theta_h-\alpha) \tag{2.16}$$

因此得到这两点的相位差为

$$\Delta\phi_h = \phi_{P'} - \phi_P = -\frac{2Q\pi}{\lambda}B\left[\sin(\theta+\Delta\theta_h-\alpha) - \sin(\theta-\alpha)\right]$$
$$= -\frac{2Q\pi}{\lambda}B\cos(\theta-\alpha)\Delta\theta_h \tag{2.17}$$

由于此时 P 和 P' 点斜距相等,故令式(2.15)中 $\Delta R=0$,则有

$$\Delta\theta_h = \frac{\Delta h}{R\sin\theta} \tag{2.18}$$

因此式(2.17)可以表示为

$$\Delta\phi_h = -\frac{2Q\pi}{\lambda}\frac{B\cos(\theta-\alpha)\Delta h}{R\sin\theta} \tag{2.19}$$

由此可以得出引起干涉相位变化 2π,即一个相位周期时,所对应的高度变化为

$$\Delta h_{2\pi} = -\frac{\lambda R\sin\theta}{QB_\perp} \tag{2.20}$$

$\Delta h_{2\pi}$ 也称为高度模糊数,可以用来表示干涉测量对高度变化的敏感度。高度模糊数越小,反演的 DEM 精度越高。由式(2.20)可见,高度模糊数与垂直基线成反

比,垂直基线越大,高度模糊数越小,DEM 精度也越高。因此,垂直基线也称为 In-SAR 系统的有效基线。事实上,垂直基线受临界基线的限制不可能无限大,后续将会进一步说明。

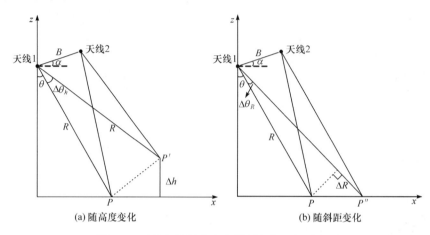

图 2.2　干涉相位随高度和斜距变化几何示意图

类似地,在图 2.2(b)中,P 点与 P'' 点的高程相等,两者斜距差为 ΔR,视角变化量为 $\Delta \theta_R$,P 点和 P'' 点的干涉相位分别为

$$\phi_P = -\frac{2Q\pi}{\lambda}B\sin(\theta - \alpha)$$

$$\phi_{P''} = -\frac{2Q\pi}{\lambda}B\sin(\theta + \Delta\theta_R - \alpha) \tag{2.21}$$

因此有这两点的相位差为

$$\Delta\phi_R = \phi_{P''} - \phi_P = -\frac{2Q\pi}{\lambda}B\cos(\theta - \alpha)\Delta\theta_R \tag{2.22}$$

由于此时 P 点和 P'' 点高程相等,故令式(2.15)中 $\Delta h = 0$,则有

$$\Delta\theta_R = \frac{\Delta R}{R\tan\theta} \tag{2.23}$$

因此式(2.22)可以表示为

$$\Delta\phi_R = -\frac{2Q\pi}{\lambda}\frac{B\cos(\theta - \alpha)\Delta R}{R\tan\theta} \tag{2.24}$$

由此可见,无高程变化的平坦地形也会产生随斜距线性变化的干涉相位,这种现象称为平地效应。在干涉处理时,可以根据系统的几何关系,选取一定高度的参考平面,将其对应的干涉相位减去,这样,可以达到降低干涉条纹的密集程度,减小相位滤波和解缠等步骤处理难度的目的,这一过程称为去平地效应。

2.2　InSAR 相干性

相干性是 SAR 干涉测量中一个非常重要的参量,不仅是干涉相位质量的重要评价标准,还能够提供散射体的重要信息。本节将介绍干涉相位的统计特性、干涉相干性的估计以及影响相干性的因素并对其进行分析。

2.2.1　干涉相位统计特性

对于分布的散射目标,SAR 复图像的统计特性服从复高斯分布,因而其幅度服从瑞利分布,而相位服从均匀分布。对于 SAR 干涉测量,经过配准的两幅 SAR 复图像 s_1 和 s_2 进行共轭相乘,得到复干涉相位图 I 为

$$I = s_1 \cdot s_2^* = |s_1 \cdot s_2| \cdot \exp\{j(\phi_1 - \phi_2)\} = |s_1 \cdot s_2| \cdot \exp\{j\phi\} \qquad (2.25)$$

式中,ϕ_1、ϕ_2 为两幅 SAR 复图像的相位;ϕ 为干涉相位;$|s_1|$、$|s_2|$ 为复图像的幅度。此时,由于两幅 SAR 复图像之间具有一定的相干性,因而干涉相位将不再服从均匀分布。s_1 和 s_2 之间的复相干系数定义为[1]

$$\gamma = \frac{E\{s_1 s_2^*\}}{\sqrt{E\{|s_1|^2\} E\{|s_2|^2\}}} = |\gamma| e^{j\phi_0} \qquad (2.26)$$

式中,$|\gamma|$ 为相干系数的幅值,相干系数的相位 ϕ_0 即干涉相位的期望。

由于相位噪声的存在,可以通过对干涉图像对做多视平均来估计干涉相位,即

$$\phi = \arg\Big\{ \sum_{n=1}^{L} s_1 \cdot s_2^* \Big\} \qquad (2.27)$$

式中,L 为多视数。这时,干涉相位满足如下概率密度函数(PDF)[2]:

$$\mathrm{pdf}(\phi; \gamma, L, \phi_0) = \frac{\Gamma\big(L + \frac{1}{2}\big)(1 - |\gamma|^2)^L \beta}{2\sqrt{\pi}\Gamma(L)(1 - \beta^2)^{L + \frac{1}{2}}} + \frac{(1 - |\gamma|^2)^L}{2\pi} {}_2F_1\Big(L, 1; \frac{1}{2}, \beta^2\Big)$$

$$-\pi < (\phi - \phi_0) \leqslant \pi \qquad (2.28)$$

式中,$\beta = |\gamma| \cos(\phi - \phi_0)$,${}_2F_1\Big(L, 1; \frac{1}{2}, \beta^2\Big)$ 为高斯超几何分布函数。超几何分布函数的定义如下:

$$_j F_k(\boldsymbol{n}; \boldsymbol{d}; z) = \sum_{l=0}^{\infty} \frac{C_{\boldsymbol{n}, l}}{C_{\boldsymbol{d}, l}} \cdot \frac{z^l}{l!} \qquad (2.29)$$

式中,j、k 分别为向量 $\boldsymbol{n}$、$\boldsymbol{d}$ 的维度,$C_{\boldsymbol{n}, l} = \prod_{m=1}^{j} \frac{\Gamma(n_m + l)}{\Gamma(n_m)}$,$C_{\boldsymbol{d}, l} = \prod_{m=1}^{k} \frac{\Gamma(d_m + l)}{\Gamma(d_m)}$。当 $j = 2$、$k = 1$ 时,即 ${}_2F_1(n_1, n_2; d; z)$,称为高斯超几何分布函数。

由式(2.28)可知,干涉相位的 PDF 是相干系数幅值和多视数的函数。当干涉

多视数 $L=1$ 时,式(2.28)可简化为[3]

$$\text{pdf}(\phi;\gamma,\phi_0)=\frac{1-|\gamma|^2}{2\pi}\frac{1}{1-|\gamma|^2\cos^2(\phi-\phi_0)}$$
$$\cdot\left(1+\frac{|\gamma|\cos(\phi-\phi_0)\arccos[-|\gamma|\cos(\phi-\phi_0)]}{[1-|\gamma|^2\cos^2(\phi-\phi_0)]^{1/2}}\right),\quad-\pi<(\phi-\phi_0)\leqslant\pi$$

$$(2.30)$$

图2.3给出了单视情况下不同相干系数对应的干涉相位 PDF 曲线。从图中可以看出,随着相干系数的增大,干涉相位的 PDF 集中于均值 ϕ_0。当 $|\gamma|=1$ 时,PDF 为 δ 函数,当 $|\gamma|=0$ 时,PDF 退化为与单幅 SAR 复图像相位相同的均匀分布函数。

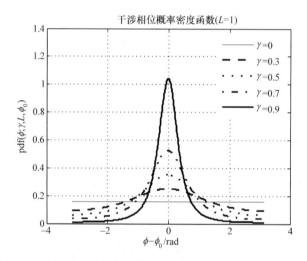

图 2.3　单视时干涉相位概率密度函数随相干系数变化关系图

图 2.4 显示了相干系数 $|\gamma|=0.9$ 时,不同多视数对应的干涉相位 PDF 曲线。可以看出,随着视数的增大,干涉相位的 PDF 集中于均值 ϕ_0。

干涉相位的方差可以表示为

$$\sigma_\phi^2=E\{[\phi-E\{\phi\}]^2\}=\int_{-\pi}^{+\pi}[\phi-E\{\phi\}]^2\text{pdf}(\phi)\mathrm{d}\phi\tag{2.31}$$

当 $L=1$ 时,可得到闭合解为[1]

$$\sigma_{\phi,L=1}^2=\frac{\pi^2}{3}-\pi\arcsin(|\gamma|)+\arcsin^2(|\gamma|)-\frac{\mathrm{Li}_2(|\gamma|^2)}{2}\tag{2.32}$$

式中,$\mathrm{Li}_2(|\gamma|^2)=\sum_{k=1}^{\infty}\frac{|\gamma|^{2k}}{k^2}$。图 2.5 给出了干涉相位标准差与相干系数和多视数的关系,由图可知,随着多视数和相干系数的增大,干涉相位标准差减小。

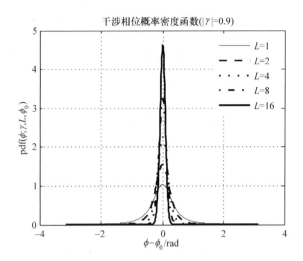

图 2.4　干涉相位概率密度函数随多视数变化关系图

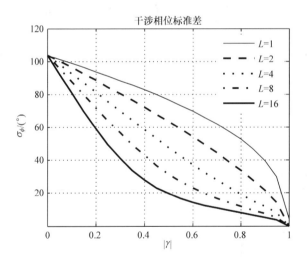

图 2.5　干涉相位标准差与相干系数和多视数的关系图

干涉相位方差的 Cramer-Rao 界为

$$\sigma_\phi^2 = \frac{1-\gamma^2}{2\gamma^2 L} \tag{2.33}$$

当多视数较大且相干系数接近于 1 时,可用式(2.33)作为干涉相位方差的近似估计。而多视数较小或相干系数较小时,相位误差不可能达到 Cramer-Rao 界,这时应根据式(2.31)进行估计。

　　由上述分析可知,干涉相位的标准差 σ_ϕ 仅与多视数 L 和相干系数幅值$|\gamma|$有关,而与相位均值 ϕ_0 无关。而加性噪声的特征为噪声标准差与均值独立。因此,

在实数域中,干涉相位噪声符合加性噪声模型的特征,可以表示为[4]

$$\phi_z = \phi_x + \upsilon \qquad (2.34)$$

式中,ϕ_z 为实际的干涉相位;ϕ_x 为理想的无噪声干涉相位;υ 为零均值的噪声。

2.2.2　干涉相干性

式(2.26)给出了 InSAR 相干系数的定义,实际计算时,在散射体各态历经的假设下,可以用估计窗口内的空间平均来代替总体平均,按式(2.35)进行估计:

$$|\hat{\gamma}| = \frac{\left| \sum_{m=1}^{M} \sum_{n=1}^{N} s_1(m,n) s_2^*(m,n) \right|}{\sqrt{\sum_{m=1}^{M} \sum_{n=1}^{N} |s_1(m,n)|^2 \sum_{m=1}^{M} \sum_{n=1}^{N} |s_2(m,n)|^2}} \qquad (2.35)$$

相干系数是描述干涉相位质量的重要指标,在 InSAR 信号处理步骤中经常将其作为重要的输入参数。另外,它也能反映散射体的信息,可以作为地物分类的工具。由此可见,InSAR 相干系数的准确估计非常重要,因而有必要给出式(2.35)中估计值的统计特性。

相干系数估计值的概率密度函数与相干系数的真实值 $|\gamma|$ 及估计窗口内的独立样本数 L 有关,表示如下[1]:

$$\mathrm{pdf}(|\hat{\gamma}|\,;|\gamma|\,,L) = 2(L-1)(1-|\gamma|^2)^L |\hat{\gamma}| (1-|\hat{\gamma}|^2)^{L-2} {}_2F_1(L,L;1;|\gamma|^2 |\hat{\gamma}|^2) \qquad (2.36)$$

图 2.6 显示了 $L=9$ 时,不同相干系数对应其估计值的 PDF 曲线。

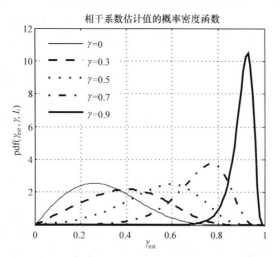

图 2.6　不同相干系数对应估计值的 PDF 曲线

该估计值的期望为[1]

$$E\{|\widehat{\gamma}|\} = \frac{\Gamma(L)\Gamma\left(\frac{3}{2}\right)}{\Gamma\left(L+\frac{1}{2}\right)} {}_3F_2\left(\frac{3}{2},L,L;L+\frac{1}{2},1;|\gamma|^2\right)(1-|\widehat{\gamma}|^2)^L \qquad (2.37)$$

式中，${}_3F_2$ 为超几何函数，同样按式(2.29)的定义进行计算。图 2.7 给出了不同估计样本数的情况下该期望值及其偏差随相干系数真实值的变化曲线，从图中可以看出，该相干系数估计方法是有偏的，而且估计偏差随相干系数和估计样本数的增大而减小。

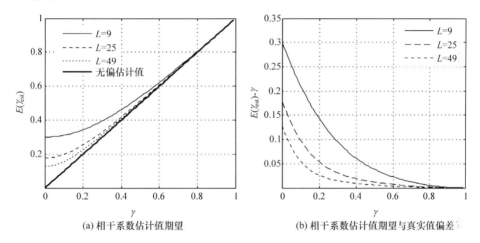

图 2.7　相干系数估计值期望及其偏差与真实值和样本数的关系

该估计值的方差为[1]

$$\sigma^2_{|\widehat{\gamma}|} = \frac{\Gamma(L)\Gamma(2)}{\Gamma(L+1)} {}_3F_2(2,L,L;L+1,1;|\gamma|^2)(1-|\gamma|^2)^L - E\{|\widehat{\gamma}|\}^2 \qquad (2.38)$$

图 2.8 给出了不同估计样本下该估计值的标准差随真实值的变化。该估计值的 Cramer-Rao 界如下[1]：

$$\sigma^2_{|\widehat{\gamma}|,CR} = \frac{(1-|\gamma|^2)^2}{2L} \qquad (2.39)$$

2.2.3　去相干因素

影响干涉 SAR 相干性的随机误差来源众多，包括基线去相干或几何去相干 γ_{geom}、多普勒去相干 $\gamma_{Doppler}$、热噪声去相干 $\gamma_{thermal}$、时间去相干 $\gamma_{temporal}$、体散射去相干 γ_{vol}、数据处理去相干 γ_{proc} 等，因此总的去相干可以表示为

$$\gamma = \gamma_{geom} \cdot \gamma_{Doppler} \cdot \gamma_{thermal} \cdot \gamma_{temporal} \cdot \gamma_{vol} \cdot \gamma_{proc} \qquad (2.40)$$

去相干因素在干涉相位中反映出来，表现为相位噪声，影响高程测量的精度。下面

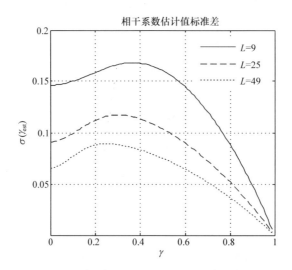

图 2.8　相干系数估计标准差与真实值和样本数的关系

对各个去相干因素进行具体的分析。

1. 基线去相干

InSAR 在两个相近的位置对同一场景进行观测,可以认为同一分辨单元的后向散射系数近似相等。但随着基线的增大,后向散射系数差异性逐渐增大,从而导致基线去相干。以乒乓模式为例,将干涉图像对的信号表示如下:

$$s_1 = \exp\left\{-\mathrm{j}\frac{4\pi}{\lambda}R_1\right\}\iint f(x,y)\exp\left\{-\mathrm{j}\frac{4\pi}{\lambda}y\sin\theta_1\right\}W(x_0-x,y_0-y)\mathrm{d}x\mathrm{d}y \quad (2.41)$$

$$s_2 = \exp\left\{-\mathrm{j}\frac{4\pi}{\lambda}R_2\right\}\iint f(x,y)\exp\left\{-\mathrm{j}\frac{4\pi}{\lambda}y\sin\theta_2\right\}W(x_0-x,y_0-y)\mathrm{d}x\mathrm{d}y \quad (2.42)$$

式中,x、y 分别为方位向和地距向的位置;$f(x,y)$ 为地物的后向散射函数;$W(x,y)$ 为成像点扩展函数。由此可得

$$\begin{aligned}E\{s_1 s_2^*\} = &\exp\left\{-\mathrm{j}\frac{4\pi}{\lambda}(R_1-R_2)\right\}\iiiint f(x,y)f^*(x',y')\\ &\cdot\exp\left\{-\mathrm{j}\frac{4\pi}{\lambda}(y\sin\theta_1-y'\sin\theta_2)\right\}W(x_0-x,y_0-y)\\ &\cdot W^*(x_0-x',y_0-y')\mathrm{d}x\mathrm{d}y\mathrm{d}x'\mathrm{d}y'\end{aligned} \quad (2.43)$$

假设地表为均匀分布且不相关的散射中心,则有

$$E\{f(x,y)f^*(x',y')\}=\sigma_0\delta(x-x',y-y') \quad (2.44)$$

因此,有

$$E\{s_1 s_2^*\} = \sigma_0 \exp\{-j\phi\} \iint \exp\left\{-j\frac{4\pi}{\lambda}y\cos\theta\Delta\theta\right\} \mid W(x_0-x, y_0-y)\mid^2 dxdy$$

$$(2.45)$$

可以看出，式 (2.45) 可以认为是 $\mid W(x_0-x, y_0-y)\mid^2$ 的傅里叶变换，假设 $W(x,y)$ 为 sinc 函数，即 $W(x,y) = \mathrm{sinc}\left(\dfrac{x}{\rho_x}\right)\mathrm{sinc}\left(\dfrac{y}{\rho_y}\right)$，其中，$\rho_x$、$\rho_y$ 为方位向和地距向的分辨率，根据 $\mathrm{sinc}^2(x)$ 的傅里叶变换，可得

$$E\{s_1 s_2^*\} = \sigma_0 \exp\{-j\phi\}\rho_x\rho_y\exp\left\{-j\frac{4\pi}{\lambda}\cos\theta\Delta\theta y_0\right\}\left(1-\frac{2\cos\theta\Delta\theta\rho_y}{\lambda}\right) \quad (2.46)$$

类似地，可得出 $E\{s_1 s_1^*\} = \sigma_0\rho_x\rho_y$，$E\{s_2 s_2^*\} = \sigma_0\rho_x\rho_y$，因此，基线去相干可表示为

$$\gamma_{\mathrm{geom}} = \frac{\mid E\{s_1 s_2^*\}\mid}{\sqrt{E\{s_1 s_1^*\}E\{s_2 s_2^*\}}} = 1-\frac{2\cos\theta\Delta\theta\rho_y}{\lambda} \quad (2.47)$$

式中，$\Delta\theta \approx \dfrac{B_\perp}{R}$，$\rho_y = \dfrac{\rho_r}{\sin\theta}$，因此有

$$\gamma_{\mathrm{geom}} = 1-\frac{2B_\perp\rho_r}{\lambda R\tan\theta} \quad (2.48)$$

以上根据 InSAR 的信号模型推导出了基线去相干的表达式，下面进一步从频谱偏移的角度给出解释。InSAR 系统的两个通道对同一目标的观测视角不同，由图 2.9 可以看出，所得到的回波信号在距离向的频谱是地面目标频谱的不同部分截取。只有相同的地距频带才包含相干信息，因此在干涉处理前通常要进行预滤波，以消除频谱的偏移，提高干涉条纹的质量。

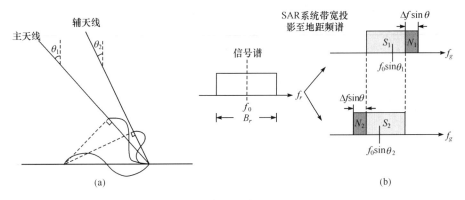

图 2.9　InSAR 距离向频谱偏移示意图

由此视角差引起的频谱偏移可以表示为[5]

$$\Delta f = Qf_0 \frac{\sin\theta_1-\sin\theta_2}{2\sin\theta} \approx Qf_0 \frac{\Delta\theta}{2\tan\theta} \approx Qf_0 \frac{B_\perp}{2R\tan\theta} \quad (2.49)$$

式中，θ_1、θ_2 分别为两个通道的视角；$\Delta\theta=\theta_1-\theta_2\approx\dfrac{B_\perp}{R}$ 为视角差；θ 为平均视角，$Q=1$ 时对应一发双收模式，$Q=2$ 时对应乒乓模式。当考虑地形因素的影响时，式(2.49)中 θ 应用 $\theta-\vartheta$ 代替，ϑ 为地形坡度角，即有

$$\Delta f\approx Qf_0\frac{B_\perp}{2R\tan(\theta-\vartheta)},\quad -90°<\vartheta<90° \tag{2.50}$$

根据式(2.50)可以得出频谱偏移量与地形坡度角之间的关系。当 $\vartheta<\theta-90°$ 时为阴影区；当 $\vartheta=\theta-90°$ 时，$\Delta f\approx0$，即此时两幅图像几乎不存在频谱偏移；当 $\theta-90°<\vartheta<\theta$ 时，$\Delta f>0$，且频谱偏移量随 ϑ 的增大而增大；当 $\vartheta>\theta$ 时，即产生叠掩现象，此时有 $\Delta f<0$。频谱偏移量事实上就是干涉相位在距离向的局部频率，因此干涉条纹的疏密也与视角及地形坡度角有关。

实际 SAR 系统的距离向信号带宽是有限的，因此，当两个通道所接收回波的频谱偏移量超过系统距离向带宽 B_r 时，两个通道的信号失去相干性，干涉技术将不再适用，此时对应的基线称为临界基线，即

$$B_{\perp C}=\frac{2B_r R\tan(\theta-\vartheta)}{Qf_0}=\frac{\lambda R\tan(\theta-\vartheta)}{Q\rho_r} \tag{2.51}$$

式中，$\rho_r=\dfrac{c}{2B_r}$ 为距离向分辨率。对于给定基线的 InSAR 系统，当地形坡度较大时，两幅图像无共同的谱带，也将无法进行干涉应用。因此，基线对相干系数的影响可以表示为

$$\gamma_{\text{geom}}=\begin{cases}\dfrac{B_{\perp C}-B_\perp}{B_{\perp C}}, & B_\perp\leqslant B_{\perp C}\\[2mm] 0, & B_\perp>B_{\perp C}\end{cases} \tag{2.52}$$

可见，式(2.52)与式(2.48)的结果是一致的。

2. 多普勒去相干

与基线去相干类似，多普勒去相干 γ_{Doppler} 是由于干涉图像对在方位向的多普勒中心频率不一致引起的，不考虑频谱的方向图加权，γ_{Doppler} 将随着多普勒中心频率差的增大而线性减小[1,4]：

$$\gamma_{\text{Doppler}}=\begin{cases}1-|\Delta f_{\text{dc}}|/B_a, & |\Delta f_{\text{dc}}|\leqslant B_a\\ 0, & |\Delta f_{\text{dc}}|>B_a\end{cases} \tag{2.53}$$

式中，$|\Delta f_{\text{dc}}|$ 表示多普勒质心频率差；B_a 表示方位向带宽。

3. 热噪声去相干

将干涉 SAR 两个通道叠加了热噪声的复信号分别表示为 $s_{n1}=s_1+n_1$ 和 $s_{n2}=$

s_2+n_2，n_1 和 n_2 为两个通道的热噪声，假设 n_1 和 n_2 之间互不相关，且信号与噪声之间也不相关，因此，s_{n1} 和 s_{n2} 之间的相干系数的幅值可表示为[1]

$$
\begin{aligned}
\gamma_{\text{thermal}} &= \frac{|E\{s_{n1}s_{n2}^*\}|}{\sqrt{E\{s_{n1}s_{n1}^*\}E\{s_{n2}s_{n2}^*\}}} \\
&= \frac{|E\{s_1s_2^*+s_2^*n_1+s_1n_2^*+n_1n_2^*\}|}{\sqrt{E\{s_1s_1^*+s_1^*n_1+s_1n_1^*+n_1n_1^*\}E\{s_2s_2^*+s_2^*n_2+s_2n_2^*+n_2n_2^*\}}} \\
&= \frac{|s_1s_2^*|}{\sqrt{(|s_1|^2+E\{|n_1|^2\})(|s_2|^2+E\{|n_2|^2\})}} \\
&= \frac{1}{\sqrt{(1+\text{SNR}_1^{-1})(1+\text{SNR}_2^{-1})}}
\end{aligned}
\tag{2.54}
$$

式中，$\text{SNR}_1=|s_1|^2/E\{|n_1|^2\}$ 和 $\text{SNR}_2=|s_2|^2/E\{|n_2|^2\}$ 分别为两个通道的信噪比。当两个通道的信噪比相同时，相干系数变为

$$
\gamma_{\text{thermal}} = \frac{1}{1+\text{SNR}^{-1}}
\tag{2.55}
$$

图 2.10 给出了相干系数随信噪比的变化关系，可以看出，当信噪比大于 20dB 时，相干系数将达到 0.99 以上。

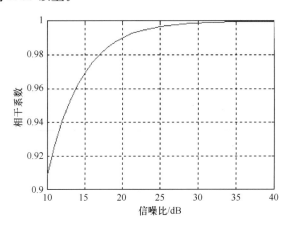

图 2.10　相干系数随信噪比的变化关系图

4. 时间去相干

由于散射体的后向散射系数会因地表运动、天气等因素随时间变化，而散射体在分辨单元内的变化会在干涉图像对之间引入一个随机相位，因此会产生时间去相干。若假设散射体运动的概率密度函数服从高斯分布，则时间去相干可以近似表示为[4]

$$\gamma_{\text{temporal}} = \exp\left\{-\frac{1}{2}\left(\frac{4\pi}{\lambda}\right)^2 (\sigma_y^2 \sin^2\theta + \sigma_z^2 \cos^2\theta)\right\} \tag{2.56}$$

式中，σ_y、σ_z 分别表示交轨向和垂直向的散射体运动均方差，复图像对的相干性将随散射体运动均方差增大而减小。

5. 体散射去相干

在分辨单元内散射体的垂直分布会引起干涉去相干，即体散射去相干，表示如下[5]：

$$\gamma_{\text{vertical}} = \frac{\int \sigma(z)\mathrm{e}^{-jk_z z}\,\mathrm{d}z}{\int \sigma(z)\,\mathrm{d}z} \tag{2.57}$$

式中，k_z 表示垂直方向的投影波数；$\sigma(z)$ 表示随高度变化的散射体横截面函数。体散射去相干的计算需要先假设散射体的分布和能量的散射模型，真实的地表具有复杂的散射环境，难以将所有可能的体散射机制考虑进去并通过简单的函数来描述。对于特定的一些简单的地表模型，可以推导出闭合表达式，从中可以分析与体散射去相干有关的散射参数。

6. 数据处理去相干

在干涉处理时，各个步骤的处理误差也会导致去相干。干涉处理对图像配准的精度要求很高，因此这里仅介绍配准误差引起的去相干。距离向配准误差引起的去相干如下[6]：

$$\gamma_{\text{coreg},r} = \begin{cases} \dfrac{\sin(\pi\mu_r)}{\pi\mu_r}, & 0 \leqslant \mu_r \leqslant 1 \\ 0, & \mu_r > 1 \end{cases} \tag{2.58}$$

式中，μ_r 表示距离向的失配分辨单元数。方位向配准误差去相干与之类似：

$$\gamma_{\text{coreg},a} = \begin{cases} \dfrac{\sin(\pi\mu_a)}{\pi\mu_a}, & 0 \leqslant \mu_a \leqslant 1 \\ 0, & \mu_a > 1 \end{cases} \tag{2.59}$$

式中，μ_a 表示方位向的失配分辨单元数。

图 2.11 给出了相干系数随失配量的变化关系，由图可知，在配准误差优于 0.1 个分辨单元时，相干系数将不会有显著改善。以 1.2 倍的过采样率为例，配准精度应优于 1/8 个像素，此时 $\gamma_{\text{coreg},r} = 0.98$，$\sigma_\phi \approx 20°$，同时考虑方位向的失配量，则有 $\gamma_{\text{coreg}} = \gamma_{\text{coreg},r} \cdot \gamma_{\text{coreg},a} = 0.98^2 = 0.96$。由此可见，配准误差对干涉 SAR 系统的相干性影响较大，因此需要进行高精度的配准处理。

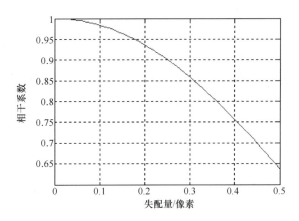

图 2.11　相干系数随失配量的变化关系图

2.3　机载 InSAR 三维定位精度分析

根据图 2.1,本节分析参数误差对机载 InSAR 三维定位精度的影响。图中,目标点 P 的位置矢量为 $\boldsymbol{P}$,天线 1 的位置矢量为 $\boldsymbol{S}_1$,单位视线矢量为 $\hat{\boldsymbol{r}}_1$,因此有

$$\boldsymbol{P}=\boldsymbol{S}_1+R_1\hat{\boldsymbol{r}}_1=\boldsymbol{S}_1+R_1\begin{bmatrix}\sin\theta_1\\0\\-\cos\theta_1\end{bmatrix} \tag{2.60}$$

如图 2.12 所示,目标点的三维位置与载机位置误差、雷达测距误差、基线长度误差、基线角误差以及干涉相位误差有关[6,7]。

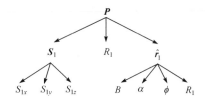

图 2.12　影响机载 InSAR 三维定位精度的误差源

下面分别分析各个误差源对三维位置测量精度的影响。为了推导的简便性,这里采用了远场近似。将目标位置矢量对天线 1 交轨方向 x、顺轨方向 y 和垂直方向 z 的位置分别求偏导,有

$$\frac{\partial\boldsymbol{P}}{\partial S_{1x}}=\begin{bmatrix}1\\0\\0\end{bmatrix},\quad \frac{\partial\boldsymbol{P}}{\partial S_{1y}}=\begin{bmatrix}0\\1\\0\end{bmatrix},\quad \frac{\partial\boldsymbol{P}}{\partial S_{1z}}=\begin{bmatrix}0\\0\\1\end{bmatrix} \tag{2.61}$$

目标位置矢量对斜距 R_1 求偏导,有

$$\frac{\partial \boldsymbol{P}}{\partial R_1} = \hat{\boldsymbol{r}}_1 = \begin{bmatrix} \sin\theta_1 \\ 0 \\ -\cos\theta_1 \end{bmatrix} \tag{2.62}$$

可见,目标位置对斜距误差的敏感度等于单位视向量在各坐标轴上的分量。在近距端斜距误差引入的高程误差大于水平误差,当视角大于 45°时,水平误差大于高程误差。

目标位置矢量分别对基线长度 B 和基线角 α 求偏导,有

$$\frac{\partial \boldsymbol{P}}{\partial B} = \frac{\lambda\phi R_1}{2\pi Q B^2} \frac{1}{\cos(\theta_1 - \alpha)} \begin{bmatrix} \cos\theta_1 \\ 0 \\ \sin\theta_1 \end{bmatrix} = -\frac{R_1}{B}\tan(\theta_1 - \alpha) \begin{bmatrix} \cos\theta_1 \\ 0 \\ \sin\theta_1 \end{bmatrix} \tag{2.63}$$

$$\frac{\partial \boldsymbol{P}}{\partial \alpha} = R_1 \begin{bmatrix} \cos\theta_1 \\ 0 \\ \sin\theta_1 \end{bmatrix} \tag{2.64}$$

由式(2.63)和式(2.64)可知,基线长度引起的误差与 $\tan(\theta_1 - \alpha)$ 成正比,当视角与基线角相等时,视向量与基线向量正交,此时目标位置对基线长度误差的敏感度最小。基线角引起的误差与斜距和视角有关,而与基线长度无关。

目标位置矢量对干涉相位 ϕ 求偏导,有

$$\frac{\partial \boldsymbol{P}}{\partial \phi} = -\frac{\lambda R_1}{2\pi Q B\cos(\theta_1 - \alpha)} \begin{bmatrix} \cos\theta_1 \\ 0 \\ \sin\theta_1 \end{bmatrix} = -\frac{\lambda R_1}{2\pi Q B_\perp} \begin{bmatrix} \cos\theta_1 \\ 0 \\ \sin\theta_1 \end{bmatrix} \tag{2.65}$$

由式(2.65)可知,干涉相位引起的误差与垂直基线成反比,增大垂直基线会降低相位误差对目标位置的影响。另外,对于一定的高程变化,垂直基线越大,干涉相位的变化也越大,即对地形变化的敏感度越高,反演的 DEM 精度越高,这与前面关于高度模糊度的分析一致。

下面利用表 2.1 所示的机载 InSAR 系统仿真参数进行敏感度的定量计算和分析。计算结果如图 2.13 所示,与上述分析一致,其中,基线长度和基线角误差对目标定位精度的影响尤为严重,其测量精度是实现干涉测量精度的关键。

表 2.1　机载 InSAR 系统仿真参数

参数	取值	参数	取值
波长/m	0.03125	飞行高度/m	4000
基线长度/m	6	基线角/(°)	30
视角/(°)	20~60	工作模式	乒乓模式

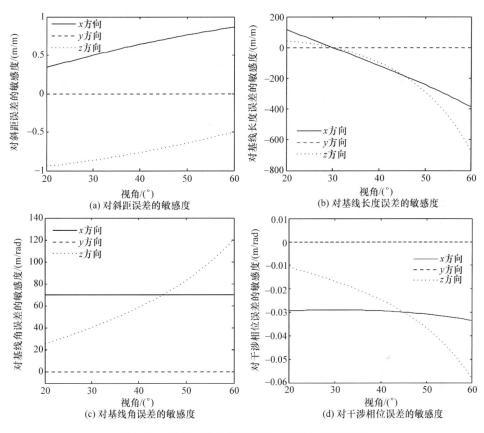

图 2.13　目标三维位置对定位参数误差的敏感度

　　上述定位参数通常需要利用地面控制点,经过干涉定标过程进行校正,从而满足干涉测量精度的要求。在干涉定标过程中,需要用到目标三维位置矢量相对定位参数的敏感度,为了定标的精确性,通常用未经过远场近似的几何关系来推导,此时式(2.63)和式(2.65)修正如下:

$$\frac{\partial \boldsymbol{P}}{\partial B}=\left(\frac{1}{2}+\frac{\lambda\phi R_1}{2\pi QB^2}+\frac{\lambda^2\phi^2}{8\pi^2 Q^2 B^2}\right)\frac{1}{\cos(\theta_1-\alpha)}\begin{bmatrix}\cos\theta_1\\0\\\sin\theta_1\end{bmatrix} \tag{2.66}$$

$$\frac{\partial \boldsymbol{P}}{\partial \phi}=-\frac{\lambda R_1}{2\pi QB\cos(\theta_1-\alpha)}\left(1+\frac{\lambda\phi}{2\pi QR_1}\right)\begin{bmatrix}\cos\theta_1\\0\\\sin\theta_1\end{bmatrix} \tag{2.67}$$

2.4　机载 InSAR 数据处理流程

本节针对利用机载 InSAR 进行地形制图的目的,介绍其数据处理流程。主要包括运动补偿及成像处理、干涉处理、干涉定标、三维定位、正射校正及数据拼接等处理步骤,详细流程如图 2.14 所示,下面具体介绍各个环节的主要功能。

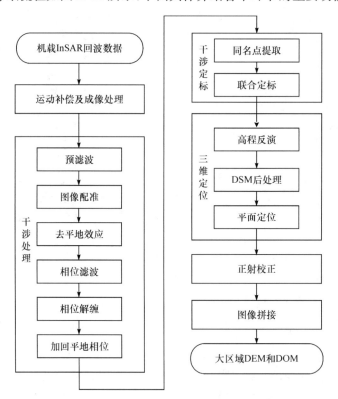

图 2.14　机载 InSAR 地形制图数据处理流程

1. 运动补偿及成像处理

在机载模式下,受气流等因素的影响,载机的运动会偏离匀速直线运动。运动补偿就是利用运动传感器及信号处理的方法,尽可能地测量或提取天线相位中心的运动误差,并将其从原始回波数据中去除。运动补偿通常嵌入成像处理过程中,使得加入运动补偿后的成像算法与 SAR 数据相匹配,从而得到聚焦良好的图像。机载 InSAR 系统利用双通道复图像对的干涉相位提取地表高程信息,首先要通过运动补偿及成像处理获得主、辅天线对应的单视复(single look complex,SLC)图像。成像处理作为整个 InSAR 数据处理的基础,不仅要获取高质量的幅度图像,更要求保持高精度的图像相位信息,因而实现高精度的运动补偿是处理的关键。本书第 3 章将介绍机载 InSAR 运动补偿的方法及误差影响。

2. 干涉处理

由 2.1 节可知,InSAR 测量地形高程的几何原理并不复杂,但在实现时,如何对同一场景获得两幅高相干性的图像,并从中获得干涉相位的真实值是一个复杂的过程。干涉处理是利用 InSAR 主、辅天线的 SLC 图像经过一系列的处理步骤得到无缠绕的干涉相位的过程,包括预滤波、图像配准、干涉相位生成、去平地效应、相位滤波、相位解缠等步骤。该过程的核心是通过提高干涉相干性,减少相位误差,获得能够反映波程差的干涉相位值。本书第 4 章将详细介绍机载 InSAR 干涉处理各个步骤的基本原理及方法。

3. 干涉定标

通过干涉处理获得干涉相位后,利用 InSAR 的高程反演模型和平面定位模型可以实现目标的三维定位。然而实际处理中系统参数误差、载机航迹误差、信号处理误差等因素的存在,使得定位模型中的相关参数取值并不准确,因此,需要利用地面控制点(ground control point,GCP)已知的三维位置信息,通过干涉定标,来修正定位参数的偏差,从而提高三维定位的精度。面向测绘制图作业的机载 In-SAR 系统,通常要求在稀疏控制点的条件下实现大区域多航带多场景的干涉定标,保证各场景的三维定位精度和相邻场景重叠区域的三维位置一致性,这一要求可以通过区域网平差的方法实现,也可以称为多场景联合定标,因此首先要在相邻场景的重叠区域中提取同名点,将其作为连接点进行平差运算。本书第 5 章将具体介绍机载 InSAR 同名点提取和定标的过程。

4. 三维定位

利用各景影像定标后的干涉参数和解缠后的干涉相位,根据式(2.7)的高程解算关系,即可以反演出斜距坐标系下每一点的高程值。此时获取的高程实际上是数字表面模型(digital surface model,DSM),需要经过滤波处理获得 DEM,而且由于 SAR 自身的特点,在水体和阴影等区域回波信号弱甚至接收不到回波信号,因而反演的高程近似噪声,需要通过后处理进行 DEM 修复。在此基础上,利用各景影像定标后的平面定位参数以及高程值,根据平面定位几何关系可以计算场景内目标点在地理坐标系中的平面位置。本书第 6 章将介绍机载 InSAR 三维定位及 DSM 后处理的内容。

5. 正射校正及图像拼接

　　为了获取制图坐标系下的标准格式数据，需要通过正射校正，将 DEM 和 SAR 图像投影到通用的规则坐标网格中，如高斯投影坐标系。正射校正将 SAR 的侧视方向转换成正垂直水平面的方向，会造成采样不均匀，需要对校正后的 DEM 和 SAR 图像进行插值处理。对大区域内的多景影像均进行正射校正，并根据影像的质量选取合适的拼接策略，进而拼接生成大区域的数字产品正射 DEM 和正射影像图（digital orthophoto map，DOM）。本书第 6 章将介绍机载 InSAR 正射校正的方法。

2.5　小　　结

　　本章首先介绍了 InSAR 干涉测量的基本原理，解释了平地效应、高度模糊数等基本概念。然后介绍了 InSAR 的干涉相位统计特性以及相干系数的估计，并分析了影响 InSAR 相干性的因素。接着分析了参数误差对机载 InSAR 三维定位精度的影响。最后给出了机载 InSAR 地形制图的数据处理流程。

参 考 文 献

[1] Hanssen R F. Radar Interferometry, Data Interpretation and Error Analysis. The Netherlands: Kluwer Academic Publishers, 2001.

[2] Lee J S, Hoppel K W, Mango S A, et al. Intensity and phase statistics of multilook polarimetric and interferometric SAR imagery. IEEE Transactions on Geoscience and Remote Sensing, 1994, 32(5): 1017-1028.

[3] Just D, Bamler R. Phase statistics of interferogram with applications to synthetic aperture radar. Applied Optics, 1994, 33(20): 4361-4368.

[4] Lee J S, Papathanassiou K P, Ainsworth T L, et al. A new technique for noise filtering of SAR interferometric phase images. IEEE Transactions on Geoscience and Remote Sensing, 1998, 36(5): 1456-1465.

[5] Gatelli F, Guarnieri A M, Parizzi F, et al. The wavenumber shift in SAR interferometry. IEEE Transactions on Geoscience and Remote Sensing, 1994, 32(4): 855-865.

[6] 王超, 张红, 刘智. 星载合成孔径雷达干涉测量. 北京: 科学出版社, 2002.

[7] Rosen P A, Hensley S, Joughin I R, et al. Synthetic aperture radar interferometry. Proceedings of the IEEE, 2000, 88(3): 333-382.

第3章 机载 InSAR 运动补偿及成像处理

3.1 引　言

机载 SAR 的理想运动状态是匀速直线运动,然而受气流等因素的影响,载机平台不可避免地会偏离理想的运动轨迹。同时,平台往往也不能保证平动,而是存在偏航、俯仰和横滚三个方向的姿态变化。运动轨迹误差和姿态误差的存在,使得回波信号的相位和幅度均受到影响。如果不进行运动补偿,会导致成像质量下降,甚至不能成像。因而,高精度的运动补偿是高分辨率机载 SAR 成像的关键。对于机载 InSAR 系统,它利用双通道复图像对的干涉相位提取地表高程信息,不仅要获取高质量的幅度图像,更要求保持高精度的图像相位信息。因此,机载 InSAR 系统对运动补偿的精度要求更为严苛。

本章首先在 3.2 节分析运动误差对 SAR 成像的影响;然后,3.3 节介绍机载 SAR 运动补偿的原理及方法;接着,3.4 节针对机载双天线 InSAR 的特点,分析运动补偿残余误差对干涉测量的影响,给出基于高程迭代的运动补偿方法,并通过仿真和实测数据验证分析的正确性;最后,3.5 节对于机载重轨 InSAR,同样分析运动补偿残余误差的影响,针对宽波束机载重轨 InSAR 现有成像算法的局限性,介绍一种新的基于 Chirp 扰动的 BP 成像算法,并对由运动测量系统精度限制而引入的残余误差,介绍其估计与补偿方法。

3.2　机载 SAR 运动误差影响分析

如前所述,载机受气流影响产生的运动误差主要表现在两个方面,一是载机偏离匀速直线运动所造成的运动轨迹误差,二是平台转动所引起的姿态误差。运动轨迹误差主要影响天线相位中心的位置,进而影响其到目标的距离,改变回波的相位历程。而姿态的变化则会引起天线波束的指向误差,进而造成回波幅度的调制[1]。下面分别对这两方面的影响进行具体分析。

3.2.1　运动轨迹误差影响

运动轨迹的误差将直接影响 SAR 回波信号的相位特性和数据空间排列特性,造成相位误差和数据错位。由于地面场景信息主要包含在 SAR 数据的相位信息中,因此运动轨迹的误差对 SAR 成像质量的影响远大于姿态误差的影响。载机真实轨迹相对于理想匀速直线轨迹的偏离包括两个方面:一是沿理想航迹方向载机的加速度不为零,二是在垂直于理想航迹的平面内载机具有非零的速度矢量[2]。下面分别分析这两种轨迹偏移对 SAR 成像的影响。

1. 沿航迹非匀速飞行的影响

当载机沿理想航迹上非匀速飞行,并以固定的脉冲重复频率发射和接收脉冲时,会造成回波脉冲在方位向的非均匀采样,使得回波的距离历程发生改变。设 $R(\eta)$ 为理想匀速直线运动时 η 时刻的距离历程,$R(\eta) = \sqrt{R_0^2 + (V\eta - y_0)^2}$,$\eta$ 时刻载机沿航迹方位向的位置偏移量为 $\Delta y(\eta) = \int_0^\eta \Delta V(\eta) \mathrm{d}\eta$,其中 $\Delta V(\eta)$ 为载机沿航向速度的变化量,则斜距平面内 (R_0, y_0) 处的距离历程将变为

$$R'(\eta) = \sqrt{R_0^2 + (V\eta + \Delta y(\eta) - y_0)^2} \approx R(\eta) + \frac{(V\eta - y_0)\Delta y(\eta) + \frac{1}{2}\Delta y(\eta)^2}{R(\eta)}$$

$$(3.1)$$

由此可见,载机沿航迹的非匀速飞行会使距离历程增加一个附加误差项。一般来说,由 $\Delta y(\eta)$ 引起的距离历程的变化量远小于距离向的采样间隔,因此,对回波存储位置的影响较小,其主要影响在于增加了一项多普勒相位误差,从而会降低分辨率,使峰值旁瓣比和积分旁瓣比指标恶化。

2. 垂直航迹平面内运动轨迹误差的影响

如图 3.1 所示,载机在垂直航迹平面内存在运动误差时,载机到地面目标的距离历程发生变化。设载机的理想运动轨迹为 $[x_s, V\eta, z_s]^{\mathrm{T}}$,载机的运动误差为 $[\Delta x(\eta), 0, \Delta z(\eta)]^{\mathrm{T}}$,则 P 点到实际航迹和理想航迹的距离历程分别为

$$R'(\eta) = \sqrt{(x_s + \Delta x(\eta) - x_0)^2 + (V\eta - y_0)^2 + (z_s + \Delta z(\eta) - z_0)^2} \quad (3.2)$$

$$R(\eta) = \sqrt{(x_s - x_0)^2 + (V\eta - y_0)^2 + (z_s - z_0)^2} \quad (3.3)$$

距离历程之差为

$$\Delta R(\eta) = R'(\eta) - R(\eta) \approx \frac{(x_s - x_0)}{R(\eta)}\Delta x(\eta) + \frac{(z_s - x_0)}{R(\eta)}\Delta z(\eta) \quad (3.4)$$

式(3.4)表示的距离历程差一方面会导致回波信号在距离向的存储位置发生变化,使点目标的距离徙动曲线在理想的双曲线上附加了与运动误差相关的变化,在运动误差较小时,这一影响可以忽略不计,但当存在超出一个距离单元的附加徙动曲线时,会导致点目标无法聚焦。另外,这一距离历程差会严重地影响目标的多普勒相位,即使在较小的运动误差量级下,也会导致目标方位向聚焦质量严重恶化,因

此必须进行有效的补偿。

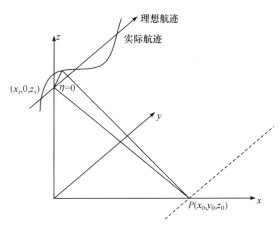

图 3.1　垂直航迹平面内运动轨迹误差影响示意图

3.2.2　姿态误差影响

载机平台的姿态变化可以用偏航角 θ_y、俯仰角 θ_p 和横滚角 θ_r 来表示,在如图 3.2 所示的坐标系下,偏航角、俯仰角和横滚角分别为平台绕 z 轴、x 轴和 y 轴旋转的角度,θ 为天线视角,$\hat{\boldsymbol{n}}$ 为无姿态变化时的波束指向,$\hat{\boldsymbol{n}}_e$ 为有姿态变化时的波束指向,因此有

$$\hat{\boldsymbol{n}} = \begin{bmatrix} \sin\theta & 0 & -\cos\theta \end{bmatrix}^{\mathrm{T}} \tag{3.5}$$

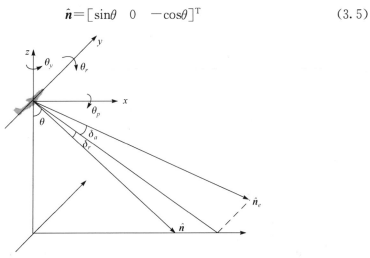

图 3.2　天线波束指向误差示意图

偏航、俯仰和横滚三个旋转矩阵分别为

$$\boldsymbol{\theta}_y = \begin{bmatrix} \cos\theta_y & \sin\theta_y & 0 \\ -\sin\theta_y & \cos\theta_y & 0 \\ 0 & 0 & 1 \end{bmatrix}, \quad \boldsymbol{\theta}_p = \begin{bmatrix} 1 & 0 & 0 \\ 0 & \cos\theta_p & \sin\theta_p \\ 0 & -\sin\theta_p & \cos\theta_p \end{bmatrix}, \quad \boldsymbol{\theta}_r = \begin{bmatrix} \cos\theta_r & 0 & -\sin\theta_r \\ 0 & 1 & 0 \\ \sin\theta_r & 0 & \cos\theta_r \end{bmatrix}$$

$$\tag{3.6}$$

$\hat{\boldsymbol{n}}$ 先后经过 $\boldsymbol{\theta}_y$、$\boldsymbol{\theta}_p$ 和 $\boldsymbol{\theta}_r$ 的旋转,有

$$\hat{\boldsymbol{n}}_e = \begin{bmatrix} x & y & z \end{bmatrix}^{\mathrm{T}} = \boldsymbol{\theta}_r\boldsymbol{\theta}_p\boldsymbol{\theta}_y\hat{\boldsymbol{n}} \tag{3.7}$$

因此,天线波束在距离向和方位向的指向误差 δ_r 和 δ_a 分别为[3]

$$\delta_r = \arctan\left(-\frac{x}{z}\right) - \theta \approx \theta_r \tag{3.8}$$

$$\delta_a = \arctan\left(\frac{y}{\sqrt{x^2+z^2}}\right) \approx \theta_y\sin\theta + \theta_p\cos\theta \tag{3.9}$$

由此可见,距离向的波束指向误差主要由横滚角引起,而方位向的波束指向误差则主要由偏航角和俯仰角引起。天线波束的指向误差会造成回波距离向和方位向的幅度调制。一般地,机载 SAR 天线的距离向波束较宽,距离向的指向误差一般仅造成测绘带边缘的回波信号增益下降,影响较小。而方位向波束相对较窄,因而指向误差的影响较大。相对于合成孔径时间,方位指向误差的低频变化会使多普勒中心频率发生偏移,而高频变化会使回波信号幅度在方位向出现高频调制,匹配滤波后会出现成对回波的现象[4],从而影响分辨率、峰值旁瓣比和积分旁瓣比等成像指标。

3.3　机载 SAR 运动补偿原理及方法

由 3.2 节的分析可知,运动误差对成像的影响非常严重,因而必须进行有效的运动补偿,也就是根据载机的运动状态对成像算法进行修正,使修正后的成像算法与 SAR 回波数据相匹配,从而得到聚焦良好的 SAR 图像。

运动补偿的方法主要分为基于传感器的运动补偿和基于 SAR 回波数据的运动补偿。基于传感器的运动补偿就是利用运动测量系统,如捷联惯性导航系统(strapdown inertial measurement unit,SINS)、全球定位系统(global positioning system,GPS)等测量载机的飞行轨迹,在成像处理时进行相应的补偿。一般情况下,基于传感器的各种补偿方法是首选的补偿方法,因为这种方法利用了载机的运动轨迹信息,能够比较全面地补偿运动误差对 SAR 数据造成的各种影响。

然而,当传感器测量的载机轨迹精度有限时,经过基于传感器的运动补偿之后,还有部分残余的运动误差,这些误差可以进一步利用基于 SAR 回波数据的运动补偿方法提取。这种方法不依赖于外部信息,仅利用 SAR 数据本身以及初始的成像参数,对成像参数进行校正或对 SAR 数据进行相关的补偿处理,通常也称为自聚焦。常用的自聚焦方法有多种,如 Mapdrift 方法[5]、相位差分(PD)方法[6]、相

位梯度法（PGA）[7]等。此类算法可以估计单个通道中绝对的残余运动误差，但估计精度不高，通常不用于 InSAR 数据的运动补偿处理，本书不再具体介绍，有兴趣的读者可参阅相关参考文献。

对于 InSAR，基于回波数据的运动补偿方法主要是指用于估计残余的时变基线误差的算法。时变基线误差实质上是双通道间相对的运动误差，主要针对机载重轨 InSAR 系统，由于在两次航过中的运动误差相互独立，不能通过干涉处理抵消残余误差，因此需要进行补偿残余的时变基线误差，这也体现了 InSAR 运动补偿方法区别于常规 SAR 运动补偿的特殊性。本章将在 3.5.5 节介绍残余误差的估计与补偿方法。本节重点介绍基于传感器的运动补偿方法。

基于传感器的运动补偿包括距离向重采样、方位向重采样、方位向相位误差补偿。距离向重采样是为了消除运动误差导致的各个回波脉冲在距离向的存储位置错位。方位向重采样是为了解决载机非匀速飞行时引起的方位向非均匀采样的问题。方位向相位误差补偿则是为了消除运动误差对回波相位的影响。

目前，基于传感器的运动补偿方法中应用最广泛的是嵌入成像处理的两步运动补偿算法[8-10]，称为一阶运动补偿和二阶运动补偿。其中，一阶运动补偿是对所有 SAR 数据按照运动误差在参考距离单元造成的影响进行补偿，即忽略了距离向空变性。二阶运动补偿则补偿剩余的随距离变化的影响。下面具体介绍两步运动补偿的实现过程。

1. 一阶运动补偿

如图 3.3 所示，一阶运动补偿是以测绘带中心位置为参考，补偿载机运动误差对 SAR 回波数据的影响。根据式（3.4）可以计算出在测绘带中心线 x_{ref} 处的斜距误差为

$$\Delta R(\eta; x_{\text{ref}}) = R'(\eta; x_{\text{ref}}) - R(\eta; x_{\text{ref}}) \tag{3.10}$$

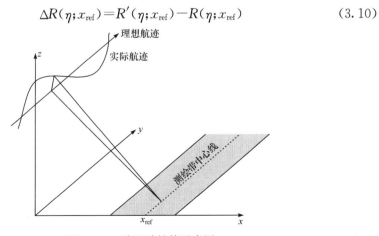

图 3.3　一阶运动补偿示意图

首先利用该参考斜距误差对每个回波脉冲进行一阶相位补偿：

$$s_1(\tau,\eta)=s(\tau,\eta)\exp\left\{\mathrm{j}\frac{4\pi}{\lambda}\Delta R(\eta;x_{\mathrm{ref}})\right\} \tag{3.11}$$

然后进行距离向重采样，该过程通常在距离频域进行，将 $s_1(\tau,\eta)$ 进行距离向傅里叶变换得到 $S_1(f_\tau,\eta)$，按式(3.12)进行重采样：

$$s_2(\tau,\eta)=\mathrm{IFT}\left\{S_1(f_\tau,\eta)\exp\left\{\mathrm{j}\frac{4\pi f_\tau}{c}\Delta R(\eta;x_{\mathrm{ref}})\right\}\right\} \tag{3.12}$$

最后根据雷达等效速度和等效脉冲重复频率，通过插值的方法对 $s_2(\tau,\eta)$、飞行轨迹数据以及一阶斜距误差 $\Delta R(\eta;x_{\mathrm{ref}})$ 均进行方位向重采样，使得各个脉冲按等效脉冲重复频率均匀分布，从而消除载机沿航迹非匀速飞行的影响。

2. 二阶运动补偿

二阶运动补偿是对一阶运动补偿后残余的误差进行补偿。由式(3.4)和式(3.10)可知，一阶运动补偿后的残余误差为

$$\Delta R'(\eta;x)=\Delta R(\eta;x)-\Delta R(\eta;x_{\mathrm{ref}}) \tag{3.13}$$

对经过距离压缩和距离徙动校正后的时域信号 $s_3(\tau,\eta)$ 的每个距离门进行如下的二阶相位补偿：

$$s_4(\tau,\eta)=s_3(\tau,\eta)\exp\left\{\mathrm{j}\frac{4\pi}{\lambda}\Delta R'(\eta;x)\right\} \tag{3.14}$$

一般来说，残余误差 $\Delta R'(\eta;x)$ 小于距离向采样间隔，因此在二阶运动补偿时可以不进行距离向重采样，但如果测绘带宽较宽，则还需要考虑二阶距离向重采样。

以上即两步运动补偿方法的主要过程。该运动补偿方法隐含了如下的假设，即某一时刻的载机运动误差，对同样距离单元而不同方位向的点目标造成的相位误差完全相同，也称为波束中心近似。实际情况中，当运动误差较大、分辨率较高时，这一近似引起的误差不可忽略，需要进行方位空变误差的补偿，这里不对具体方法进行介绍，有兴趣的读者可参考相关文献[11-14]。3.4 节将对波束中心近似对干涉测量的影响进行分析。

3.4　机载双天线 InSAR 运动补偿误差分析

上述两级运动补偿算法存在两方面的近似，一是波束中心近似，即在同一方位时刻对波束照射范围内的所有目标均按照波束中心的运动误差进行补偿，从而导致方位空变的残余误差；二是起伏地形中的参考高程近似，即运动补偿时使用某一参考高程作为该区域所有目标的高程，在起伏较大的地形条件下，会导致方位空变

残余误差迅速增大。本节针对机载双天线 InSAR 系统，分析运动补偿残余误差对干涉测量的影响。

3.4.1　单天线机载 SAR 运动补偿残余误差建模

本节将对单天线机载 SAR 传统运动补偿方法的残余误差进行建模，从而为分析运动补偿残余误差对双天线干涉测量的影响提供基础。在相同时刻，对于不同方位向位置的地面散射点，载机的运动误差引起的误差值不同，而传统运动补偿算法仅按照波束中心的运动误差进行补偿，这就会导致方位空变的运动补偿残余误差。本节首先分析单天线情况下运动补偿参考高程无误差时的方位空变残余误差，然后在此基础上推导有高程误差时的情况。

1. 无高程误差情况

运动补偿参考高程无误差时，单天线机载 SAR 成像几何关系如图 3.4 所示。设在方位零时刻，载机的参考位置为 $(x_s, 0, z_s)^{\mathrm{T}}$，地面目标点 A 的位置为 $(x_A, y_A, z_A)^{\mathrm{T}}$，其中，$y_A = 0$，载机的运动误差为 $[\Delta x(t), 0, \Delta z(t)]^{\mathrm{T}}$。则正侧视情况下 A 点的真实运动误差为

$$\Delta R_A(t) = \mathrm{rect}\left\{\frac{V_s t - y_A}{L_a}\right\} \cdot \left\{ \sqrt{(x_s + \Delta x(t) - x_A)^2 + (V_s t - y_A)^2 + (z_s + \Delta z(t) - z_A)^2} \right.$$
$$\left. - \sqrt{(x_s - x_A)^2 + (V_s t - y_A)^2 + (z_s - z_A)^2} \right\} \tag{3.15}$$

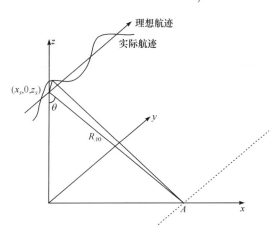

图 3.4　无高程误差时的运动补偿几何关系示意图

式中，V_s 为载机飞行速度；$\mathrm{rect}\left\{\dfrac{V_s t - y_A}{L_a}\right\}$ 表示雷达能够照射到 A 点的合成孔径范围；L_a 为合成孔径长度，为了推导方便，以下公式均省略了该项。在波束中心近似

的情况下，A 点实际补偿的运动误差为

$$\Delta R_c(t) = \sqrt{(x_s + \Delta x(t) - x_A)^2 + (z_s + \Delta z(t) - z_A)^2} - \sqrt{(x_s - x_A)^2 + (z_s - z_A)^2}$$

$$(3.16)$$

因此补偿后残余的方位空变误差为

$$\Delta R_{Ares}(t) = \Delta R_A(t) - \Delta R_c(t)$$

$$\approx -\frac{(V_s t - y_A)^2}{2R_{A0}^2}\left[\frac{x_s - x_A}{R_{A0}}\Delta x(t) + \frac{z_s - z_A}{R_{A0}}\Delta z(t)\right]$$

$$= \frac{(V_s t - y_A)^2}{2R_{A0}^2}\left[\sin\theta\Delta x(t) - \cos\theta\Delta z(t)\right] \qquad (3.17)$$

式中，$R_{A0} = \sqrt{(x_s - x_A)^2 + (z_s - z_A)^2}$，$\theta$ 为目标 A 的视角。这里，令 $\Delta R_{Aerr}(t) = \sin\theta\Delta x(t) - \cos\theta\Delta z(t)$，则可得到 $\Delta R_{Ares}(t) \approx \dfrac{(V_s t - y_A)^2}{2R_{A0}^2}\Delta R_{Aerr}(t)$。

为了对式(3.17)有更直观的理解，下面从另一角度进行分析，将运动误差投影到斜距平面，如图 3.5 所示，A 点在该时刻的真实运动误差为 $\dfrac{R + dR}{\cos\alpha(t)} - \dfrac{R}{\cos\alpha(t)}$，而补偿的运动误差为 dR，因此补偿后残余的方位空变误差为 $dR\left[\dfrac{1}{\cos\alpha(t)} - 1\right]$，这里 $dR \approx \Delta R_{Aerr}(t)$，即有

$$\Delta R_{Ares}(t) \approx \Delta R_{Aerr}(t)\left[\frac{1}{\cos\alpha(t)} - 1\right] \approx \Delta R_{Aerr}(t)\frac{\alpha^2(t)}{2} \qquad (3.18)$$

对式(3.17)做进一步化简，有

$$\Delta R_{Ares}(t) \approx \Delta R_{Aerr}(t)\frac{(V_s t - y_A)^2}{2R_{A0}^2} = \Delta R_{Aerr}(t)\frac{\tan^2\alpha(t)}{2} \approx \Delta R_{Aerr}(t)\frac{\alpha^2(t)}{2}$$

$$(3.19)$$

由此可见，上述两个角度的分析是一致的。

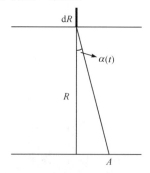

图 3.5　斜距平面运动误差示意图

2. 有高程误差情况

在存在高程误差情况下进行运动补偿的几何关系如图 3.6 所示。设目标 D 的真实高度为 z_D，运动补偿采用的参考高度为 z_A，误差为 h，即 $z_D = z_A + h$。D 点的真实运动误差为

$$\Delta R_D(t) = \sqrt{(x_s + \Delta x(t) - x_D)^2 + (V_s t - y_D)^2 + (z_s + \Delta z(t) - z_D)^2}$$
$$- \sqrt{(x_s - x_D)^2 + (V_s t - y_D)^2 + (z_s - z_D)^2} \tag{3.20}$$

当 SAR 位于点 P 时，根据目标 D 所对应斜距 $|PD|$，按 $|PA| = |PD|$ 计算得到参考平面上的运动补偿采用点为 $A(x_A, y_A, z_A)$，其中 $y_A = y_D = 0$，这样，D 点实际补偿的运动误差为

$$\Delta R_c(t) = \sqrt{(x_s + \Delta x(t) - x_A)^2 + (z_s + \Delta z(t) - z_A)^2} - \sqrt{(x_s - x_A)^2 + (z_s - z_A)^2} \tag{3.21}$$

可以看出，此时 D 点实际补偿的运动误差与式(3.16)中 A 点实际补偿的运动误差相同，故补偿后的残余误差为

$$\begin{aligned}
\Delta R_{Dres}(t) &= \Delta R_D(t) - \Delta R_c(t) \\
&= \Delta R_D(t) - \Delta R_A(t) + \Delta R_A(t) - \Delta R_c(t) \\
&= \Delta R_D(t) - \Delta R_A(t) + \Delta R_{Ares}(t)
\end{aligned} \tag{3.22}$$

式中，前两项由目标的高程误差引起，第三项即参考平面上目标的方位空变误差，同式(3.18)。由此可见，对于存在高程误差的目标，其运动补偿残余误差相比无高程误差的目标多了 $\Delta R_D(t) - \Delta R_A(t)$ 项。记 $\Delta R_{DA}(t) = \Delta R_D(t) - \Delta R_A(t)$，并令 $x_D = x_A + \delta x$，$z_D = z_A + h$，进行一些简化处理，可得

$$\Delta R_{DA}(t) \approx -\frac{x_s + \Delta x(t) - x_A}{\widetilde{R}_A(t)} \delta x - \frac{z_s + \Delta z(t) - z_A}{\widetilde{R}_A(t)} h + \frac{x_s - x_A}{R_A(t)} \delta x + \frac{z_s - z_A}{R_A(t)} h \tag{3.23}$$

式中

$$\begin{cases}
\widetilde{R}_A(t) = \sqrt{(x_s + \Delta x(t) - x_A)^2 + (V_s t - y_A)^2 + (z_s + \Delta z(t) - z_A)^2} \\
R_A(t) = \sqrt{(x_s - x_A)^2 + (V_s t - y_A)^2 + (z_s - z_A)^2}
\end{cases}$$

进一步做近似处理，有

$$\Delta R_{DA}(t) \approx -\frac{\Delta x(t)}{R_A(t)} \delta x - \frac{\Delta z(t)}{R_A(t)} h \approx -\frac{\Delta x(t)}{R_{A0}} \delta x - \frac{\Delta z(t)}{R_{A0}} h \tag{3.24}$$

由于 $|PA| = |PD|$，即有如下等式成立：

$$\sqrt{(x_s + \Delta x(t) - x_A)^2 + (z_s + \Delta z(t) - z_A)^2} = \sqrt{(x_s + \Delta x(t) - x_A - \delta x)^2 + (z_s + \Delta z(t) - z_A - h)^2} \tag{3.25}$$

由此可见 δx 是 h 的函数，因此可得

$$\delta x \approx -\frac{z_s + \Delta z(t) - z_A}{x_s + \Delta x(t) - x_A} h \tag{3.26}$$

将式(3.26)代入式(3.24),即有

$$\Delta R_{DA}(t) \approx \frac{h}{R_{A0}}\left[\frac{z_s + \Delta z(t) - z_A}{x_s + \Delta x(t) - x_A}\Delta x(t) - \Delta z(t)\right]$$

$$\approx \frac{h}{R_{A0}}\left[\frac{z_s - z_A}{x_s - x_A}\Delta x(t) - \Delta z(t)\right]$$

$$= \frac{h}{x_s - x_A}\left[\frac{z_s - z_A}{R_{A0}}\Delta x(t) - \frac{x_s - x_A}{R_{A0}}\Delta z(t)\right]$$

$$= \frac{h}{x_s - x_A}\left[\Delta x(t)\cos\theta + \Delta z(t)\sin\theta\right] \tag{3.27}$$

因此,目标 D 运动补偿后的残余误差为

$$\Delta R_{Dres}(t) \approx \frac{h}{x_s - x_A}\left[\Delta x(t)\cos\theta + \Delta z(t)\sin\theta\right]$$

$$+ \left[\frac{1}{\cos\alpha(t)} - 1\right]\left[\sin\theta\Delta x(t) - \cos\theta\Delta z(t)\right] \tag{3.28}$$

由此可见,一般地,当运动补偿参考高程存在误差时,方位空变残余误差会增大,当参考高程误差 $h=0$ 时,式(3.28)与式(3.18)一致。

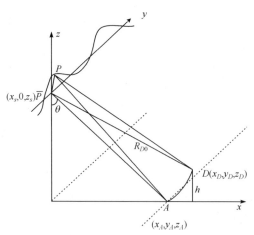

图 3.6　存在高程误差时的运动补偿几何关系示意图

3.4.2　无测量误差条件下运动补偿残余误差对干涉测量的影响

在推导出单天线运动补偿残余误差模型的基础上,本节针对运动补偿残余误差对机载双天线 InSAR 测量精度的影响展开分析,包括对干涉相位精度的影响以及对平面定位精度的影响。不失一般性,本节以运动补偿时参考高程有误差的情况,即式(3.28)为基础进行分析,且本节暂不考虑测量误差的存在,即以载机航迹、

基线等的测量完全准确为前提展开讨论。

1. 对干涉相位的影响

本小节分载机无姿态变化和有姿态变化两种情况分析运动补偿残余误差对双天线 InSAR 干涉相位的影响。

1）载机无姿态变化

设基线长度为 B，基线角为 α，方位零时刻天线 1 的参考位置为 $(x_s, 0, z_s)^{\mathrm{T}}$，则天线 2 的参考位置为 $(x_s + B\cos\alpha, 0, z_s + B\sin\alpha)^{\mathrm{T}}$。载机不存在姿态变化的情况下，对于双天线干涉系统，两天线的运动误差相同，设其均为 $[\Delta x(t), 0, \Delta z(t)]^{\mathrm{T}}$。设天线 1 中与目标 D 斜距相同的参考平面上的点为 A，而天线 2 为 A'，由于两通道中 D 点对应的斜距不同，因此 A 和 A' 点不完全重合，存在微小的距离向偏移，即 $x_{A'} = x_A + x_\Delta$，而其高度一致，均为参考平面的高度，即 $z_{A'} = z_A$。因此两通道中，D 点的运动补偿残余误差分别为

$$\Delta R_{1Dres}(t) \approx \frac{h}{x_s - x_A} \{\Delta x(t)\cos\theta_1 + \Delta z(t)\sin\theta_1\}$$
$$+ \left[\frac{1}{\cos\alpha(t)} - 1\right]\{\sin\theta_1 \Delta x(t) - \cos\theta_1 \Delta z(t)\} \tag{3.29}$$

$$\Delta R_{2Dres}(t) \approx \frac{h}{x_s + B\cos\alpha - x_{A'}} \{\Delta x(t)\cos\theta_2 + \Delta z(t)\sin\theta_2\}$$
$$+ \left[\frac{1}{\cos\alpha(t)} - 1\right]\{\sin\theta_2 \Delta x(t) - \cos\theta_2 \Delta z(t)\} \tag{3.30}$$

进一步，两天线对应 D 点运动补偿残余误差的不一致分量为

$$\Delta R_{2Dres}(t) - \Delta R_{1Dres}(t) \approx \left[\frac{1}{\cos\alpha(t)} - 1\right][\Delta x(t)\cos\theta_1 + \Delta z(t)\sin\theta_1]\Delta\theta$$
$$- \frac{h}{x_s - x_A}[\Delta x(t)\sin\theta_1 - \Delta z(t)\cos\theta_1]\Delta\theta$$
$$- \frac{hB\cos\alpha}{(x_s - x_A)^2}[\Delta x(t)\cos\theta_1 + \Delta z(t)\sin\theta_1] \tag{3.31}$$

式中，θ_1、θ_2 分别为天线 1 和天线 2 中目标 A 的视角，$\Delta\theta = \theta_2 - \theta_1$，由于 A 和 A' 点之间的距离向偏移 x_Δ 非常小，为了便于分析，这里取近似 $x_{A'} \approx x_A$。

2）载机有姿态变化

对于双天线干涉系统，载机存在姿态变化时，会导致两个天线的运动误差不一致。假设由于姿态变化引起的两个天线在 x 方向和 z 方向的不一致运动误差分别为 $\delta x(t)$ 和 $\delta z(t)$，即设天线 1 的运动误差仍为 $[\Delta x(t), 0, \Delta z(t)]^{\mathrm{T}}$，而天线 2 的运动误差为 $[\Delta x(t) + \delta x(t), 0, \Delta z(t) + \delta z(t)]^{\mathrm{T}}$。此时天线 1 中 D 点的运动补偿残余误差仍同式（3.29），而天线 2 中 D 点的运动补偿残余误差则为

$$\Delta R_{2Dres}(t) \approx \frac{h}{x_s + B\cos\alpha - x_{A'}} \{ [\Delta x(t) + \delta x(t)]\cos\theta_2 + [\Delta z(t) + \delta z(t)]\sin\theta_2 \}$$
$$+ \left[\frac{1}{\cos\alpha(t)} - 1 \right] \{ \sin\theta_2 [\Delta x(t) + \delta x(t)] - \cos\theta_2 [\Delta z(t) + \delta z(t)] \}$$

$$\text{(3.32)}$$

因此,两天线对应 D 点运动补偿残余误差的不一致分量为

$$\Delta R_{2Dres}(t) - \Delta R_{1Dres}(t) \approx \left[\frac{1}{\cos\alpha(t)} - 1 \right] [\Delta x(t)\cos\theta_1 + \Delta z(t)\sin\theta_1]\Delta\theta$$
$$+ \left[\frac{1}{\cos\alpha(t)} - 1 \right] [\delta x(t)\sin\theta_2 - \delta z(t)\cos\theta_2]$$
$$- \frac{h}{x_s - x_A} [\Delta x(t)\sin\theta_1 - \Delta z(t)\cos\theta_1]\Delta\theta$$
$$- \frac{hB\cos\alpha}{(x_s - x_A)^2} [\Delta x(t)\cos\theta_1 + \Delta z(t)\sin\theta_1]$$
$$+ \frac{h}{x_s - x_A} [\delta x(t)\cos\theta_2 + \delta z(t)\sin\theta_2] \qquad \text{(3.33)}$$

假设机载双天线干涉 SAR 系统的参数如表 3.1 所示, x 方向运动误差为 10m, z 方向运动误差为 0m,在运动补偿参考高程无误差且载机无姿态变化的情况下,即 $h=0$、$\delta x(t)=0$、$\delta z(t)=0$ 时,方位空变残余误差引起的干涉相位误差为 $\Delta\phi = \frac{4\pi}{\lambda}(\Delta R_{2Dres} - \Delta R_{1Dres}) \approx 2\times10^{-4}\,\text{rad}$;当参考高程存在误差时,设 $h=50\text{m}$,此时方位空变残余误差引起的干涉相位误差为 $\Delta\phi \approx 2\times10^{-2}\,\text{rad}$;进一步,考虑载机的姿态变化,由于当基线垂直于航向时,俯仰角的变化不影响两天线的相对位置;而设偏航角的影响在单天线运动补偿方位重采样时已消除,因此仅需要考虑横滚角的变化。设横滚角变化为 $\theta_r = 3°$,则由其引起的两天线不一致运动误差分别为 $\delta x(t) = B[\cos(\alpha + \theta_r) - \cos\alpha]$ 和 $\delta z(t) = B[\sin(\alpha + \theta_r) - \sin\alpha]$,此时的干涉相位误差为 $\Delta\phi \approx 0.5\text{rad}$。由此可见,在参考高程无误差时,方位空变残余误差对干涉相位的影响很小,可以忽略,而参考高程误差的存在使得方位空变残余误差增大,从而使干涉相位误差也相应增大,尤其在载机有姿态变化的情况下,干涉相位误差显著增大。

表 3.1　干涉系统参数

参数	取值	参数	取值
波长/m	0.03	工作模式	乒乓
飞行高度/m	3000	视角/(°)	45
天线孔径/m	1	基线长度/m	2
基线角/rad	0		

2. 对平面定位的影响

运动补偿残余误差不仅影响目标的峰值相位,进而引起干涉相位的误差,还对目标的平面定位有影响。本小节根据式(3.28)得出运动补偿参考高程有误差时的方位空变残余误差,分析其引起的目标方位向和距离向的位置偏移。

将式(3.28)在波束中心时刻,即 $t=0$ 处进行泰勒展开,则有

$$\Delta R_{Dres}(t) \approx \Delta R_{Dres}(0) + \Delta R'_{Dres}(0)t + \frac{1}{2}\Delta R''_{Dres}(0)t^2 + \cdots \tag{3.34}$$

式中,常数项系数 $\Delta R_{Dres}(0)$ 和一次项系数 $\Delta R'_{Dres}(0)$ 分别为

$$\Delta R_{Dres}(0) \approx \frac{h}{x_s - x_A}\left[\Delta x(0)\cos\theta + \Delta z(0)\sin\theta\right]$$

$$\Delta R'_{Dres}(0) \approx \frac{h}{x_s - x_A}\left[-\Delta x'(0)\sin\theta + \Delta z'(0)\cos\theta\right] \tag{3.35}$$

其中的线性残余误差会引起目标方位向位置的偏移[15]为

$$\Delta s_a \approx \frac{R_{D0}}{V_s}\Delta R'_{Dres}(0) = \frac{R_{D0}h}{V_s(x_s - x_A)}\left[-\Delta x'(0)\sin\theta + \Delta z'(0)\cos\theta\right] \tag{3.36}$$

式中,$R_{D0} = \sqrt{(x_s - x_D)^2 + (z_s - z_D)^2}$,为波束中心时刻目标到载机运动补偿参考位置的距离。而常数残余误差和线性残余误差均会引起目标距离向位置的偏移为

$$\Delta s_r \approx \Delta R_{Dres}(0) - \frac{R_{D0}}{2V_s^2}\Delta R'^2_{Dres}(0)$$

$$= \frac{h}{x_s - x_A}\left[\Delta x(0)\cos\theta + \Delta z(0)\sin\theta\right]$$

$$- \frac{R_{D0}h^2}{2V_s^2(x_s - x_A)^2}\left[-\Delta x'(0)\sin\theta + \Delta z'(0)\cos\theta\right]^2 \tag{3.37}$$

由上述分析可以看出,当不存在运动补偿参考高程误差,即 $h=0$ 时,目标的方位向和距离向位置偏移均为零,方位空变残余误差基本不影响目标的平面定位。而随着高程误差的增大,方位向和距离向位置偏移均会增大,使图像产生内部畸变,从而影响干涉测量的平面定位精度。

3.4.3　有测量误差条件下运动补偿残余误差对干涉测量的影响

上述分析均在系统测量完全准确的前提下进行,而实际中,载机运动轨迹、基线的测量误差等也会引起运动补偿的误差,进而导致干涉相位误差,从而影响高程测量的精度。因此,本节将进一步分析存在航迹测量误差和基线测量误差时运动补偿残余误差对干涉测量精度的影响。

1. 航迹测量误差

实际中传感器导航系统存在测量误差,目前其测量精度能达到 $1\sim5\mathrm{cm}$[16]。因此需要分析航迹测量误差对运动补偿的影响。不考虑航迹测量误差时,两天线的运动补偿残余误差如式(3.29)和式(3.32)所示,此时两天线的运动误差分别为 $[\Delta x(t),0,\Delta z(t)]^{\mathrm{T}}$ 和 $[\Delta x(t)+\delta x(t),0,\Delta z(t)+\delta z(t)]^{\mathrm{T}}$,并且均按照准确运动误差拟合的参考轨迹进行补偿。而当存在航迹测量误差时,两天线则分别按照 $[\Delta x(t)+\sigma x(t),0,\Delta z(t)+\sigma z(t)]^{\mathrm{T}}$ 和 $[\Delta x(t)+\delta x(t)+\sigma x(t),0,\Delta z(t)+\delta z(t)+\sigma z(t)]^{\mathrm{T}}$ 拟合的参考轨迹进行补偿,其中 $\sigma x(t)$、$\sigma z(t)$ 为测量误差。由于 $\sigma x(t)$ 和 $\sigma z(t)$ 较小,因此对其仅按常数项分析,此时天线 1 和天线 2 分别有附加的运动补偿误差为

$$\sigma R_1(t)=\sigma x(t)\sin\theta_1-\sigma z(t)\cos\theta_1$$
$$\sigma R_2(t)=\sigma x(t)\sin\theta_2-\sigma z(t)\cos\theta_2 \tag{3.38}$$

因此,由航迹测量误差引起的两天线运动补偿残余误差的不一致分量为

$$\sigma R_2(t)-\sigma R_1(t)=[\sigma x(t)\cos\theta_1+\sigma z(t)\sin\theta_1]\Delta\theta \tag{3.39}$$

设测量误差 $\sigma x(t)$ 和 $\sigma z(t)$ 均为 5cm,其他参数如表 3.1 所示,则由此引起的干涉相位误差为 $\Delta\phi\approx0.01\mathrm{rad}$,可见航迹测量误差引起的两天线的运动补偿残余误差几乎可以抵消,对干涉相位的影响很小。航迹测量误差对平面定位的影响与 3.4.2节分析相同,由于 $\sigma R_1(t)$ 和 $\sigma R_2(t)$ 均很小,由此引起的目标位置偏移也可以忽略。

2. 基线测量误差

基线长度和基线角的测量值通常也存在偏差。设真实的基线长度为 B,基线角为 α,测得的基线长度和基线角分别为 $B_m=B+\Delta B$ 和 $\alpha_m=\alpha+\Delta\alpha$。不失一般性,假设 POS(position and orientation system)安装在天线 1 的位置,基线有误差时的运动补偿关系如图 3.7 所示。根据 POS 数据和测量的基线参数 B_m 和 α_m 解算得到的天线 2 的位置存在误差,即如图 3.7 中虚曲线所示的 $\tilde{S}_{2e}(t)$,而运动补偿就是根据该曲线拟合得到的参考轨迹 $S_{2e}(t)$ 进行。然而天线 2 的真实运动轨迹应根据基线真实值 B 和 α 解算,得到如图 3.7 中实曲线所示的 $\tilde{S}_2(t)$,并对其拟合得到参考轨迹 $S_2(t)$,从而进行运动补偿。因此,在基线存在测量误差的情况下,会引起运动补偿的误差。

式(3.33)推导出了基线测量误差为零时两天线运动补偿残余误差的不一致分量,该式得出的前提是测量解算出的两天线的运动轨迹误差 $[\Delta x(t),0,\Delta z(t)]^{\mathrm{T}}$ 和 $[\Delta x(t)+\delta x(t),0,\Delta z(t)+\delta z(t)]^{\mathrm{T}}$ 均为准确的,并根据该运动轨迹拟合出的参考轨迹进行运动补偿。而在基线测量存在误差时的情况如下:

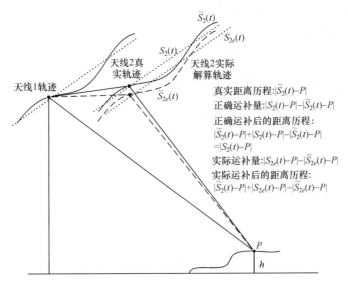

天线1轨迹

天线2真
实轨迹

天线2实际
解算轨迹

$\widetilde{S}_2(t)$

$S_2(t)$

$S_{2e}(t)$

$\widetilde{S}_{2e}(t)$

真实距离历程：$|\widetilde{S}_2(t)-P|$

正确运补量：$|S_2(t)-P|-|\widetilde{S}_2(t)-P|$

正确运补后的距离历程：
$|\widetilde{S}_2(t)-P|+|S_2(t)-P|-|\widetilde{S}_2(t)-P|$
$=|S_2(t)-P|$

实际运补量：$|S_{2e}(t)-P|-|\widetilde{S}_{2e}(t)-P|$

实际运补后的距离历程：
$|\widetilde{S}_2(t)-P|+|S_{2e}(t)-P|-|\widetilde{S}_{2e}(t)-P|$

P

h

图 3.7　存在基线测量误差时的运动补偿几何关系示意图

天线 1 的真实运动误差为 $[\Delta x(t),0,\Delta z(t)]^{\mathrm{T}}$，并按照准确运动误差拟合的参考轨迹进行运动补偿；而天线 2 的真实运动误差为 $[\Delta x(t)+\delta x(t),0,\Delta z(t)+\delta z(t)]^{\mathrm{T}}$，但按照运动误差为 $[\Delta x(t)+\delta x(t)+\sigma x(t),0,\Delta z(t)+\delta z(t)+\sigma z(t)]^{\mathrm{T}}$ 时拟合的参考轨迹进行运动补偿，其中 $\sigma x(t)$ 和 $\sigma z(t)$ 即基线误差引起的运动轨迹解算的误差。因此需要分析按照不同参考轨迹进行运动补偿的差异。

在图 3.7 中，设天线 1 的位置为 $[x_1(t),y_1(t),z_1(t)]^{\mathrm{T}}$，与 3.4.2 节载机有姿态变化时的情况类似，当基线垂直于航向时，俯仰角的变化不影响两天线的相对位置；而设偏航角的影响在单天线运动补偿方位重采样时已消除，因此这里载机的姿态变化也仅考虑横滚角 $\theta_r(t)$ 的因素，故当基线长度为 B、基线角为 α 时，天线 2 的准确位置为

$$[x_2(t),y_2(t),z_2(t)]^{\mathrm{T}}=[x_1(t),y_1(t),z_1(t)]^{\mathrm{T}}+\boldsymbol{\theta}_r(t)[B\cos\alpha,0,B\sin\alpha]^{\mathrm{T}}$$
$$(3.40)$$

式中

$$\boldsymbol{\theta}_r(t)=\begin{bmatrix}\cos\theta_r(t)&0&-\sin\theta_r(t)\\0&1&0\\\sin\theta_r(t)&0&\cos\theta_r(t)\end{bmatrix}$$

即有

$$[x_2(t),y_2(t),z_2(t)]^{\mathrm{T}}=[x_1(t),y_1(t),z_1(t)]^{\mathrm{T}}$$
$$+[B\cos(\alpha+\theta_r(t)),0,B\sin(\alpha+\theta_r(t))]^{\mathrm{T}}\quad(3.41)$$

设天线 1 的运动补偿参考轨迹为 $[x_{1\mathrm{ref}},y_1(t),z_{1\mathrm{ref}}]^{\mathrm{T}}$，即有

$$[\Delta x(t),0,\Delta z(t)]^{\mathrm{T}}=[x_1(t)-x_{1\mathrm{ref}},0,z_1(t)-z_{1\mathrm{ref}}]^{\mathrm{T}} \tag{3.42}$$

通常将天线 2 的参考轨迹拟合为 $[x_{1\mathrm{ref}},y_1(t),z_{1\mathrm{ref}}]^{\mathrm{T}}+[B\cos(\alpha+\bar{\theta}_r),0,B\sin(\alpha+\bar{\theta}_r)]^{\mathrm{T}}$，其中 $\bar{\theta}_r$ 为横滚角 $\theta_r(t)$ 的均值，因此有

$$\begin{bmatrix}\Delta x(t)+\delta x(t)\\0\\\Delta z(t)+\delta z(t)\end{bmatrix}=\begin{bmatrix}x_1(t)\\y_1(t)\\z_1(t)\end{bmatrix}+\begin{bmatrix}B\cos(\alpha+\theta_r(t))\\0\\B\sin(\alpha+\theta_r(t))\end{bmatrix}-\begin{bmatrix}x_{1\mathrm{ref}}\\y_1(t)\\z_{1\mathrm{ref}}\end{bmatrix}-\begin{bmatrix}B\cos(\alpha+\bar{\theta}_r)\\0\\B\sin(\alpha+\bar{\theta}_r)\end{bmatrix}$$

$$=\begin{bmatrix}\Delta x(t)\\0\\\Delta z(t)\end{bmatrix}+\begin{bmatrix}B\cos(\alpha+\theta_r(t))-B\cos(\alpha+\bar{\theta}_r)\\0\\B\sin(\alpha+\theta_r(t))-B\sin(\alpha+\bar{\theta}_r)\end{bmatrix} \tag{3.43}$$

由此可以推出横滚角变化引起的两天线不一致的运动误差 $\delta x(t)$ 和 $\delta z(t)$ 分别为

$$\delta x(t)=B\cos(\alpha+\theta_r(t))-B\cos(\alpha+\bar{\theta}_r)$$
$$\delta z(t)=B\sin(\alpha+\theta_r(t))-B\sin(\alpha+\bar{\theta}_r) \tag{3.44}$$

同理，当基线存在误差时，天线 1 的运动轨迹和参考轨迹不变，而天线 2 根据基线测量值解算得到的运动轨迹为

$$[x_2(t),y_2(t),z_2(t)]^{\mathrm{T}}=[x_1(t),y_1(t),z_1(t)]^{\mathrm{T}}$$
$$+[B_m\cos(\alpha_m+\theta_r(t)),0,B_m\sin(\alpha_m+\theta_r(t))]^{\mathrm{T}} \tag{3.45}$$

其参考轨迹通常拟合为 $[x_{1\mathrm{ref}},y_1(t),z_{1\mathrm{ref}}]^{\mathrm{T}}+[B_m\cos(\alpha_m+\bar{\theta}_r),0,B_m\sin(\alpha_m+\bar{\theta}_r)]^{\mathrm{T}}$，由此解算出天线 2 的运动误差为

$$\begin{bmatrix}\Delta x(t)+\delta x(t)+\sigma x(t)\\0\\\Delta z(t)+\delta z(t)+\sigma z(t)\end{bmatrix}=\begin{bmatrix}x_1(t)\\y_1(t)\\z_1(t)\end{bmatrix}+\begin{bmatrix}B_m\cos(\alpha_m+\theta_r(t))\\0\\B_m\sin(\alpha_m+\theta_r(t))\end{bmatrix}-\begin{bmatrix}x_{1\mathrm{ref}}\\y_1(t)\\z_{1\mathrm{ref}}\end{bmatrix}-\begin{bmatrix}B_m\cos(\alpha_m+\bar{\theta}_r)\\0\\B_m\sin(\alpha_m+\bar{\theta}_r)\end{bmatrix}$$

$$=\begin{bmatrix}\Delta x(t)\\0\\\Delta z(t)\end{bmatrix}+\begin{bmatrix}B_m\cos(\alpha_m+\theta_r(t))-B_m\cos(\alpha+\bar{\theta}_r)\\0\\B_m\sin(\alpha_m+\theta_r(t))-B_m\sin(\alpha+\bar{\theta}_r)\end{bmatrix} \tag{3.46}$$

将式(3.46)与式(3.43)相减即可计算出基线测量误差引起的运动轨迹解算误差 $\sigma x(t)$ 和 $\sigma z(t)$ 分别为

$$\sigma x(t)=\Delta B[\cos(\alpha+\theta_r(t))-\cos(\alpha+\bar{\theta}_r)]-B\Delta\alpha[\sin(\alpha+\theta_r(t))-\sin(\alpha+\bar{\theta}_r)]$$
$$\sigma z(t)=\Delta B[\sin(\alpha+\theta_r(t))-\sin(\alpha+\bar{\theta}_r)]+B\Delta\alpha[\cos(\alpha+\theta_r(t))-\cos(\alpha+\bar{\theta}_r)]$$
$$\tag{3.47}$$

由于 $\sigma x(t)$ 和 $\sigma z(t)$ 通常很小，因此对其仅按常数项分析，此时天线 2 有附加的运动补偿误差为

$$\sigma R_2(t)=\sigma x(t)\sin\theta_2-\sigma z(t)\cos\theta_2 \tag{3.48}$$

假设基线测量误差为 $\Delta B=0.005\mathrm{m}$，$\Delta\alpha=0.05°$，横滚角变化 $\theta_r=3°$，均值为 $\bar{\theta}_r=0°$，其他参数同表 3.1，则有 $\sigma R_2(t)\approx4.24\times10^{-4}\mathrm{m}$，由此引起的相位误差为

$\Delta\phi \approx 0.1\mathrm{rad}$,可见基线测量误差对运动补偿及干涉相位的影响与横滚角变化有关,横滚角变化越剧烈,误差越大。基线测量误差对目标平面定位的影响与 3.4.2 节分析相同,由于 $\sigma R_2(t)$ 很小,由此引起的天线 2 的目标位置偏移也很小,几乎可以忽略。

综上所述,两天线总的运动补偿残余误差之差可表示为

$$\Delta R_{2Dres}(t) - \Delta R_{1Dres}(t)$$

$$\approx \left[\frac{1}{\cos\alpha(t)} - 1\right]\left[\Delta x(t)\cos\theta_1 + \Delta z(t)\sin\theta_1\right]\Delta\theta \left.\begin{array}{c}\\ \\ \\ + \left[\frac{1}{\cos\alpha(t)} - 1\right]\left[\delta x(t)\sin\theta_2 - \delta z(t)\cos\theta_2\right]\end{array}\right\} \cdots\cdots\cdots (3.49\mathrm{a})$$

$$\left.\begin{array}{c} - \dfrac{h}{x_s - x_A}\left[\Delta x(t)\sin\theta_1 - \Delta z(t)\cos\theta_1\right]\Delta\theta \\ \\ - \dfrac{hB\cos\alpha}{(x_s - x_A)^2}\left[\Delta x(t)\cos\theta_1 + \Delta z(t)\sin\theta_1\right] \\ \\ + \dfrac{h}{x_s - x_A}\left[\delta x(t)\cos\theta_2 + \delta z(t)\sin\theta_2\right]\end{array}\right\} \cdots\cdots\cdots\cdots (3.49\mathrm{b}) \qquad (3.49)$$

$$+ \left[\sigma_m x(t)\cos\theta_1 + \sigma_m z(t)\sin\theta_1\right]\Delta\theta \cdots\cdots\cdots\cdots\cdots\cdots (3.49\mathrm{c})$$

$$\left.\begin{array}{c} + \sin\theta_2\{\Delta B[\cos(\alpha + \theta_r(t)) - \cos(\alpha + \bar{\theta}_r)] \\ - B\Delta\alpha[\sin(\alpha + \theta_r(t)) - \sin(\alpha + \bar{\theta}_r)]\} \\ - \cos\theta_2\{\Delta B[\sin(\alpha + \theta_r(t)) - \sin(\alpha + \bar{\theta}_r)] \\ + B\Delta\alpha[\cos(\alpha + \theta_r(t)) - \cos(\alpha + \bar{\theta}_r)]\}\end{array}\right\} \cdots\cdots\cdots\cdots (3.49\mathrm{d})$$

式中,各项所代表的物理意义如下:式(3.49a)为运动补偿参考高程无误差时目标的方位空变残余误差;式(3.49b)为存在参考高程误差时目标的方位空变残余误差;式(3.49c)为航迹测量误差引起的运动补偿残余误差;式(3.49d)为基线测量误差导致的运动补偿残余误差。

3.4.4 基于高程迭代的 InSAR 运动补偿方法

根据上述分析可知,对于起伏地形场景中的目标,真实高程与运动补偿参考高程之间的误差是影响运动补偿精度的主要因素,需要进行补偿。而要补偿高程不准确引起的误差,必须使参考 DEM 尽可能接近真实值。因此,本节提出通过高程迭代的方法减小高程误差引起的运动补偿残余误差。补偿流程如图 3.8 所示,首先按照平地假设进行运动补偿及成像处理,经过干涉处理后,生成粗精度的 DEM;然后将该 DEM 作为参考高程,重新进行运动补偿。尽管该 DEM 并不准确,但是与平地假设相比,已大大减小了高程误差,从而可以减小运动补偿残余误差,提高干涉相位的精度。

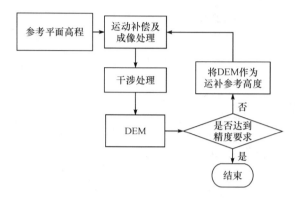

图 3.8　高程迭代的运动补偿流程图

　　下面通过定量计算分析高程迭代的精度。按平地假设进行运动补偿后,根据式(3.49)的残余误差表达式,利用表 3.1 的参数可以计算出干涉相位误差为 $\Delta\phi\approx$ 0.6rad,由此引起的高程误差为 $\Delta h_{\text{flat}}=\dfrac{\partial h}{\partial \phi}\Delta\phi\approx 3\text{m}$。按此有误差的高程重新进行运动补偿后,根据式(3.49)中的式(3.49b)项可得出残余误差,进一步利用敏感度方程可得出新的高程误差为

$$\Delta h=\frac{\partial h}{\partial \phi}\cdot\frac{4\pi}{\lambda}(\Delta R_{2Dres}(t)-\Delta R_{1Dres}(t))_h$$
$$=\frac{\Delta h_{\text{flat}}}{B\cos(\theta_1-\alpha)}\{\Delta\theta[\Delta x(t)\sin\theta_1-\Delta z(t)\cos\theta_1]$$
$$-\delta x(t)\cos\theta_2-\delta z(t)\sin\theta_2\}$$
$$=A\cdot\Delta h_{\text{flat}} \tag{3.50}$$

按照表 3.1 的参数计算有 $A\approx 0.05$,则 $\Delta h\approx 0.15\text{m}$,可见高程迭代时参考 DEM 的误差已大大减小,运动补偿的误差也明显降低,通常通过一次迭代即可达到要求的精度。

3.4.5　实验结果分析

　　1. 仿真数据实验

　　本小节通过仿真点目标阵的 InSAR 运动补偿及成像过程,进而测量出目标的平面位置,并利用干涉相位解算出目标的高程,通过对比仿真结果与理论计算结果的一致性,从而验证理论分析的正确性。

　　仿真系统为机载双天线 X 波段干涉 SAR 系统,工作模式为乒乓模式,仿真参数如表 3.2 所示。仿真三个条带的飞行方向如图 3.9(a)所示,整个区域覆盖范围为 5km×5km。仿真采用的 POS 数据和横滚角变化数据如图 3.9(c)所示,三个条

带的基线误差如表 3.3 所示,仿真的丘陵区域三维地形图如图 3.9(b)所示,各条带点目标分布如图 3.9(d)所示。

表 3.2　仿真系统参数

参数	取值	参数	取值
波长/m	0.03125	工作模式	乒乓
脉冲宽度/μs	3	天线孔径/m	0.8
带宽/MHz	500	PRF/Hz	454.5
采样频率/MHz	550	视角/(°)	45
飞行高度/m	3286.6	飞行速度/(m/s)	113.3
基线角/rad	0.014	基线长度/m	2.18

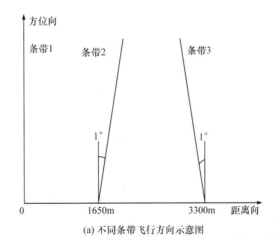

(a) 不同条带飞行方向示意图

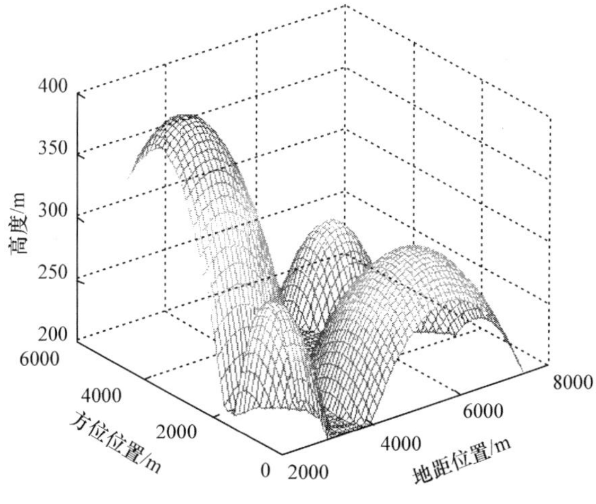

(b) 仿真区域三维地形图

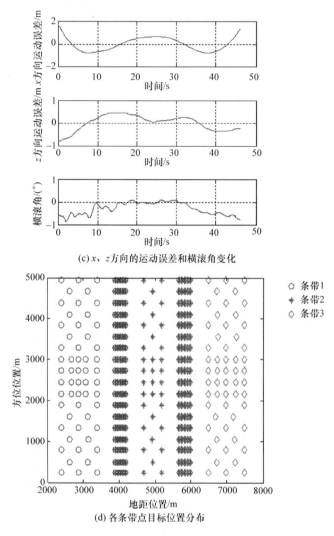

(c) x、z方向的运动误差和横滚角变化

(d) 各条带点目标位置分布

图3.9　仿真实验条件

表3.3　三个条带基线测量误差

条带	$\Delta B/m$	$\Delta a/(°)$
1	0.005	0.05
2	0.003	0.03
3	0.0065	0.065

　　首先按照平地假设进行运动补偿,由于运动补偿时存在高程误差,目标的平面位置存在偏移。图3.10～图3.12分别给出了各个条带点目标阵的平面定位误

差,其中(a)为实际测得的目标方位向和距离向偏移量,(b)为实际偏移量与理论计算偏移量之间的误差。可以看出,运动补偿误差对目标的方位向位置影响较大,达到±2m,而距离向的偏移较小,在 1 个像素之内,而且不同点目标之间偏移量的不一致将会导致图像存在内部畸变,从而影响最终获得的正射影像图的质量。三个条带的目标偏移量误差均在 0.01m 以内,表明仿真结果与理论分析基本一致。

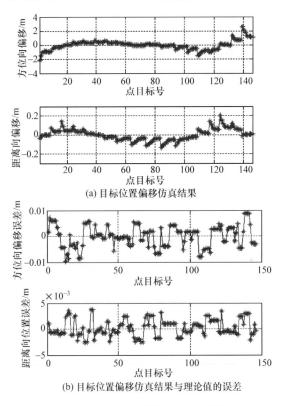

(a) 目标位置偏移仿真结果

(b) 目标位置偏移仿真结果与理论值的误差

图 3.10　条带 1 目标平面定位结果

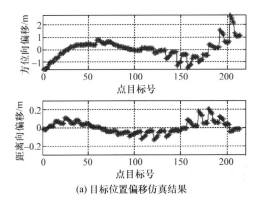

(a) 目标位置偏移仿真结果

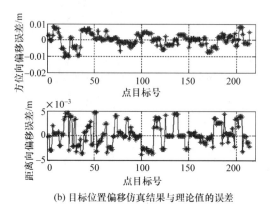

(b) 目标位置偏移仿真结果与理论值的误差

图 3.11　条带 2 目标平面定位结果

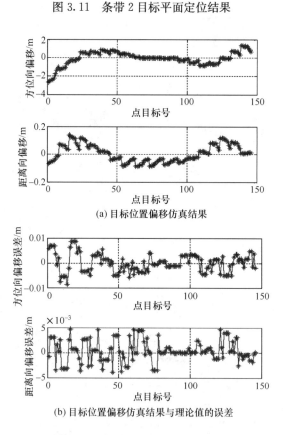

(a) 目标位置偏移仿真结果

(b) 目标位置偏移仿真结果与理论值的误差

图 3.12　条带 3 目标平面定位结果

　　表 3.3 设置的基线误差主要是为了考虑基线测量误差对运动补偿的影响,在解算高程时仍然按照正确的基线进行解算,因此目标的高程误差可表示为

$$\Delta h = \frac{\partial h}{\partial \phi}\Delta\phi_1 + \frac{\partial h}{\partial \phi}\Delta\phi_2 = \Delta h_1 + \Delta h_2 \tag{3.51}$$

式中，$\Delta\phi_1$ 为运动补偿参考高程误差引起的运动补偿残余相位误差，由此导致反演的 DEM 误差为 Δh_1；$\Delta\phi_2$ 为由于 ΔB、$\Delta\alpha$ 测量误差引起解算轨迹误差所导致的运动补偿残余相位误差，由此导致的 DEM 误差为 Δh_2，由式（2.67）可知，高程误差相对于干涉相位的敏感度方程为

$$\frac{\partial h}{\partial \phi} = -\frac{\lambda R_1}{2\pi Q B \cos(\theta_1 - \alpha)}\left(1 + \frac{\lambda\phi}{2\pi Q R_1}\right)\sin\theta_1 \tag{3.52}$$

通过仿真结果测得的 DEM 误差为 Δh_{real}，按前面理论分析分别计算出误差项 Δh_1 和 Δh_2，并计算出实际误差与理论误差的差异为 $\Delta h_{err} = \Delta h_{real} - (\Delta h_1 + \Delta h_2)$，从而验证理论分析的正确性。图 3.13 分别显示了各条带点目标阵的高程反演结

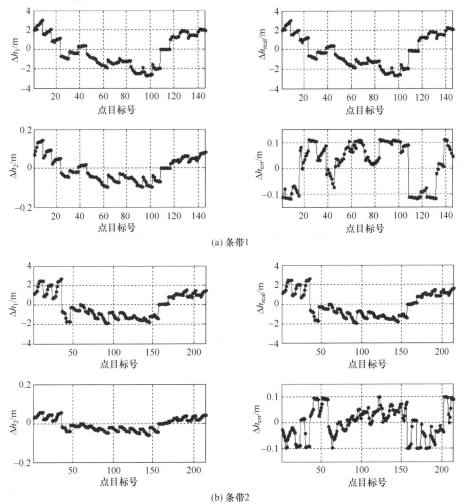

(a) 条带1

(b) 条带2

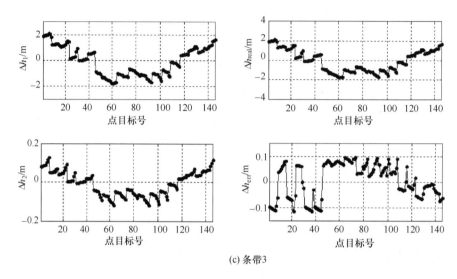

(c) 条带3

图 3.13　目标高程反演结果

果。可以看出,运动补偿残余误差引起的高程误差达到 ±3m 左右,其中参考高程引起的误差起主要作用,基线测量误差导致的高程误差较小,而且 $|\Delta h_{err}|<0.1m$,表明理论分析与仿真结果基本吻合。

2. 实测数据实验

本小节通过实测数据验证理论分析的正确性,所用实测数据为中国科学院电子学研究所机载双天线 X 波段干涉 SAR 系统在绵阳地区的实验数据。由于选取的实测场景中无定标点信息,因而无法直接验证干涉测量的高程精度和平面定位精度。因此,本小节分别采用不同的参考高程进行运动补偿,对实测数据经过两次成像处理,对比两次成像结果中目标的平面位置偏移,从而间接地验证平面定位精度与理论分析的一致性。

两次运动补偿采用的参考高程分别为 490m 和 1500m,成像结果分别如图 3.14(a)和(b)所示。场景中所标注的孤立强散射点在两幅图像中的实测位置偏移及理论计算位置偏移如表 3.4 所示,从表中可以看出,实测结果与理论计算结果的误差均在 0.5 个像素以内,表明理论分析的正确性。

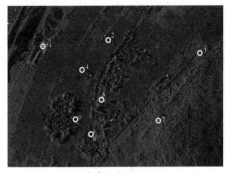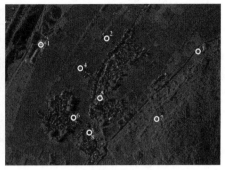

(a) 参考高程为490m　　　　　　　　　　(b) 参考高程为1500m

图 3.14　不同参考高程的成像结果

表 3.4　实测位置偏移与理论计算位置偏移对比

目标号		1	2	3	4	5	6	7	8
实测偏移量/像素	方位向	3	2	3	3	2	2	2	2
	距离向	1	2	1	1	1	1	1	1
理论偏移量/像素	方位向	3.36	2.19	3.03	2.91	2.38	2.13	2.04	2.08
	距离向	1.07	1.58	0.92	1.06	1.08	1.13	1.04	1.13

3.5　机载重轨 InSAR 运动补偿误差分析

由 3.4 节分析可知,高程误差引起的运动补偿残余误差是影响机载双天线 In-SAR 测量精度的主要因素。对于机载重轨 InSAR 系统,由于两次航过的运动误差不同,因此高程误差的影响将会进一步增大。此外,由于运动测量系统的不精确造成的残余误差在两次航过中相互独立,无法通过干涉处理相互抵消,因而在完成高精度的运动补偿及成像之后,还需要对通道间相对的残余误差,即时变基线进行估计与补偿。

本节首先分析高程误差、残余误差对机载重轨 InSAR 干涉测量的影响,然后针对现有宽波束重轨 InSAR 运动补偿及成像算法的局限性,给出一种基于 Chirp 扰动的快速 BP 成像算法,最后介绍残余误差的估计与补偿方法。

3.5.1　高程误差影响

由高程误差引入的运动补偿残余误差与机载双天线 InSAR 系统的分析相同,两次航过对应如图 3.6 中 D 点运动补偿残余误差的不一致分量同式(3.33),此时,$\delta x(t)$ 和 $\delta z(t)$ 为两次航过在 x 方向和 z 方向的运动误差的差异,基线为两次航过的参考航迹之差。

以表 3.5 中 P 波段机载重轨 InSAR 系统参数为例,设一个合成孔径时间内,第一次航过的运动误差如图 3.15(a)和(e)所示,第二次航过的运动误差为 0,且水平与垂直方向的运动误差相同。观察高程误差引入的斜距误差、相位误差及 DEM 误差,如图 3.15(b)~(d)(对应图 3.15(a)所示误差)以及图 3.15(f)~(h)(对应图 3.15(e)所示误差)所示。可知,在该系统参数下,当存在 5m 和 10m 的轨迹误差时,相位误差远大于 $\pi/4$,因此会造成目标严重散焦,同时可知在该相位误差下,50m 的高程误差最大会引入 20m 和 40m 的 DEM 误差,对于轨迹偏差更大、地形起伏更剧烈的情况,DEM 误差将会更大,无法满足高精度干涉测量的要求,因此必须在成像处理中予以补偿。与机载双天线 InSAR 类似,成像处理时,可以初始引入精度较低的 DEM,之后通过迭代提高 DEM 精度。

表 3.5 仿真参数

参数	取值	参数	取值
波长/m	0.48	波束宽度/rad	0.5
PRF/Hz	500	飞行速度/(m/s)	79
飞行高度/m	2600	斜视角/(°)	0
点目标最近斜距/m	3000	基线长度/m	20
参考高度/m	0	基线角/(°)	0

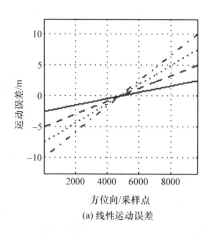

(a) 线性运动误差

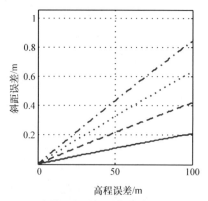

(b) 线性运动误差下的最大斜距误差绝对值

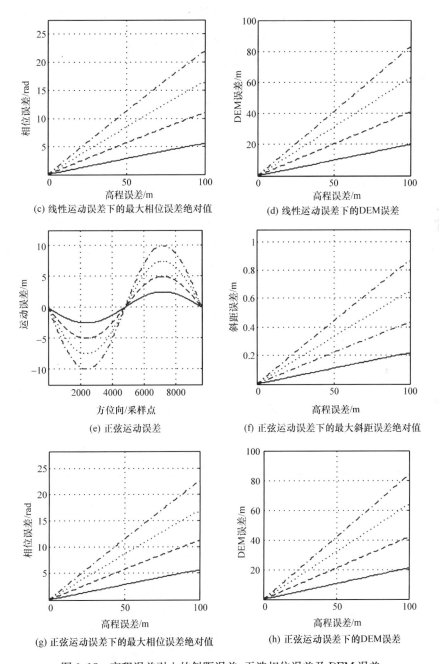

(c) 线性运动误差下的最大相位误差绝对值

(d) 线性运动误差下的DEM误差

(e) 正弦运动误差

(f) 正弦运动误差下的最大斜距误差绝对值

(g) 正弦运动误差下的最大相位误差绝对值

(h) 正弦运动误差下的DEM误差

图 3.15　高程误差引入的斜距误差、干涉相位误差及 DEM 误差

进一步，在上述参数下，观察高程误差引入的目标方位偏移，如图3.16所示。可见，在该系统参数下，存在5m的线性或正弦轨迹误差时，50m的高程误差分别会导致6个像素或15个像素的目标方位偏移，这将使图像产生内部畸变，从而使获取的正射影像图无法满足高精度测绘需求。

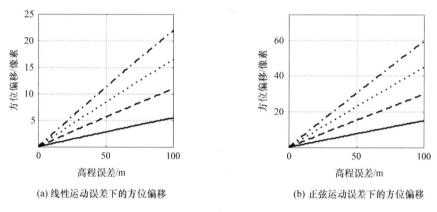

(a) 线性运动误差下的方位偏移　　　　　　　(b) 正弦运动误差下的方位偏移

图 3.16　高程误差引入的方位偏移

3.5.2　残余误差影响

对于重轨 InSAR，分别用 $\sigma x_1(t)$、$\sigma z_1(t)$ 和 $\sigma x_2(t)$、$\sigma z_2(t)$ 表示两次航过的航迹测量误差，由此引入的运动补偿残余误差分别为

$$\sigma R_1(t) = \sigma x_1(t)\sin\theta_1 - \sigma z_1(t)\cos\theta_1$$
$$\sigma R_2(t) = \sigma x_2(t)\sin\theta_2 - \sigma z_2(t)\cos\theta_2 \tag{3.53}$$

因此，由航迹测量误差引起的两次航过运动补偿残余误差的不一致分量为

$$\sigma R_2(t) - \sigma R_1(t) = [\sigma x_1(t)\cos\theta_1 + \sigma z_1(t)\sin\theta_1]\Delta\theta$$
$$+ \sigma x_2(t)\sin\theta_2 - \sigma z_2(t)\cos\theta_2 \tag{3.54}$$

同样以表3.5中的参数为例，加入长度为一个合成孔径时间的线性残余误差，根据目前已有运动测量系统厘米级的定位精度，观察残余误差幅值控制在 $0\sim$ 10cm 时引入的斜距误差、相位误差、方位偏移及 DEM 误差，如图3.17所示，可知，在该系统参数下，5cm 的残余误差即会引入 1.8rad 的相位误差、1 个像素以上的方位偏移以及 6m 以上的 DEM 误差。因此，对于重轨 InSAR 系统，残余误差的补偿是十分必要的。

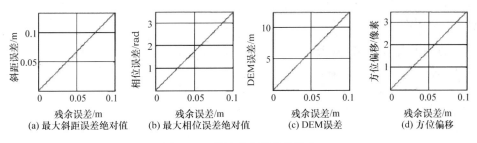

图 3.17　线性残余误差的影响

3.5.3　宽波束机载重轨 InSAR 成像算法的局限性

基于传感器的运动补偿算法是与成像算法密切结合的。目前的 SAR 成像算法可以分为两类：一类是基于快速傅里叶变换的频域算法，如距离-多普勒（range Doppler，RD）算法[17]、Chirp Scaling（CS）算法[18]、ωK 算法[19]；另一类是时域算法，如后向投影（back projection，BP）算法[20]。

频域算法通过嵌入运动补偿算法来对参考轨迹与实际轨迹之间的运动误差予以补偿，目前已有多种基于传感器的运动补偿算法，从前期的采用波束中心近似的两步运动补偿算法，到后来针对方位空变误差提出的一系列基于分块补偿的运动补偿方法。这些方法在一定程度上可以消除运动误差对成像结果的影响，对于窄波束 SAR 系统，通常可以得到令人满意的效果。然而，对于宽波束 SAR 系统，分块补偿的局部有效性所带来的误差将会影响成像精度。此外，对于高分辨率宽波束 SAR 系统，如 P 波段机载重轨 InSAR 系统，其距离分辨单元小、合成孔径时间长，在载机运动误差较大时，方位空变误差将不但导致方位向相位误差，同时还会导致距离徙动校正的误差，这种情况下，上述仅对方位空变相位误差进行补偿的方法无法实现对目标回波信号的完全积累，从而导致 SAR 图像聚焦质量下降。

上述问题在时域成像算法中能够得到解决。BP 算法是根据图像像素位置计算出 SAR 天线和像素点之间的距离延时，将 SAR 回波数据根据时延信息反向投影到图像域，并在每个像素点累加，从而得到二维图像。该算法完全按照运动轨迹进行计算，具有能够完全补偿运动误差、不受波束宽度限制等优点，可适用于一般成像几何。然而，时域算法的计算效率低下，对于图像大小为 $N \times N$ 且合成孔径点数也为 N 的情况，BP 算法需要 $O(N^3)$ 量级的运算量，难以满足处理数据量大的实际系统的需求。

下面以 P 波段机载 SAR 系统为例，具体分析这两类算法的局限性，为介绍适用于高分辨率宽波束 InSAR 的成像算法奠定基础。

1. 频域算法的局限性

由于 RD 算法和 CS 算法在实现二次距离压缩(second range compression, SRC)时都有所近似,这些近似对合成孔径长达几千米甚至几十千米的 P 波段无法忽略,因此不适用于 P 波段 SAR 成像。ωK 算法在二维频域通过 Stolt 插值来校正距离方位耦合与距离时间和方位频率的依赖关系,使其具有对宽孔径或大斜视角数据的处理能力,是一种非常精确的频域成像算法。

ωK 算法由于残余距离徙动校正(range cell migration correction, RCMC)、残余 SRC 和残余方位压缩在 Stolt 插值中一步完成,其无法像 CS 算法一样进行二阶方位空不变运动补偿,因此在进行运动补偿时采用一步完成的方位空不变运动补偿(direct motion-compensation algorithm, DMA)[21],即在波束中心几何构型下,经距离压缩后,将每一方位向的回波数据校正到其理想位置,并对其进行相位补偿。

DMA 算法补偿的就是如式(3.21)所示的方位空不变斜距误差,补偿后残余的方位空变误差如式(3.28)所示。由于目前已有算法的方位空变相位误差补偿都是在距离徙动校正之后,对每一距离向的目标进行方位空变相位补偿,若式(3.28)所示的方位空变斜距误差超过一个距离门,则校正后的距离曲线仍存在徙动,现有的方位空变运动补偿方法将无法消除该影响,从而不能实现信号的完全积累,降低成像质量。因此,为避免运动补偿算法失效,必须满足方位空变斜距误差小于一个距离门的条件,即

$$\Delta R_{Dres}(t) < \text{bin\_r} \tag{3.55}$$

式中,bin_r 为一个距离门的大小。前面已分析过,方位空变斜距误差随运动误差及高程误差的增大而增大;同时,由于 $\Delta R_{Dres}(t)$ 随方位时间 t 也有变化,因此也与波束宽度有关。

图 3.18(a)给出了在表 3.5 系统参数下,距离门大小为 0.3m,D 点高程为 0m 且参考高程无误差时,方位空变斜距误差对应的距离门数随运动误差变化曲线,可以看出,随运动误差增大,方位空变误差也相应增大,在该参数下,运动误差大于 5.3m 时即会引入大于一个距离门的方位空变误差;图 3.18(b)给出了除参考高程的上述参数下,运动误差为 10m 时,方位空变斜距误差对应的距离门数随参考高程误差的变化曲线,可以看出,空变误差随参考高程误差的增大而增大,当高程变化达到 50m 时,将引入超过 3 个距离门的方位空变误差;图 3.18(c)给出了运动误差为 10m 时,方位空变斜距误差对应的距离门数随波束宽度变化曲线,可以看出,随波束宽度增大,方位空变误差也相应增大,波束宽度为 0.36rad 时即会引入大于一个距离门的方位空变误差。由上述分析可知,对于高分辨率长合成孔径的 SAR 系统,由于其距离单元较小、合成孔径时间较长,在载机运动误差较大、地形变化剧

烈的情况下,式(3.55)难以满足,因而目前已有的方位空变运动补偿算法不能满足成像质量的要求。

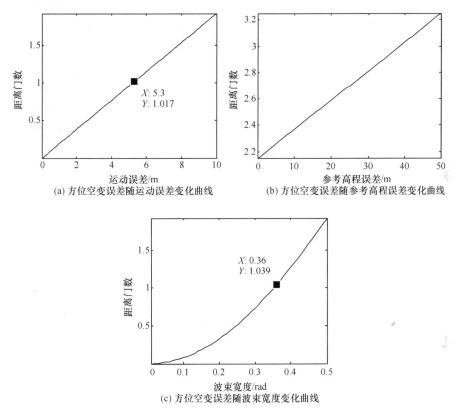

(a) 方位空变误差随运动误差变化曲线　　　(b) 方位空变误差随参考高程误差变化曲线

(c) 方位空变误差随波束宽度变化曲线

图 3.18　方位空变误差对应的距离门数随运动误差、高程误差及波束宽度变化曲线

2. 时域算法的局限性

最早源于计算机层析成像技术的 BP 算法是利用同一目标回波脉冲信号之间的相干性,在时域对 SAR 回波信号进行相干处理从而达到聚焦成像的目的。假定感兴趣的成像区域在斜距平面网格化后的像素点集为 (x_i, r_j)(图 3.19),其中 i、j 分别表示方位和距离网格序号,$r_j = \sqrt{(y(\eta) - y_j)^2 + (z(\eta) - Z_{ij})^2}$ 表示点 (x_i, y_j, Z_{ij}) 的最近斜距,η 表示方位时刻,则对像素点 (x_i, r_j) 的 BP 成像过程可以描述为

$$s(x_i, r_j) = \int_\eta \int_\tau s_0(\tau, \eta) s^* \left[\tau - \frac{2R_{ij}(\eta)}{c} \right] d\tau d\eta = \int_\eta \int_\tau s_0(\tau, \eta) s^* \left[\tau - \tau_{ij}(\eta) \right] d\tau d\eta$$

$$(3.56)$$

式中,$s^* \left[\tau - \tau_{ij}(\eta) \right]$ 是像素点 (x_i, r_j) 的匹配滤波器;$s_0(\tau, \eta)$ 表示经过解调后的雷

达接收回波信号：

$$s_0(\tau,\eta)=\omega_r\left\{\tau-\frac{2R_{ij}(\eta)}{c}\right\}\omega_a(\eta-\eta_k)\exp\left\{-\mathrm{j}\frac{4\pi f_0 R_{ij}(\eta)}{c}\right\}\exp\left\{\mathrm{j}\pi K_r\left(\tau-\frac{2R_{ij}(\eta)}{c}\right)^2\right\}$$

(3.57)

式中，τ 表示距离时间延迟；c 代表光速；f_0 表示雷达工作频率；K_r 代表距离调频率；$\omega_r(\cdot)$ 与 $\omega_a(\cdot)$ 分别表示发射脉冲包络以及双程波束方向图，$R_{ij}(\eta)=\sqrt{(x(\eta)-x_i)^2+(y(\eta)-y_j)^2+(z(\eta)-Z_{ij})^2}$ 表示传感器到点目标的实际距离历程。(x_i,r_j) 点的成像结果就是 SAR 回波与该点匹配函数卷积的结果。由于距离向的匹配滤波器是固定的，故通常可以采用频域方法进行快速处理。因此，要得到像素点的输出 $s(x_i,r_j)$，只要将所有方位位置处的回波经距离匹配滤波后在时延 $\tau_{ij}(\eta)$ 处的数值相干累加即可。实际应用中，为使每个 η 时刻得到的图像像素点之间相互匹配，一般是先确定图像网格，然后根据时延在原始回波域中寻找相应的回波位置，并通过插值方法得到回波值，然后实现针对该像素点的相干累加。

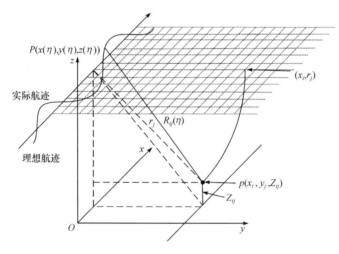

图 3.19　SAR 成像几何

对于一幅网格数为 $M\times N$、孔径采样点数为 L 的图像，标准 BP 算法的运算量正比于 $L\times M\times N$。若将投影范围限制在波束覆盖范围内，设合成孔径时间为 T_a，脉冲重复频率为 PRF，则合成孔径内的方位向采样点数为 $L=T_a\cdot\mathrm{PRF}$。在正侧视下，$T_a=\dfrac{\theta_{\mathrm{bw}}\cdot R(\tau)}{V_r}$，其中 θ_{bw} 是波束宽度，$R(\tau)$ 是随距离向变化的最近斜距，因此 BP 算法的运算量可以表示为

$$(N_{\mathrm{OP}})_{\mathrm{BP}}\propto L\times M\times N=\frac{\theta_{\mathrm{bw}}\cdot R(\tau)}{V_r}\cdot\mathrm{PRF}\cdot MN$$

(3.58)

对于窄波束 SAR 系统或小尺寸图像,BP 算法由于其优秀的成像精度及易实现性,是一种不错的选择。但对于宽波束 SAR 系统或大尺寸图像,BP 算法的计算量非常大,通常需要花费数小时进行成像处理,无法满足实际应用中对处理效率的要求。

3.5.4 一种适用于高分辨率宽波束 InSAR 的成像算法

由 3.5.3 节的分析可知,对于高分辨率宽波束 SAR 系统,频域算法和时域算法分别存在精度和效率的问题,因此,本节将介绍一种新的适用于高分辨率宽波束机载 InSAR 的运动补偿及成像算法,意图在精度和效率方面得到平衡。考虑到频域算法的问题在于对方位空变运动误差仅补偿相位误差,而无法补偿位置误差,而 BP 算法可以获取精确的相位及位置信息,但计算量太大,因此本算法将两者结合,首先采用频域算法进行预处理,得到去除了方位空不变运动误差的数据,之后对剩余的方位空变误差采用后向投影的手段进行补偿。在这两种算法之间通过引入一个扰动信号以降低后向投影的计算量,从而提高计算效率,最终达到精度与效率的平衡。从 3.5.3 节对标准 BP 算法运算量的分析可以看出,运算量与合成孔径内方位采样点数成正比关系,考虑到线性调频信号的特性,本算法选择了一个线性调频信号作为扰动信号,对预处理后的信号进行扰动,以改变目标信号的方位调频率,使得孔径内方位采样点数也相应改变,从而达到降低计算量的目的。根据该算法的特点,将其命名为 Chirp 扰动的后向投影(Chirp perturbed back projection,CPBP)算法[22-24]。

经过解调后的雷达接收回波信号表达式如式(3.57)所示,传感器到点目标的实际距离历程 $R_{ij}(\eta)$ 与理想轨迹下的距离历程存在一个误差值,可以表示为 $R_{ij}(\eta) = R(\eta) + R_{ne}(\eta) + R_e(\eta)$,其中,$R(\eta)$ 表示理想距离历程,$R_{ne}(\eta)$ 表示方位空不变斜距误差,$R_e(\eta)$ 表示方位空变斜距误差。

1. 预处理

不失一般性,假设系统工作在正侧视模式。利用驻定相位原理(principle of stationary phase,POSP),得到用频域方法进行距离压缩并引入 DMA 算法运动补偿[21]后的信号为

$$s_{\text{rc\_moco}}(\tau,\eta) = p_r\left\{\tau - \frac{2\left[R(\eta) + R_e(\eta)\right]}{c}\right\}\omega_a(\eta - \eta_c)\exp\left\{-\mathrm{j}\frac{4\pi f_0\left[R(\eta) + R_e(\eta)\right]}{c}\right\}$$

$$(3.59)$$

式中,$p_r(\tau) = \text{IFFT}\{\omega_r(f_\tau/K_r)\}$。这里选择 DMA 作为空不变运动补偿算法的原因,一方面在于其可以直接应用于 ωK 算法,无须作额外调整[10];另一方面在于经过 DMA 算法后的残余误差更小[21],从而使后续操作更为精确。扰动操作将在二

维频域进行,这是因为时域操作无法消除距离方位耦合,即不能形成时频采样点的一一对应,使得后续后向投影过程无法进行。

利用 POSP,推导得到二维频域信号形式如下:

$$
\begin{aligned}
S_{2df}(f_\tau, f_\eta) =& W_r(f_\tau)W_a(f_\eta - f_{\eta_c})\exp\{j\theta(f_\tau, f_\eta)\} \\
=& W_r(f_\tau)W_a(f_\eta - f_{\eta_c})\exp\left\{-j\frac{4\pi R_0}{c}\sqrt{(f_0 + f_\tau)^2 - \frac{c^2 f_\eta^2}{4V_r^2}}\right\} \\
& \cdot \exp\left\{-j\frac{4\pi(f_0 + f_\tau)}{c}R_e\left[-\frac{cR_0 f_\eta}{2V_r^2\sqrt{(f_0 + f_\tau)^2 - \frac{c^2 f_\eta^2}{4V_r^2}}}\right]\right\}
\end{aligned}
\tag{3.60}
$$

式中,R_0 表示最近斜距,V_r 表示载机速度,令 $\sqrt{(f_0 + f_\tau)^2 - \dfrac{c^2 f_\eta^2}{4V_r^2}} = f_0 + f'_\tau$,得到式(3.60)所示信号在 Stolt 插值后的二维频谱表达式为

$$
\begin{aligned}
S_{2df\_stolt}(f'_\tau, f_\eta) =& W_r(f'_\tau)W_a(f_\eta - f_{\eta_c})\exp\left\{-j\frac{4\pi R_0}{c}(f_0 + f'_\tau)\right\} \\
& \cdot \exp\left\{-j\frac{4\pi}{c}\sqrt{(f_0 + f'_\tau)^2 + \frac{c^2 f_\eta^2}{4V_r^2}}R_e\left(-\frac{cR_0 f_\eta}{2V_r^2}\frac{1}{f_0 + f'_\tau}\right)\right\}
\end{aligned}
\tag{3.61}
$$

式中,$W_a(f_\eta) = \omega_a\left(\eta = -\dfrac{cR_0 f_\eta}{2(f_0 + f'_\tau)V_r^2}\right)$。需要说明的是,式(3.60)在利用 POSP 推导时频对应关系式时,对残余误差作了近似,由于残余误差相对于斜距值是非常小的,因此,这一近似引入的误差可以忽略。由于后续扰动操作是在二维频域进行的,因此无须将该信号再转换到二维时域。至此,就完成了信号扰动前的预处理流程,得到处理后的二维频域信号作为下一步处理的目标信号。

2. 信号扰动处理

根据线性调频信号的时频对应特性,对于一个给定的线性调频信号,通过与另一线性调频信号相乘,可达到改变调频率的效果,该算法中将其称为 Chirp 扰动。观察式(3.61)中信号的方位包络可以看出,其存在距离方位耦合问题,而后续的后向投影操作需要满足时域与频域信号坐标的一一对应关系,因此需要消除数据中存在的距离方位耦合。为解决这一问题,该算法通过构造一个调频率随距离频率变化的方位调频信号作为扰动信号来对预处理得到的二维频域信号进行扰动,从而在改变时域信号长度的同时消除距离与方位的耦合。

根据预处理后二维频域信号表达式(3.61)中的方位包络形式,令扰动信号的调频率为

$$
K_0 = \frac{cR_{ref}}{2V_r^2}\frac{1}{f_0 + f'_\tau} \cdot a
\tag{3.62}
$$

式中，R_{ref}表示扰动参考斜距（与成像算法中的参考斜距不同），a 表示加权系数，则该扰动信号为

$$P(f'_\tau, f_\eta) = \exp\{j\pi K_0 f_\eta^2\} \tag{3.63}$$

将该扰动信号与二维频域信号相乘，并进行傅里叶逆变换，整理得到扰动后的时域信号表达式为

$$
\begin{aligned}
\bar{s}(\tau, \eta') &= \mathrm{IFFT}\{S_{2df\_stolt}(f'_\tau, f_\eta) \cdot P(f'_\tau, f_\eta)\} \\
&= \mathrm{IFFT}\Big\{W_r(f'_\tau)\omega_a(\eta' - \eta'_c) \\
&\quad \cdot \exp\Big\{-j\frac{4\pi}{c}(f_0 + f'_\tau)\Big[R_0 + \sqrt{1 + \frac{V_r^2 \eta'^2}{R_{ref}^2 a^2}}R_e\Big(-\frac{\eta'}{a} \cdot \frac{R_0}{R_{ref}}\Big) + \frac{V_r^2 \eta'^2}{2R_{ref}a}\Big]\Big\} \\
&= p_r(\tau)\omega_a(\eta' - \eta'_c)\delta\Big\{\tau - \frac{2}{c}\Big[R_0 + \sqrt{1 + \frac{V_r^2 \eta'^2}{R_{ref}^2 a^2}}R_e\Big(-\frac{\eta'}{a} \cdot \frac{R_0}{R_{ref}}\Big) + \frac{V_r^2 \eta'^2}{2R_{ref}a}\Big]\Big\} \\
&\quad \cdot \exp\Big\{-j\frac{4\pi}{c}f_0\Big[R_0 + \sqrt{1 + \frac{V_r^2 \eta'^2}{R_{ref}^2 a^2}}R_e\Big(-\frac{\eta'}{a} \cdot \frac{R_0}{R_{ref}}\Big) + \frac{V_r^2 \eta'^2}{2R_{ref}a}\Big]\Big\}
\end{aligned} \tag{3.64}
$$

式中，$\eta' - \eta'_c = aR_{ref}/R_0 \cdot (\eta - \eta_c)$。在式（3.64）中，方位包络 $\omega_a(\eta' - \eta'_c)$ 的位置不随距离向变化，这是由于扰动使信号的方位投影位置由 $\eta \in (\eta_c - T_a/2, \eta_c + T_a/2)$ 变为 $\eta' \in (\eta'_c - \widetilde{T}_a/2, \eta'_c + \widetilde{T}_a/2)$，其中 $T_a = \dfrac{\theta_{bw} \cdot R_0}{V_r}$，$\widetilde{T}_a = \dfrac{aR_{ref}}{R_0}T_a = \dfrac{\theta_{bw} \cdot aR_{ref}}{V_r}$，分别表示扰动前后信号的合成孔径时间，$\theta_{bw}$表示雷达波束宽度，可以看出，$\widetilde{T}_a$ 在距离向是恒定的，因此方位包络覆盖范围在距离向也是恒定的。由于扰动前信号的耦合性在时域表现为方位包络随距离向变化，而扰动后方位包络不随距离向变化，因此，扰动后消除了信号距离和方位的耦合性，同时改变了信号在合成孔径内的采样点位置和数量，保证了后续后向投影操作的可行性。实际上，该扰动过程可以理解为对空不变运动补偿后的信号进行的一次随距离向变化的映射过程，该过程改变了信号在数据域中的投影位置，在推导的表达式中采用参数 R_{ref} 也是为了更好地表现这一过程。

3. 后向投影

对比式（3.64）所示的扰动后时域信号与式（3.59）所示的扰动前距离压缩信号可知，上述预处理及扰动操作实际上相当于对信号做了映射，经过该映射后的信号，其合成孔径内方位采样点的位置有了相应变化。以像素点(x_i, r_j)为例，扰动前该点的距离延时为

$$\tau_{ij}(\eta) = \frac{2[R(\eta_{ij}) + R_e(\eta_{ij})]}{c} = \frac{2\Big[\sqrt{R(\tau_{ij})^2 + V_r^2\Big(\eta_{ij} - \dfrac{x_i}{V_r}\Big)^2} + R_e(\eta_{ij})\Big]}{c}$$

$$\tag{3.65}$$

方位向积分范围为 $\eta_{ij} \in \left(\dfrac{x_i}{V_r} - \dfrac{1}{2} T_a, \dfrac{x_i}{V_r} + \dfrac{1}{2} T_a \right)$，其中 $T_a = \dfrac{\theta_{\mathrm{bw}} \cdot R(\tau_{ij})}{V_r}$，$R(\tau_{ij})$ 为像素点 (x_i, r_j) 的最近斜距。经过扰动，像素点的距离延时从 $\tau_{ij}(\eta)$ 映射为

$$\tau'_{ij}(\eta') = \frac{2}{c} \left[R(\tau_{ij}) + \sqrt{1 + \frac{V_r^2 \eta'^2_{ij}}{R_{\mathrm{ref}}^2 a^2}} R_e \left(-\frac{\eta'_{ij}}{a} \cdot \frac{R(\tau_{ij})}{R_{\mathrm{ref}}} \right) + \frac{V_r^2 \eta'^2_{ij}}{2 R_{\mathrm{ref}} a} \right] \quad (3.66)$$

方位向累积范围映射为 $\eta'_{ij} \in \left(\dfrac{x_i}{V_r} - \dfrac{1}{2} \widetilde{T}_a, \dfrac{x_i}{V_r} + \dfrac{1}{2} \widetilde{T}_a \right)$。对参数进行 a 调节，使得该点的回波数据在回波域中方位向采样点数减小，从而可以达到减少计算量、提高计算效率的目的。由于该算法在预处理过程中进行的是方位空不变运动补偿，因此，该算法的扰动和后向投影操作部分也可认为是一种后处理的方位空变运动补偿算法。

综上所述，扰动后信号的后向投影过程可以描述为：对于像素点 (x_i, r_j)，在回波域中寻找位置在 $\left\{ \dfrac{2}{c} \left[R(\tau_{ij}) + \sqrt{1 + \dfrac{V_r^2 \eta'^2_{ij}}{R_{\mathrm{ref}}^2 a^2}} R_e \left(-\dfrac{\eta'_{ij}}{a} \cdot \dfrac{R(\tau_{ij})}{R_{\mathrm{ref}}} \right) + \dfrac{V_r^2 \eta'^2_{ij}}{2 R_{\mathrm{ref}} a} \right], \eta'_{ij} \right\}$ 的能量进行相干累加，从而得到像素点 (x_i, r_j) 的复数值。为补偿扰动操作对于信号相位的影响，在相干累加之前需要对这些位置的数据进行相位校正，具体操作为

$$\widetilde{s}(\tau, \eta') = \bar{s}(\tau, \eta') \cdot \exp\left\{ \mathrm{j} \frac{4\pi}{c} f_0 \left[\sqrt{1 + \frac{V_r^2 \eta'^2_{ij}}{R_{\mathrm{ref}}^2 a^2}} R_e \left(-\frac{\eta'_{ij}}{a} \cdot \frac{R(\tau_{ij})}{R_{\mathrm{ref}}} \right) + \frac{V_r^2 \eta'^2_{ij}}{2 R_{\mathrm{ref}} a} \right] \right\}$$

$$(3.67)$$

至此，完成了 CPBP 算法的所有步骤。综上所述，CPBP 算法整体流程可由图 3.20 直观表示。

4. 参数设置及计算量分析

1) 算法误差分析

CPBP 算法的误差主要来源于两方面。一方面来源于二维频谱信号表达式推导过程中对空变误差的近似。针对这一误差，算法采用了 DMA 进行空不变运动补偿，使得该误差相比采用两步运动补偿算法更小，从而减小其对整体算法的精度影响。另一方面，在后向投影过程中，孔径内采样点数的减少实际上相当于对扰动前的信号进行了降采样，由于残余误差与信号是共存的，因此在该过程中对残余误差也进行了降采样，从而引入误差。该误差随参数 a 的增大而减小，因此，从算法精度方面考虑，不建议将参数 a 设置得过小。

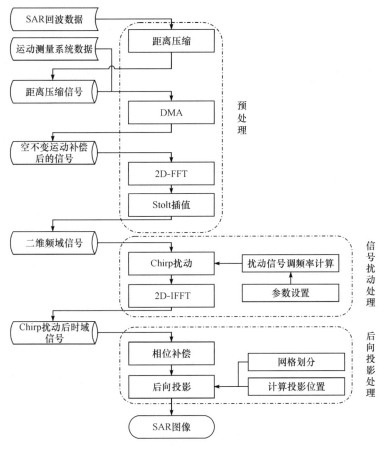

图 3.20　CPBP 算法流程

2) 计算量分析

由于扰动过程仅需要进行一个乘法运算和傅里叶逆变换,而后向投影过程是逐点计算,因此该成像方案的计算量主要来源于后者。将扰动后信号的合成孔径时间表达式重写为

$$\widetilde{T}_a = \frac{\theta_{bw} \cdot aR_{ref}}{V_r} \tag{3.68}$$

则对于一幅网格数为 $M \times N$ 的图像,CPBP 算法的运算量可表示为

$$(N_{OP})_{CPBP} \propto \widetilde{T}_a \cdot PRF \cdot MN = \frac{\theta_{bw} \cdot aR_{ref}}{V_r} \cdot PRF \cdot MN \tag{3.69}$$

由上述分析可知,参数 a 取值越小,CPBP 算法运算速度越快,计算效率越高。可见,该算法对于计算效率和精度的要求是不一致的,在设置扰动信号时,需要综合考虑效率与精度问题,以在两者之间寻求平衡。

3) 参数设置

在信号扰动处理中提到,分析中所采用的调频率表达方式是为了便于对扰动操作的理解,即可以认为扰动操作是对坐标进行了一个系数为 $aR_{\text{ref}}/R(\tau)$ 的映射。在实际处理中,采用一个可以更直观地体现出计算量的参数,扰动后信号的时间带宽积

$$A = \widetilde{T}_a \cdot f_{\text{dop}} \tag{3.70}$$

来对扰动信号进行表示。该参数 A 的大小正比于扰动后信号的孔径内方位向采样点数,两者仅相差一个常数因子 $\text{PRF}/f_{\text{dop}}$,因此便于掌握参数设置对算法运算量的影响。采用参数 A 表达的计算量为

$$(N_{\text{OP}})_{\text{CPBP}} \propto A \cdot \text{PRF}/f_{\text{dop}} \cdot MN \tag{3.71}$$

与标准 BP 算法进行对比,可以得到两者的运算量比值的两种表达形式

$$\frac{(N_{\text{OP}})_{\text{CPBP}}}{(N_{\text{OP}})_{\text{BP}}} \propto \frac{NaR_{\text{ref}}}{\sum\limits_{j=1}^{N} R(\tau_j)} = \frac{A \cdot \text{PRF}/f_{\text{dop}}}{L} \tag{3.72}$$

与参数 a 相同,参数 A 取值越小,算法的计算量越小,计算效率越高,但同时计算精度下降,因此参数 A 不能取值过小。同时,由于在扰动操作的表达式推导过程中采用了 POSP,而 POSP 所引入的近似对于时间带宽积较小的信号不能忽略,从这一点来看,参数 A 的设置也不能太小。通常,当时间带宽积大于 100 时,POSP 已经足够精确[25],因此,通常令参数 A 的值大于 100。综合考虑计算效率与精度,对于轨迹误差在 10m 量级的情况,参数 A 取 400~800 通常可以得到令人满意的结果。对于一个波束宽度为 30°、波长为 0.5m、PRF 为 500Hz、方位带宽为 200Hz 的系统,若最近斜距为 5000m,则参数 A 取 100 时,理论上 CPBP 较标准 BP 算法,运算效率将提高 50 多倍,A 取 400 时,理论上运算效率将提高近 14 倍。若波束宽度增加到 60°,则 A 取 100 时,CPBP 的运算效率将提高 200 多倍,A 取 400 时提高约 55 倍,由此可以看出,CPBP 算法对于宽波束 SAR 系统,其计算效率较 BP 算法有显著提升。

5. 实验结果分析

1) 仿真数据实验

本节采用表 3.6 所示的系统参数进行点目标回波仿真,9 个点目标均匀分布在场景中,载机运动误差如图 3.21 所示。下面采用不同成像算法对该回波进行成像处理,对成像结果进行分析说明。

表 3.6　仿真系统参数

参数	取值	参数	取值
波长/m	0.48	波束宽度/rad	0.48
脉冲宽度/μs	1	飞行速度/(m/s)	100
距离调频率/(Hz/s)	3×10^{14}	PRF/Hz	400
距离采样率/MHz	600	斜视角/(°)	0
飞行高度/m	2000	最近斜距/m	5000
方位采样点	12288	距离采样点	4096
基线长度/m	80	基线角/rad	0

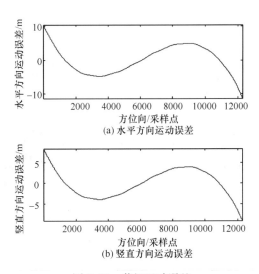

(a) 水平方向运动误差

(b) 竖直方向运动误差

图 3.21　载机运动误差

　　图 3.22(a)展示了进行 DMA 运动补偿且未进行空变运动补偿情况下的 ωK 算法成像结果。图 3.22(b)表示采用引入了 DMA 空不变运动补偿和 PTA(precise topography-and aperture-dependent)[26-28]空变运动补偿算法的 ωK 算法成像结果。本节介绍的 CPBP 成像算法得到的成像结果如图 3.22(c)所示(参数 A 取 500)，而标准 BP 算法得到的成像结果作为理想参考值如图 3.22(d)所示。对比图 3.22(a)与图 3.22(b)或图 3.22(c)可知，引入空变运动补偿后的聚焦效果明显改善。

　　图 3.23 给出了引入 PTA 的 ωK 算法、CPBP 及标准 BP 算法成像结果的方位向和距离向剖面图。表 3.7 给出了 CPBP 算法成像结果的测试指标。由图 3.23 可以更清晰地看出，CPBP 算法与标准 BP 算法得到的成像结果相当，而较 ωK 算法更为精确，因此在大运动误差的情况下，其更适用于高精度宽波束机载 SAR 系

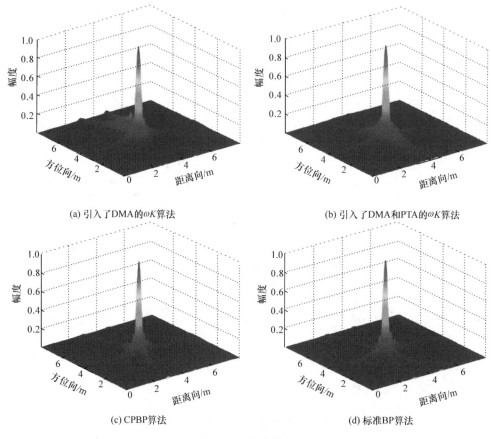

(a) 引入了DMA的ωK算法　　　　　　　(b) 引入了DMA和IPTA的ωK算法

(c) CPBP算法　　　　　　　　　　(d) 标准BP算法

图 3.22　成像结果

统。同时,由表 3.7 中的各项测试指标可见,CPBP 算法的成像结果接近理想值,满足成像精度要求。

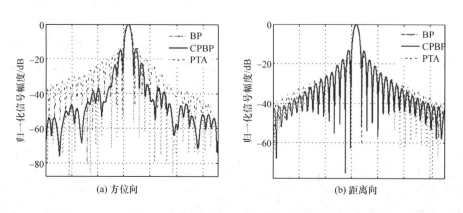

(a) 方位向　　　　　　　　　　(b) 距离向

图 3.23　不同算法成像结果剖面图

表 3.7　CPBP 点目标指标测试结果

参数	取值	参数	取值
方位分辨率/m	0.445	距离分辨率/m	0.446
方位扩展比	0.890	距离扩展比	0.892
方位峰值旁瓣比/dB	−14.451	距离峰值旁瓣比/dB	−13.262
方位积分旁瓣比/dB	−13.221	距离积分旁瓣比/dB	−10.535

图 3.24 给出了参数 A 取不同值的情况下,CPBP 算法得到的各点高程误差,可见,其误差在 0.3m 以内,符合 P 波段 DEM 精度要求(参考德国宇航中心达到的 6m DEM 精度[29])。注意到误差随斜距增大略有增加,这是由 CPBP 算法在后向投影过程中引入的误差对于远距目标相对较大造成的,如前所述,后向投影过程中孔径内采样点数的减少实际上相当于对原始信号做了降采样,且消除了距离和方位耦合的信号,其降采样后近距与远距目标点的孔径内采样点数相同,因此远距的降采样倍数要略大于近距,从而引入的误差也略大,但仍满足精度要求。

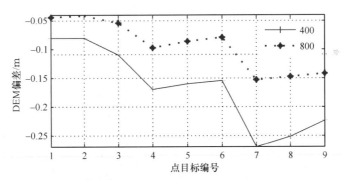

图 3.24　目标高程偏差(从近距到远距)

由前面的分析可知,对参数 A 进行选取时,需综合考虑成像精度与运算效率。本实验对不同参数取值条件下 CPBP 算法的表现进行了对比分析。图 3.25(a)显示了参数 A 取值为 100~1000 时,采用 CPBP 算法成像所得到的点目标分辨率。可以看出,距离向分辨率基本不变,而方位向分辨率随 A 的取值增大而变好,这同样是由前文所述的降采样作用引起的。根据系统参数计算得到,方位向理论分辨率为 0.443,结合图 3.25(a),参数 A 取值在 400~1000 时的成像结果已足够精确。图 3.25(b)显示了标准 BP 算法与 CPBP 算法成像所需时间的比值。综合考虑成像质量与运算效率,在该仿真参数条件下,参数 A 取值在 400~800 时较为合适。

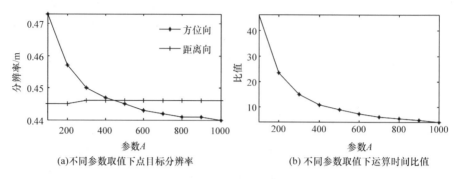

(a)不同参数取值下点目标分辨率　　　　　　(b) 不同参数取值下运算时间比值

图 3.25　不同参数取值下成像精度与时间对比

2) 实测数据实验

本实验采用中国科学院电子学研究所研制的 P 波段全极化机载 SAR 系统于长治地区采集的数据进行测试。实验选取了一块包含定标场的平坦区域进行对比分析。该数据在工作波长 0.4835m、距离带宽 200MHz、方位波束宽度 0.4rad 的情况下获取。载机飞行高度约 2600m,基线长度为 80m。选用数据为 HH 极化及 VV 极化数据。

图 3.26 和图 3.27 分别展示了采用标准 BP 和 CPBP 算法(参数 A 取值为 400)得到的成像结果。可以看出,两者成像结果非常相近。图 3.28 给出了图 3.26(a)中椭圆标出的定标场区域的放大图。图 3.29 给出了以标准 BP 算法所得结果为参考,采用 CPBP 算法所得到的各定标点的高程偏差,其误差在 0.15m 以内,满足 P 波段 DEM 精度要求。计算效率方面,CPBP 算法较 BP 算法提升了 5 倍多。

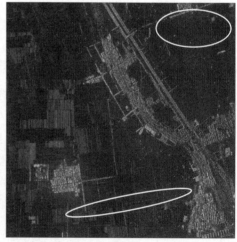

(a) HH极化　　　　　　　　　　　　　　(b) VV极化

图 3.26　BP 算法成像结果

(a) HH极化　　　　　　　　　　　　　　(b) VV极化

图 3.27　CPBP 算法成像结果

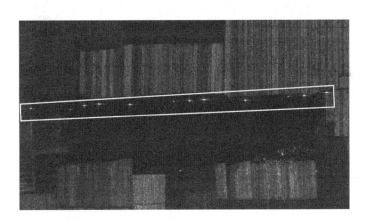

图 3.28　定标场区域放大图

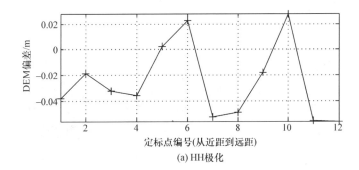

(a) HH极化

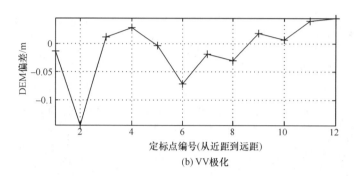

(b) VV极化

图 3.29　各定标点高程偏差

为了进一步明确 CPBP 算法对干涉测量的影响,本实验还在 VV 极化数据的中远距区域选取了一定数量的类点目标进行测试。本次实验选取的两块包含类点目标的区域在图 3.26(b)中以椭圆标出。图 3.30(a)给出了左下方所选取区域的放大图,图 3.31(a)给出了右上方所选取区域的放大图,目标用曲线大致圈出。图 3.30(b)、图 3.31(b)给出了采用 BP 算法和 CPBP 算法得到的各目标干涉相位对比图,可以看出,两种算法所获取的干涉相位差别非常小。图 3.30(c)、图 3.31(c)给出了以 BP 算法为基准,采用 CPBP 算法得到的各目标高程偏差图,由图可知,CPBP 算法所引入的高程误差在 0.5m 以内。注意到与定标场区域的点目标测量结果相比,误差略有增大,一方面,如前所述,CPBP 算法在后向投影过程中引入的误差对于远距目标相对较大,定标场区域处于近距位置,而所选的这两块区域在中远距,因此,对应的高程误差相对定标场区域的点目标略有增大;另一方面,所选的两块中远距区域中的目标并非人为布置的点目标,而是实际场景中存在的一些类点目标,因此在测量峰值相位时可能存在少许误差,从而对测量结果有一定的影响。

(a) 局部区域放大图

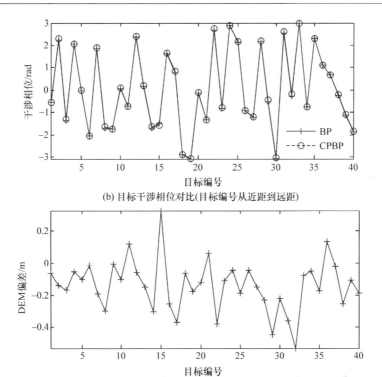

(b) 目标干涉相位对比(目标编号从近距到远距)

(c) 目标高程偏差(目标编号从近距到远距)

图 3.30　局部区域 1 放大图及目标测量结果

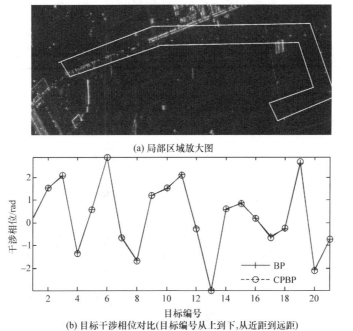

(a) 局部区域放大图

(b) 目标干涉相位对比(目标编号从上到下,从近距到远距)

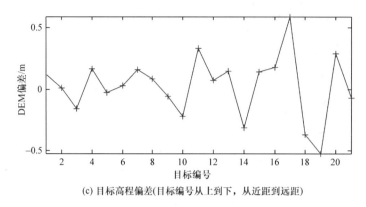

(c) 目标高程偏差(目标编号从上到下,从近距到远距)

图 3.31　局部区域 2 放大图及目标测量结果

3.5.5　残余误差估计与补偿

目前,运动测量系统的精度只能达到 $1\sim5$cm,不能满足干涉测量所要求的毫米级的重构基线精度,需要通过基于 SAR 回波数据的运动补偿算法来对运动测量系统精度限制所引入的残余运动误差进行估计和补偿。在目前已有的残余误差估计算法中,估计两幅图像之间相对残余误差即时变基线的多斜视算法在精度和可实现性方面都有较大优势,且对于重轨 InSAR 系统,估计单幅图像的残余误差意义不大。因此,本节将介绍多斜视算法的基本原理,并对影响该算法精度的因素进行分析。

1. 多斜视算法基本原理

多斜视算法[30-34] 根据不同子孔径下的残余误差不同这一基本原理,通过计算子孔径间残余误差的差异,来获取残余误差的变化率,之后通过积分累加得到残余误差。由于不同子孔径对应的斜视角不同,因此得名"多斜视"。对于点目标,通过计算不同斜视角下 SAR 图像的相位差异即可获取残余误差变化率,但对于分布式目标,由于子孔径中所反映的后向散射系数不同,因此会造成去相干,从而无法获取残余误差信息。研究者利用干涉图代替 SAR 图像避免了这一问题,同时,根据方位频谱与斜视角之间的关系,可以通过频谱划分来实现子孔径处理,从而多斜视算法的基本操作可以表述如下:通过将回波数据在频域划分为多个子孔径,从不同子孔径间的干涉相位中提取干涉相位误差的变化率,之后通过积分累加得到干涉相位误差,再根据干涉相位与斜距的关系进一步得到残余误差并加以补偿。

图 3.32 给出了多斜视算法的一种较为直观的表述形式。不失一般性,设在正侧视情况下,目标点 P 的合成孔径历程为 AB,孔径中心位置为 O,AO、BO 为两个

子孔径对应的历程，O_1、O_2 分别为两个子孔径的中心点，β_1、β_2 分别为两个子孔径对应的斜视角，设两幅子孔径干涉图像对应的干涉相位分别为

$$\phi_{AO} = \phi_{topoA} + \phi_{errA} \tag{3.73}$$

$$\phi_{OB} = \phi_{topoB} + \phi_{errB} \tag{3.74}$$

式中，ϕ_{topoA}、ϕ_{topoB} 为干涉相位中的高程相位信息部分，由于两幅子孔径图像观察的目标点同为 P，因此 $\phi_{topoA} = \phi_{topoB}$，$\phi_{errA}$、$\phi_{errB}$ 为残余误差引入的相位误差。对两个子孔径对应的干涉图进行差分处理，得到差分干涉相位

$$\phi_{diff} = \phi_{AO} - \phi_{OB} = \phi_{errA} - \phi_{errB} \tag{3.75}$$

点 O 处的相位误差一阶导数可通过线性化处理得

$$\frac{\partial \phi_{err}}{\partial x} = \frac{\phi_{diff}}{\Delta x} \tag{3.76}$$

式中，$\Delta x = (\tan\beta_1 - \tan\beta_2) \cdot R_{OP}$。对于航迹上的每一点，都可通过上述操作计算得到一个相位误差一阶导数，于是，残余误差引入的干涉相位误差可以通过积分累加得到

$$\phi_{err}(x,r) = \int_0^x \frac{\phi_{diff}(x',r)}{\Delta x} dx' + C \tag{3.77}$$

　　进一步，根据斜距与干涉相位之间的关系，即可得到主辅图像间的相对残余误差，即时变基线为

$$E = \frac{\lambda}{4\pi} \phi_{err}(x,r) \tag{3.78}$$

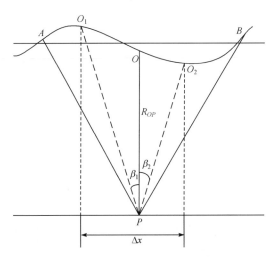

图 3.32　多斜视算法示意图

　　由于在积分过程中会引入一个未知常数项，因此在实际处理中，通常在获取一阶导数后，会减去一阶导数的均值，然后进行积分得到高次残余误差，留下一个一

次分量和常数项待定。这两类待定值可以通过利用外部 DEM 进行最小二乘估计[32]得到，也可通过局部频率估计的方法[3]得到。

由于低相干区域噪声对估计结果影响严重，为提高算法的鲁棒性，研究者提出了引入相干系数加权的改进多斜视方法，即 RMS(refined multi-squint)算法[32]，该算法通过将多个子孔径信号进行加权相干累加得到一阶导数估计值，如式(3.79)所示：

$$\phi_{\text{diff}} = \arg\left\{\sum_{i=1}^{K-1} G_i(|\gamma_i|\exp(j\phi_i))\right\} \tag{3.79}$$

式中，i 表示子孔径序号；K 表示子孔径数；γ_i 为相干系数；G_i 表示方位位移算符，用以计算一阶导数的方位坐标 $r\tan\beta_{i,i+1}$，$\beta_{i,i+1} = (\beta_i + \beta_{i+1})/2$；$\phi_i$ 表示第 i 个子孔径与第 $i+1$ 个子孔径的差分干涉相位。该算法可以减小低相干区域的影响，对于低相干区域对应的方位位置处的相位误差一阶导数，通过周围的高相干区域予以估计，从而只要在波束范围内存在高相干区域，即可以估计得到该方位坐标处的误差值。

2. 影响因素分析

1) 成像算法对残余误差估计的影响

理论上，在运动测量系统精度范围内的载机平台实际航迹与理想航迹之间的偏差已在成像过程中被完全补偿，因此，残余误差仅由运动测量系统精度引起。但实际处理中，由于采用的成像及运动补偿算法不同，其所能达到的运动误差补偿精度不同，由于算法精度所引入的误差也会在残余误差中有所体现，即残余误差估计会受到成像算法精度的影响。对于本节所介绍的多斜视估计算法，当残余误差所引起的相位误差绝对值大于 π 时，相位缠绕会带来错误的估计结果。由于 P 波段波长较长，对于目前运动测量系统 $1\sim5$cm 的精度所引入的残余误差，通常不会造成相位缠绕的现象，但如果由成像算法精度所引入的误差较大，则很可能会出现相位缠绕而无法得到正确估计的结果。

由 3.5.4 节中仿真和实测数据实验可知，CPBP 算法精度与 BP 算法相近，满足精度要求，为残余误差估计提供了良好的平台，因此，在以下残余误差估计方案设计过程中，将主要考虑其他因素对残余误差估计精度的影响。

2) 相位噪声对残余误差估计的影响

在理想情况下，利用多斜视算法可以准确估计得到主辅图像间的相对残余误差，即时变基线。但在实际应用中，由于噪声的存在，算法的估计精度会下降。时变基线估计的标准差可以近似表示为

$$\sigma_B \approx \frac{\lambda}{4\pi}\sigma_{\phi_n} \tag{3.80}$$

式中,σ_{ϕ_n} 表示干涉相位噪声的标准差。根据干涉相位的概率密度分布函数,可以计算得到相位噪声的方差,如式(2.31)所示。

图 3.33 给出了 P 波段(波长取 0.48m)InSAR 系统在不同多视数的条件下,时变基线标准差随相干系数变化的曲线。可以看出,增大多视数可以在一定程度上提高估计精度,因此在采用多斜视算法估计过程中,需要对差分干涉相位进行多视处理以提高估计精度。由于差分干涉相位沿距离向变化较小,因此在对差分干涉相位进行多视处理时,可以在距离向选取较大的多视数。另外,由于方位向过度多视会造成差分干涉相位平滑,从而影响估计结果,因此通常在方位向不做多视或选取较小的多视数。在实际处理中,可根据精度需求设定一时变基线误差标准差值,然后利用式(3.80)以及相干系数计算出合适的多视数。

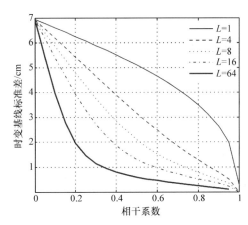

图 3.33 P 波段 InSAR 系统在不同多视数条件下时变基线标准差随相干系数变化曲线

由于多斜视算法估计得到的是视线向的时变基线估计结果,考虑到该结果是随距离向和地形变化的,为获取水平方向和垂直方向的时变基线,通常采用引入外部 DEM 的加权最小二乘操作来消除距离空变及地形对估计结果的影响,如式(3.81)所示。该操作也可进一步减小低相干区域对残余误差估计的影响,只要同一方位向存在两个及以上的高相干距离单元,即可计算得到该方位向的时变基线。

$$\boldsymbol{e}_{yz} = (\boldsymbol{A}^{\mathrm{T}}\boldsymbol{W}\boldsymbol{A})^{-1}\boldsymbol{A}^{\mathrm{T}}\boldsymbol{W}\boldsymbol{e}_{\mathrm{los}} \tag{3.81}$$

式中,$\boldsymbol{e}_{yz} = \begin{bmatrix} \dfrac{\partial E_y}{\partial x} \\ \dfrac{\partial E_z}{\partial x} \end{bmatrix}$;$\boldsymbol{A} = \begin{bmatrix} \pm\sin\theta_{l,1} & \cos\theta_{l,1} \\ \vdots & \vdots \\ \pm\sin\theta_{l,N} & \cos\theta_{l,N} \end{bmatrix}$,$\sin\theta_{l,n} = \dfrac{\sqrt{R_n^2 - (H - \mathrm{DEM}(l,n))^2}}{R_n}$,

$\cos\theta_{l,n} = \dfrac{H - \mathrm{DEM}(l,n)}{R_n}$;$\dfrac{\partial E_y}{\partial x}$ 表示水平方向时变基线的一阶导数,$\dfrac{\partial E_z}{\partial x}$ 表示竖直

方向时变基线的一阶导数，$\theta_{l,n}$ 表示雷达照射在第 l 个方位单元和第 n 个距离单元处像素时的下视角，R_n 表示第 n 个距离网格的斜距，H 表示载机高度，$\text{DEM}(l,n)$ 表示第 l 个方位单元和第 n 个距离单元处像素的地形高度，"$\pm$" 在右侧视情况下取 "$+$"，左侧视情况下取 "$-$"；$\boldsymbol{W} = \text{diag}\left\{\dfrac{1}{\sigma_{l,1}^2}, \dfrac{1}{\sigma_{l,2}^2}, \cdots, \dfrac{1}{\sigma_{l,N}^2}\right\}$ 为加权矩阵，$\sigma_{l,n} =$

$\sqrt{\dfrac{1 - |\gamma_{l,n}|^2}{2L\,|\gamma_{l,n}|^2}}$ 表示第 l 个方位单元和第 n 个距离单元处像素的相位标准差，$\gamma_{l,n} =$

$\dfrac{1}{L}\sum\limits_{i=1}^{L-1}\gamma_i$；$\boldsymbol{e}_{\text{los}} = \left[\dfrac{\partial E_1}{\partial x}, \cdots, \dfrac{\partial E_N}{\partial x}\right]^{\mathrm{T}}$ 表示沿视线向的时变基线一阶导数组成的向量。

假设各距离向的随机误差是互不相关的，则经过加权最小二乘操作后的时变基线标准差可表示为

$$\boldsymbol{\sigma}_{yz}^2 = (\boldsymbol{A}^{\mathrm{T}}\boldsymbol{W}\boldsymbol{A})^{-1}\boldsymbol{A}^{\mathrm{T}}\boldsymbol{W}\boldsymbol{\sigma}_{\text{los}}^2\boldsymbol{W}^{\mathrm{T}}\boldsymbol{A}\,((\boldsymbol{A}^{\mathrm{T}}\boldsymbol{W}\boldsymbol{A})^{-1})^{\mathrm{T}} \tag{3.82}$$

式中，$\boldsymbol{\sigma}_{yz} = \begin{bmatrix}\sigma_{B_y} \\ \sigma_{B_z}\end{bmatrix}$，$\sigma_{B_y}$ 和 σ_{B_z} 分别表示水平和竖直方向时变基线的标准差；$\boldsymbol{\sigma}_{\text{los}}^2 = \text{diag}\{\sigma_{B_1}^2, \sigma_{B_2}^2, \cdots, \sigma_{B_N}^2\}$，$[\sigma_{B_1}, \sigma_{B_2}, \cdots, \sigma_{B_N}]^{\mathrm{T}}$ 表示加权最小二乘前视线向时变基线的标准差。

根据视线向基线一阶导数与水平和竖直方向基线一阶导数的关系式 $\dfrac{\partial}{\partial x}E_n = \dfrac{\partial}{\partial x}E_z\cos\theta_n \pm \dfrac{\partial}{\partial x}E_y\sin\theta_n$，可以进一步得到加权最小二乘估计后的视线向时变基线标准差：

$$\sigma_{B_{\text{los}}}^2 = \sigma_{B_z}^2\cos\theta_n^2 + \sigma_{B_y}^2\sin\theta_n^2 \tag{3.83}$$

下面给出一个仿真结果，取波长为 0.48m、最近斜距为 3000m、载机平台高度为 2600m 的系统参数，距离向取 256 个样本，距离像素间隔为 0.3m，采样区域地形绝对平坦，高程设为 0，则最小二乘前后的时变基线标准差对比如图 3.34 所示。可见，经过加权最小二乘估计后，时变基线的估计精度可以得到一定的提高。

另外，由图 3.33 及图 3.34 也可以看出，选取相干性较高的区域进行残余误差估计，所得到的估计结果精度较高。RMS 算法采用相干系数加权求取时变基线的一阶导数，从一定程度上限制了低相干区域的影响。对于 P 波段数据，主辅图像间的相干性普遍较差，为进一步减小低相干区域的影响，在加权最小二乘估计过程中，可以通过设置一个相干系数阈值，选取相干性较高的区域参加估计，而避免将低相干区域引入计算当中以提高估计精度。

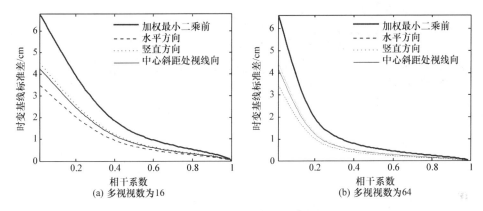

图 3.34　加权最小二乘估计后时变基线标准差随相干系数变化曲线

总结本节中各因素对残余误差估计的影响分析,在采用多斜视算法进行残余误差估计时,可按如下策略进行参数设置:①对差分干涉相位进行多视处理,其中距离向选取较大的多视数,方位向选取较小的多视数;②选取相干性较高的区域作为加权最小二乘计算的估计样本区,通过设置阈值,将相干系数低于阈值的区域排除以提高估计精度。

3. 自适应参数选取的多斜视残余误差估计算法

根据上述分析结果,这里给出了一种自适应参数选取的多斜视残余误差估计算法。该算法在获取差分干涉相位后,设定一时变基线标准差阈值 σ_{thr},根据相干系数及式(3.80)、式(3.83)计算得到该阈值条件下所需的多视数 L_{thr}。之后根据式(3.76)和式(3.79)计算得到时变基线一阶导数,然后对其进行加权最小二乘估计得到水平和竖直方向的分量,在进行加权最小二乘估计时,利用式(3.80)和式(3.83)计算得到相干系数阈值,仅选取相干系数高于阈值的区域参与估计。同时,为消除地形对残余误差估计的影响,可以在加权最小二乘过程中引入外部DEM,通常选取 SRTM 获取的对应区域的 DEM。该算法的整体流程如图 3.35所示。

根据上述方法得到时变基线的一阶导数之后,需先减去一阶导数的均值,积分得到高次残余误差之后,剩余一次分量和常数项待定。再采用加权最小二乘估计或局部频率估计等方法估计得到常数和线性残余误差。在对时变基线的补偿方面,研究者提出了两种方案[31,33],一种是将时变基线引起的相位误差直接补偿到成像后的复图像中,并通过插值消除时变基线引起的位置误差;另一种是对 SAR图像进行方位解压缩后进行残余误差补偿,之后再进行方位压缩得到补偿后的图

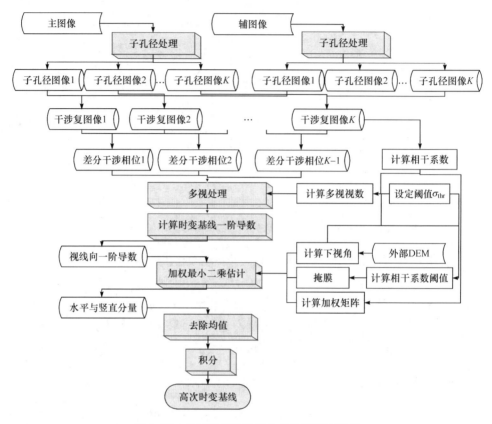

图 3.35　自适应参数设置的多斜视算法流程

像,该算法无须插值即可完成图像配准和相位校正,且更为精确。因此,这里采用后一种方法作为残余误差补偿方法,由于估计的残余误差是两幅图像之间的相对残余误差,因此补偿时可以两幅图像各补一部分,也可以将估计得到的残余误差补偿至某一幅图像。综合高次残余误差及常数和线性残余误差估计与补偿,以残余误差补偿至辅图像为例,图 3.36 给出了残余误差估计与补偿的整体流程。

4. 实验结果分析

本实验旨在验证采用自适应参数选取的多斜视残余误差估计算法的有效性。为了去除高程的影响,实验中认为场景是绝对平坦的。另外,将重轨干涉主、辅图像间的基线设为零,则在不存在残余误差的情况下,主、辅图像间的干涉相位理论值为零。在加入残余误差时,由于需要估计的是两幅图像间的相对误差,因此可以设第一次航过是沿理想航迹进行的,而在第二次航过的航迹加入残余运动误差。根据残余误差缓变的特性和目前运动测量系统的精度,加入的残余误差如

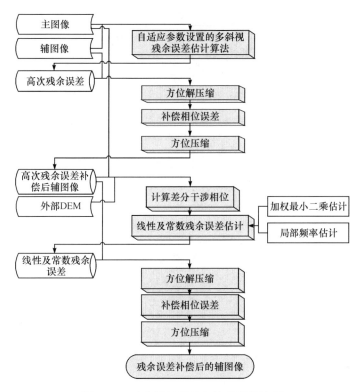

图 3.36　残余误差估计与补偿整体流程

图 3.37(a)所示。时变基线标准差阈值 σ_{thr} 取 0.001m。实验中所采用的系统参数如表 3.8 所示。

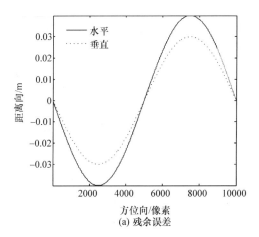

(a) 残余误差

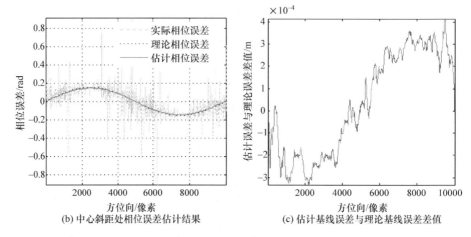

(b) 中心斜距处相位误差估计结果 　　　(c) 估计基线误差与理论基线误差差值

图 3.37　加入的残余误差与估计结果

表 3.8　实验系统参数

参数	取值	参数	取值
波长/m	0.48	波束宽度/rad	0.3
飞行高度/m	2600	飞行速度/(m/s)	100
带宽/MHz	200	PRF/Hz	500
距离采样率/MHz	500	斜视角/(°)	0

图 3.37(b)给出了采用自适应参数选取的多斜视算法估计得到的由残余误差引起的相位误差结果,其中,实际相位误差表示成像后测得的干涉相位与理论值 0 之间的误差,理论相位误差表示由残余误差直接计算得到的干涉相位误差。由于噪声的存在,测得的干涉相位是嘈杂的。估计相位误差表示采用自适应参数选取的多斜视算法估计得到的干涉相位误差,可以看出,估计的相位误差与理论相位误差基本一致。图 3.37(c)进一步给出了估计的基线误差与理论基线误差的差值,可以看出,差值在 10^{-4}m 量级,计算得到估计的基线误差和理论基线误差之间的均方误差为 2.6×10^{-4}m,符合干涉测量所需的毫米或亚毫米级的基线精度。

3.6　小　　结

本章首先分析了运动误差对 SAR 成像的影响,接着介绍了 SAR 运动补偿的基本原理和方法。然后针对机载双天线 InSAR 系统,分析了运动补偿残余误差对干涉测量精度的影响,明确了参考高程误差引起的运动补偿残余误差较为显著,因此给出了基于高程迭代的运动补偿方法。最后针对机载重轨 InSAR 系统,鉴于现有频域和时域成像算法的局限性,给出了一种基于 Chirp 扰动的后向投影成像算法,能够适用于高分辨率宽波束 InSAR 系统,并对由于运动测量系统精度限制引起的残余误差,介绍了其估计与补偿的方法。

参 考 文 献

[1] 仇晓兰,丁赤飚,胡东辉. 双站 SAR 成像处理技术. 北京:科学出版社,2010.

[2] 孟大地. 机载合成孔径雷达运动补偿算法研究. 北京:中国科学院电子学研究所博士学位论文,2006.

[3] 唐晓青. 机载干涉 SAR 运动误差影响建模及补偿方法研究. 北京:中国科学院电子学研究所博士学位论文,2009.

[4] 张澄波. 综合孔径雷达——原理、系统分析及应用. 北京:科学出版社,1989.

[5] Mancill C E,Swinger J M. A map drift autofocus technique for correlating high order SAR phase errors. The 27th Annual Tri-Service Radar Symposium Record,Monterey,1981: 391-400.

[6] 刘晓芹. 聚束 SAR 信号处理研究. 北京:中国科学院电子学研究所博士学位论文,1998.

[7] Wahl D E,Eichel P H,Ghiglia D C. Phase gradient autofocus—A robust tool for high resolution SAR phase correction. IEEE Transactions on Aerospace and Electronic Systems,1994, 30(3):827-835.

[8] Fornaro G. Trajectory deviations in airborne SAR:Analysis and compensation. IEEE Transactions on Aerospace and Electronics Systems,1999,35(3):997-1009.

[9] Moreira A,Huang Y. Airborne SAR processing of highly squinted data using a Chirp scaling approach with integrated motion compensation. IEEE Transactions on Geoscienceand Remote Sensing,1994,32(5):1029-1040.

[10] Reigber A,Alivizatios E,Potsis A,et al. Extended wavenumber-domain synthetic aperture radar focusing with integrated motion compensation. IEE Proceedings Radar Sonar Navigation,2006,153(3):301-310.

[11] Fornaro G,Franceschetti G,Perna S. On center-beam approximation in SAR motion compensation. IEEE Geoscience and Remote Sensing Letters,2006,3(2):276-280.

[12] Potsis A,Reigber A,Mittermayer J. Sub-aperture algorithm for motion compensation improvement in wide beam SAR data processing. IEE Electronics Letters,2001,37(23):1405-1407.

[13] Madsen S N. Motion compensation for ultra wide band SAR. Proceedings of International Geoscience and Remote Sensing Symposium,Sydney,2001:1436-1438.

[14] 孟大地,丁赤飚. 一种用于宽带机载 SAR 的空变相位补偿算法. 电子与信息学报,2007, 29(10):2375-2378.

[15] 唐晓青,向茂生,吴一戎. 一种改进的基于 DEM 的机载重轨干涉 SAR 运动补偿算法. 电子与信息学报,2009,31(5):1090-1094.

[16] Reigber A,Prats P,Mallorqui J J. Refined estimation of time-varying baseline errors in air-

borne SAR interferometry. IEEE Geoscience and Remote Sensing Letters, 2006, 3 (1): 145-149.

[17] Smith A M. A new approach to range Doppler SAR processing. International Journal of Remote Sensing, 1991, 12(2): 235-251.

[18] Raney R K, Runge H, Bamler R, et al. Precision SAR processing using Chirp scaling. IEEE Transactions on Geoscience and Remote Sensing, 1994, 32(4): 786-799.

[19] Cafforio C, Prati C, Rocca F. Full resolution focusing of SEASAT SAR images in the frequency-wavenumber domain. International Journal of Remote Sensing, 1991, 12 (3): 491-510.

[20] Desai M D, Jenkins W K. Convolution back projection image reconstruction for spotlight mode synthetic aperture radar. IEEE Transactions on Image Processing, 1992, 1 (4): 505-517.

[21] Meng D, Hu D, Ding C. A new approach to airborne high resolution SAR motion compensation for large trajectory deviations. Chinese Journal of Electronics, 2012, 21(4): 764-769.

[22] 林雪, 孟大地, 李芳芳, 等. 一种新的高分辨率宽波束机载 SAR 成像算法. 电子与信息学报, 2015, 37(4): 939-945.

[23] Meng D, Lin X, Hu D, et al. Topography-and aperture-dependent motion compensation for airborne SAR: A back projection approach. IEEE International Geoscience and Remote Sensing Symposium, Quebec, 2014: 448-450.

[24] Meng D, Hu D, Ding C. Precise focusing of airborne SAR data with wide apertures large trajectory deviations: A Chirp modulated back-projection approach. IEEE Transactions on Geoscience and Remote Sensing, 2015, 53(5): 2510-2519.

[25] Fachel P H, Ghigha D C, Jakowatz C J. Speckle processing method for synthetic-aperture-radar phase correction. Optical Letters, 1989, 14(1): 1-3.

[26] Prats P, Macedo K A C, Scheiber R, et al. Comparison of topography-and aperture-dependent motion compensation alogorithms for airborne SAR. IEEE Transactions on Geoscience-and Remote Sensing, 2007, 4(3): 349-353.

[27] Macedo K A C, Scheiber R. Precise topography-and aperture-dependent motion compensation for airborne SAR. IEEE Geoscience and Remote Sensing Letters, 2005, 2(2): 172-176.

[28] Prats P, Reigber A, Mallorqui J J. Topography-dependent motion compensation for repeat-pass interferometric SAR systems. IEEE Geoscience and Remote Sensing Letters, 2005, 2(2): 206-210.

[29] Reigber A, Mercer B, Prats P, et al. Spectral diversity methods applied to DEM generation from repeat-pass P-band InSAR. Proceedings of the 6th European Conference on Synthetic Aperture Radar, Dresden, 2006: 16-18.

[30] Prats P, Mallorqui J J. Estimation of azimuth phase undulations with multi squint processing in airborne interferometric SAR images. IEEE Transactions on Geoscience and Remote Sensing, 2003, 41(6): 1530-1533.

[31] Prats P,Reigber A,Mallorqui J J,et al. Efficient detection and correction of residual motion errors in airborne SAR interferometry. Proceedings of International Geoscience and Remote Sensing Symposium,Anchorage Alaska,2004:992-995.

[32] Reigber A,Prats P,Mallorqui J J. Refined estimation of time-varying baseline errors in airborne SAR interferometry. IEEE Geoscienceand Remote Sensing Letters, 2006, 3 (1): 145-149.

[33] Prats P,Reigber A,Mallorqui J J. Interpolation-free coregistration and phase-correction of airborne SAR interferograms. IEEE Geoscience and Remote Sensing Letters,2004,1(3): 188-191.

[34] Prats P,Scheiber R,Reigber A,et al. Estimation of the surface velocity field of the Aletsch glacier using multibaseline airborne SAR interferometry. IEEE Transactions on Geoscience and Remote Sensing,2009,47(2):419-430.

第 4 章　机载 InSAR 干涉处理

4.1　引　　言

利用 InSAR 进行高程测量从原理上很容易理解,然而在实际处理中,如何对同一场景获得两幅高相干性的 SAR 图像,并从中获得干涉相位的真实值并不容易,需要经过一系列复杂的处理过程才能实现,包括预滤波、图像配准及干涉相位生成、去平地效应、相位滤波、相位解缠等步骤。在整个处理过程中,必须保证主辅通道之间的相干性,尽量减小干涉相位误差,使其能反映实际的波程差。

本章 4.2 节首先介绍机载 InSAR 干涉处理的基本流程,4.3 节～4.7 节分别针对预滤波、复图像配准、去平地效应、相位滤波及相位解缠各个处理步骤具体介绍其基本原理和常用的处理方法。在 4.6 节还将介绍三种改进的相位滤波方法,并通过实验验证其有效性。4.7 节针对叠掩、阴影和水体等容易引起解缠误差的区域,介绍基于地形特征的相位解缠方法,从而有效避免相位误差的传播。

4.2　干涉处理流程

干涉处理是利用主、辅天线的 SLC 图像经过预滤波、复图像配准、干涉相位生成、去平地效应、相位滤波和相位解缠等步骤得到相对解缠相位的过程[1],其基本流程如图 4.1 所示。

1. 预滤波

根据 2.2.3 节基线去相干的分析可知,干涉基线的存在使得两次观测存在一定的视角差异,相应的回波信号是地面目标频谱的不同部分截取,而只有相同的地距频带才包含相干信息,因而频谱的偏移会造成相干性的降低。类似地,在方位向上,两幅图像的多普勒中心频率不同时,SAR 图像在不同方位频谱采样,不相干的频谱也会导致相位噪声的产生,降低相干性。因此,干涉处理时首先要进行距离向和方位向的预滤波,以消除不相干的频谱范围,从而保证干涉图像对的相干性。

2. 复图像配准及干涉相位生成

SAR 复图像配准就是根据两幅复图像同名点之间的坐标映射关系,将辅图像重采样到与主图像相同的像素网格,使配准后两幅图像的一对像素点对应地面上

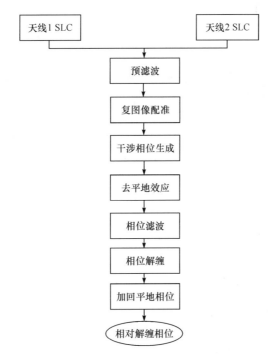

图 4.1 干涉处理流程图

的同一分辨单元。复图像配准要求主、辅图像之间达到亚像素级的配准精度,以保证 InSAR 信号之间具有良好的相干性,确保获得高质量的干涉相位图。

将精确配准后的主、辅天线 SLC 图像进行共轭相乘,并提取相位,就生成干涉相位图,如式(2.2)所示。

3. 去平地效应

基线的存在,导致两副天线的下视角存在差异,即使高度不变的平地在干涉相位图中也表现出周期性变化的干涉条纹,这一现象称为平地效应。在进行相位滤波和解缠之前,去除平地相位可以降低干涉条纹的密集程度,从而减小相位滤波和解缠的难度。但是在相位解缠后,还需要将减去的平地相位加回。对于机载双天线 InSAR 系统,由于基线较短,干涉条纹本身不是非常密集,因此这一步骤也可以省略。

4. 相位滤波

干涉相位受热噪声去相干、时间去相干、基线去相干、配准误差去相干等多种去相干因素的影响,不可避免地存在相位噪声,从而影响相位解缠的正确性和干涉测量的精度。因此,在相位解缠之前,需要通过相位滤波对相位噪声进行抑制,改善干涉相位图的质量。

5. 相位解缠

干涉相位受三角函数周期性的限制而缠绕在$(-\pi,\pi]$区间,不能反映真实的地面高程信息。相位解缠就是将缠绕相位恢复为真实相位的过程。事实上,仅通过相位解缠得到的相位仍然只是相对相位值,与绝对的相位值相差一个常数值,真实相位需要根据地面控制点通过干涉定标获得,第 5 章将详细介绍这一过程。

4.3　预　滤　波

4.3.1　距离向预滤波

将主、辅通道视角差引起的距离向频谱偏移重写如下:

$$\Delta f \approx Q f_0 \frac{B_\perp}{2R\tan(\theta-\vartheta)}, \quad -90°<\vartheta<90° \tag{4.1}$$

为了获得频谱的公共部分,需要对两组信号分别进行距离向预滤波,滤波器应满足带宽相同且频谱中心相差 Δf 的条件。假设原信号带宽均为 B_r,两个基带滤波器的带宽分别为 B_{r1} 和 B_{r2},中心频率分别 f_1 和 f_2,则有

$$B_{r1}=B_{r2}=B_r-\Delta f$$
$$f_1=\frac{\Delta f}{2} \tag{4.2}$$
$$f_2=-\frac{\Delta f}{2}$$

然而,在实际处理时,由于地形是未知的,因而地形坡度角 ϑ 也未知,无法利用式(4.1)直接计算出频谱偏移量 Δf。可以通过计算两个信号距离向频谱的互相关来估计出频谱的偏移量,也就相当于计算复干涉图的频谱,其峰值处对应的频移量即 Δf[2]。对于机载双天线 InSAR 系统,由于基线较短,对相干系数的影响很小,因此可以不进行距离向预滤波。而对于重轨 InSAR 系统,基线较长,基线去相干的影响较为显著,通常需要通过预滤波消除两幅图像之间的频谱偏移。

4.3.2　方位向预滤波

两次观测波束中心指向的变化以及沿方位向的地形坡度角都会造成多普勒频移,从而导致相干性的下降。消除多普勒去相干的影响可以通过两种方法实现[2]。一种方法是在对回波信号成像处理时,选择主、辅通道多普勒中心频率的平均值作为多普勒中心设计匹配滤波器。这样做会降低信号的多普勒带宽,且使输出图像的信噪比有所下降,但是可以保证干涉图像对之间的相干性。

另一种方法是对已经成像后的图像对在方位向进行滤波处理。设两次观测的系统方位向处理带宽均为 B_a，多普勒中心频率分别为 f_{dc1} 和 f_{dc2}，则多普勒频谱偏移量为 $\Delta f_{dc} = f_{dc1} - f_{dc2}$，两个滤波器的带宽分别为 B_{a1} 和 B_{a2}，中心频率分别为 f_1 和 f_2，因此可以设计滤波器，使得

$$
\begin{aligned}
B_{a1} = B_{a2} = B_a - \Delta f_{dc} \\
f_1 = f_{dc1} - \frac{\Delta f_{dc}}{2} \\
f_2 = f_{dc2} + \frac{\Delta f_{dc}}{2}
\end{aligned}
\tag{4.3}
$$

对于双天线单航过 InSAR 系统，设计时通常会尽可能保证两个天线的指向及方向特性一致，此时，多普勒去相干的问题基本可以忽略。而对于重轨模式的 In-SAR，两次航过的波束指向容易发生变化，一般需要进行方位向预滤波消除多普勒频谱的偏移。

4.4　复图像配准

SAR 图像配准就是根据两幅图像同名点之间的坐标映射关系，将辅图像重采样到与主图像相同的像素网格，使配准后两幅图像的一对像素点对应地面上的同一分辨单元。干涉 SAR 产生的复图像对必须经过精确配准才能保证图像对之间具有良好的相干性。由式(2.58)和式(2.59)可知，在干涉处理中，SAR 复图像对的配准精度必须达到亚像素级。本节将介绍 SAR 复图像配准的基本步骤，以及精配准中常用的几种方法，最后介绍生成干涉相位后，相位质量图的计算方法。

4.4.1　复图像配准基本步骤

SAR 复图像配准的主要步骤包括同名点偏移量计算、偏移量拟合及辅图像重采样。下面具体介绍各个步骤的处理方法。

1. 同名点偏移量计算

同名点匹配的过程可以分为粗配准和精配准两个步骤。粗配准常用的方法是轨道参数法，即利用主、辅图像的传感器平台轨道参数和干涉 SAR 成像几何关系，计算主、辅图像同名点之间的偏移量。具体步骤如下：在主图像中选取均匀分布的 N 个像素作为参考点，对每一参考点均首先根据 SAR 构像方程，即距离-多普勒-椭球方程，计算主图像中的像素 $P_m(x_m, y_m)$ 在地面上的三维位置 $P(X_P, Y_P, Z_P)$，然后再利用距离-多普勒-椭球方程计算地面点 $P(X_P, Y_P, Z_P)$ 在辅图像中的像素坐标 $P_s(x_s, y_s)$，由此可得到 P 点在主、辅图像中的偏移量 $(\Delta x, \Delta y)$。这里用到的

距离-多普勒-椭球方程如式(4.4)~式(4.6)所示：

$$距离方程：R=|\boldsymbol{S}-\boldsymbol{P}| \tag{4.4}$$

$$多普勒方程：f_{dc}=-\frac{2\boldsymbol{V}\cdot(\boldsymbol{S}-\boldsymbol{P})}{\lambda R} \tag{4.5}$$

$$椭球方程：\frac{X_P^2+Y_P^2}{R_e^2}+\frac{Z_P^2}{R_p^2}=1 \tag{4.6}$$

式中，R 为雷达天线相位中心到目标 P 的斜距；λ 为波长；f_{dc} 为多普勒中心频率；$\boldsymbol{P}=(X_P,Y_P,Z_P)$ 为目标 P 的三维位置；$\boldsymbol{S}=(X_S,Y_S,Z_S)$ 和 $\boldsymbol{V}=(V_X,V_Y,V_Z)$ 分别为目标 P 成像时刻 SAR 平台的位置和速度矢量；R_e 和 R_p 分别为地球的赤道半径和极地半径，根据成像区域相对于大地水准面的高度 h，可将 R_e 修正为 R_e+h。

　　以上求解方法需要用到地球椭球模型方程，而且要应用牛顿迭代法进行非线性方程组的求解，通常用于星载干涉 SAR 的粗配准。而机载干涉 SAR 由于飞行高度有限，作业面积较小，可以不考虑地球的曲率，直接将地球表面看成一个平面。根据图 4.2 所示的机载干涉 SAR 坐标系，距离-多普勒方程可表示为

$$\begin{cases} R=R_0+\rho_r x=\sqrt{(X_S-X_P)^2+(Y_S-Y_P)^2+(Z_S-Z_P)^2} \\ f_{dc}=-\frac{2}{\lambda R}\{V_X(X_S-X_P)+V_Y(Y_S-Y_P)+V_Z(Z_S-Z_P)\} \end{cases} \tag{4.7}$$

式中，R_0 为近距点斜距；ρ_r 为斜距采样间隔；x 为目标在图像上的距离向坐标；$\boldsymbol{S}=(X_S,Y_S,Z_S)$ 和 $\boldsymbol{V}=(V_X,V_Y,V_Z)$ 是方位向坐标 y 的函数。设成像区域的平均高度为 h，则可将 $Z_P=h$ 代入式(4.7)进行求解。平均高度的误差会导致同名点偏移量的计算误差，但可以将配准误差限制在几个像素之内，从而可以大大减小精配准时的搜索范围，提高配准效率。对于场景比较平坦的区域，甚至可以达到亚像素级的配准精度，大大降低了后续精配准的难度。

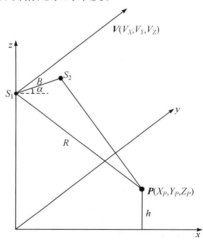

图 4.2　机载 InSAR 坐标系

　　精配准是在粗配准的基础上,利用基于窗口的自动匹配方法,根据一定的评价函数,选取评价指标最佳的位置作为同名点的位置。具体步骤如下:

　　(1) 以主图像的参考点为中心确定一定大小的匹配窗口,在辅图像上以粗配准所得到的同名点的位置为中心选取比匹配窗口大的搜索窗口。

　　(2) 在搜索窗口内按行列逐像素移动匹配窗口,同时计算主图像和辅图像中两匹配窗口的匹配质量评价指标。选取搜索窗口内最佳匹配指标值的位置作为同名点的位置,并得到同名点在主、辅图像中的位置偏移量。根据搜索同名点时选取的匹配质量评价指标的不同,可以划分出不同的精配准方法,在 4.4.2 节将具体介绍几种常用的精配准质量评价方法。

　　(3) 对主图像中的所有参考点均匹配得到辅图像中的同名点位置后,由于匹配指标,如相干系数的估计存在一定的误差,因此需要对获得的同名点偏移量进行"一致性测试",即剔除偏移量中的粗差点,确保多数同名点的偏移量保持一致。

　　通过上述步骤,主、辅图像之间的同名点可达到像素级的匹配。由于干涉 SAR 处理要求达到亚像素级的匹配精度,因此,在像素级匹配的基础上,采用如下步骤进行处理:

　　(1) 采用合适的插值方法对辅图像进行过采样,插值间隔可为 0.1 个像元。为了降低处理的复杂度,并不需要对整幅图像进行过采样,而仅对确定的搜索窗口对应的图像块进行插值处理。

　　(2) 与像素级精配准方法类似,利用基于窗口的匹配方法,在搜索窗口内按插值后的步长移动匹配窗口,选择匹配质量指标最佳的位置作为同名点的位置。

　　2. 偏移量拟合

　　根据选取的同名点的坐标,建立如下的二阶多项式进行拟合:

$$\begin{cases} a_0 + a_1 x_m + a_2 y_m + a_3 x_m^2 + a_4 x_m y_m + a_5 y_m^2 = x_s \\ b_0 + b_1 y_m + b_2 y_m + b_3 x_m^2 + b_4 x_m y_m + b_5 y_m^2 = y_s \end{cases} \tag{4.8}$$

式中,$a_0,\cdots,a_5$、$b_0,\cdots,b_5$ 为多项式拟合系数。利用最小二乘法可以计算出拟合系数,从而建立起从主图像到辅图像的坐标映射关系。实际处理中,可以根据干涉图像对获取的具体情况选择合适的多项式拟合阶数。

　　3. 辅图像重采样

　　根据式(4.8)的坐标转换关系,计算出主图像每一像素对应的辅图像像素坐标,将辅图像通过插值重采样为与主图像相同的像素网格。插值需对复图像进行,sinc 函数是一种理想的插值函数,在实际处理中,为了提高计算效率,也常采用双线性插值等方法代替。

　　下面利用以上复图像配准处理步骤对机载双天线 InSAR 复图像对进行配准处理。图 4.3 给出了主、辅天线的幅度图像，图 4.4 为配准前后的干涉相位图，图 4.5 为配准后的相干系数图及其统计直方图。配准前的干涉相位如图 4.4(a) 所示，可以看出，此时完全没有干涉条纹。图 4.4(b) 为仅做粗配准后的干涉相位图，已经得到较为清晰的干涉条纹，这是由于载机的轨迹参数精度较高，而且场景较为平坦，因而粗配准就可以达到亚像素级的精度。从图 4.5(a)(见文后彩图)和 (b)也可以看出，粗配准后的相干系数可以达到 0.9。精配准后的干涉条纹更加清晰，如图 4.4(c)所示，相干系数也进一步提高，达到 0.98，如图 4.5(c)(见文后彩图)和(d)所示。

(a) 主图像

(b) 辅图像

图 4.3　机载双天线干涉 SAR 幅度图像

(a)配准前干涉相位图

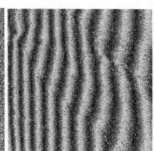

(b)粗配准后的干涉相位图

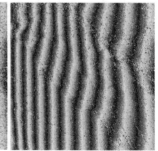

(c)精配准后的干涉相位图

图 4.4　配准前后的干涉相位图

4.4.2　常用复图像精配准方法

　　下面介绍三种常用的复图像精配准方法，分别为相干系数法、波动函数法、最大频谱法。

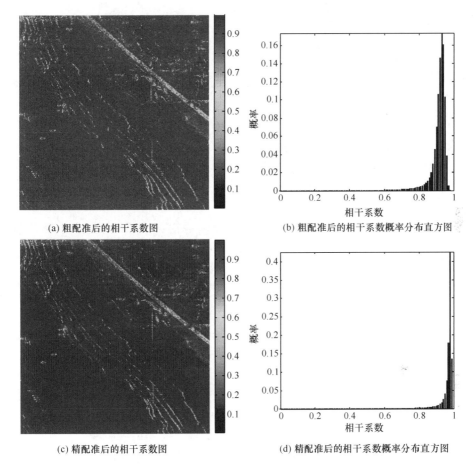

(a) 粗配准后的相干系数图　　　(b) 粗配准后的相干系数概率分布直方图

(c) 精配准后的相干系数图　　　(d) 精配准后的相干系数概率分布直方图

图 4.5　配准后的相干系数图及其统计直方图

1. 相干系数法

相干系数法是复图像配准最常用的方法,它以复相干系数的模值最大为准则进行匹配。相干系数的定义如式(2.26)所示,实际计算时按式(2.35)进行估计,选择搜索窗口内具有最大相干系数幅度值的位置即配准点的位置,从而可以确定配准偏移量。该方法可以在频域快速实现,根据相关定理,两幅图像互相关函数的傅里叶变换等于其傅里叶变换的共轭相乘,因此,可以通过二维傅里叶变换计算互相关函数,根据其最大值的位置得到两幅图像之间的偏移量。

对于部分相关的圆高斯信号,最大复相干可以得到偏移量的最优估计,而幅度相关虽然是有偏估计,但具有更好的鲁棒性,因此在相干性较低的区域,可以采用幅度相关进行偏移估计。

2. 波动函数法

平均波动函数[3]定义为干涉相位在两个方向上的变化梯度在匹配窗口中的平均值,计算方法如下:

$$f = \sum_i \sum_j (|\varphi(i+1,j) - \varphi(i,j)| + |\varphi(i,j+1) - \varphi(i,j)|)/2 \quad (4.9)$$

式中,$\varphi(i,j)$ 为匹配窗口内的干涉相位。该方法建立在这样的基础上:当两幅图像完全配准时,匹配窗口内干涉相位的平均起伏达到最小。因此,配准时选取搜索窗口内平均波动函数值最小的点作为匹配点,从而得到配准偏移量。

3. 最大频谱法

最大频谱法[4]是在频域确定配准偏移量的方法。在接近理想配准时,复干涉图的频谱在某个频点上出现峰值,配准越精确,峰值越明显,具体的评价指标由峰值信噪比 PSNR 确定,PSNR 定义为复干涉图频谱中最大值与其他频率成分总和的比值:

$$\text{PSNR} = \frac{\max|Z(u,v)|}{\sum_{u \neq u_0} \sum_{v \neq v_0} |Z(u,v)|} \quad (4.10)$$

式中,$Z(u,v) = \text{FFT}(s_1 \cdot s_2^*)$ 为复干涉图的二维频谱,u_0 和 v_0 为频谱最大值所在的二维频点。根据峰值信噪比最大的位置即可确定配准的偏移量。

4.4.3　干涉相位质量评价

在生成干涉相位后,通常需要计算相位质量图(quality map)来评价干涉相位的质量,从而指导后续干涉相位滤波、解缠等处理过程的策略确定。在 Ghiglia 和 Pritt 的书中[49]定义了以下四种相位质量图:相干系数图、伪相干系数图、最大相位梯度图、相位导数方差图。下面分别介绍其定义。

1. 相干系数图

相干系数图是最常用的质量图,其定义即如式(2.35)所示相干系数的估计值,重写如下:

$$Q_{\text{corr}} = \frac{\left| \sum_{m=1}^M \sum_{n=1}^N s_1(m,n) s_2^*(m,n) \right|}{\sqrt{\sum_{m=1}^M \sum_{n=1}^N |s_1(m,n)|^2 \sum_{m=1}^M \sum_{n=1}^N |s_2(m,n)|^2}} \quad (4.11)$$

因而,相干系数图需根据干涉复图像对计算生成,而不能仅从干涉相位图中得到。

2. 伪相干系数图

当 SAR 复图像对的幅度值未知时,可以用伪相干系数图代替相干系数图。将

SAR 复图像对的幅度均定义为 1,则式(4.11)即变为

$$Q_{pseudo\_corr} = \frac{1}{MN} \sqrt{\left(\sum_{m=1}^{M} \sum_{n=1}^{N} \cos\varphi(m,n)\right)^2 + \left(\sum_{m=1}^{M} \sum_{n=1}^{N} \sin\varphi(m,n)\right)^2} \quad (4.12)$$

3. 最大相位梯度图

最大相位梯度图即对每个像素在 $M \times N$ 的邻域窗口内计算相位梯度的最大值,定义如下:

$$Q_{max\_ph\_grad} = \max\left\{ \max_{1 \leqslant m \leqslant M, 1 \leqslant n \leqslant N} |\Delta_{m,n}^x|, \max_{1 \leqslant m \leqslant M, 1 \leqslant n \leqslant N} |\Delta_{m,n}^y| \right\} \quad (4.13)$$

式中,$\Delta_{m,n}^x = \varphi_{m+1,n} - \varphi_{m,n}$、$\Delta_{m,n}^y = \varphi_{m,n+1} - \varphi_{m,n}$ 分别为方位向和距离向的局部相位梯度。通常情况下,在相位噪声区域相位梯度较大,因而最大相位梯度可以用来评价相位质量,该值越小表征相位质量越好。

4. 相位导数方差图

相位导数方差图定义如下:

$$Q_{ph\_deriv\_var} = \frac{1}{MN} \left\{ \sum_{m=1}^{M} \sum_{n=1}^{N} (\Delta_{m,n}^x - \overline{\Delta}^x)^2 + \sum_{m=1}^{M} \sum_{n=1}^{N} (\Delta_{m,n}^y - \overline{\Delta}^y)^2 \right\} \quad (4.14)$$

式中,$\Delta_{m,n}^x$ 和 $\Delta_{m,n}^y$ 定义同式(4.13),$\overline{\Delta}^x$ 和 $\overline{\Delta}^y$ 分别为 $\Delta_{m,n}^x$ 和 $\Delta_{m,n}^y$ 在 $M \times N$ 邻域窗口内的均值。通常假定在局部窗口内,干涉相位变化频率保持不变,因此相位导数方差越小,表明在局部窗口内相位噪声越少,相位质量越好。

4.5 去平地效应

由 2.1 节 InSAR 的基本原理可知,无高程变化的平坦地形也会产生随斜距线性变化的干涉相位,这种现象称为平地效应。由于平地效应引起的干涉条纹的密集程度通常远大于地面起伏或地形变化引起的干涉条纹,因此可以在进行相位滤波和解缠之前,利用干涉 SAR 系统的几何关系,选取一定高度的参考平面,将其对应的干涉相位减去,这一过程称为去平地效应。去除平地相位可以降低干涉条纹的密集程度,从而减小相位滤波和解缠的难度。

对于机载干涉 SAR 系统,去平地效应的过程较为简单。为便于叙述,这里将干涉相位随斜距变化的几何关系重新示于图 4.6 中,对于水平地面上的点到天线 1 的距离为 R,则到天线 2 的距离为 $\sqrt{R^2 + B^2 + 2BR\sin(\alpha - \theta)}$,其中 $\theta = \arccos(H/R)$,因此其对应的干涉相位为

$$\phi_{flat}(R) = -\frac{2Q\pi}{\lambda}(R - \sqrt{R^2 + B^2 + 2BR\sin(\alpha - \theta)}) \quad (4.15)$$

对干涉图中的每一个像素,将其初始的干涉相位减去其斜距对应的水平地面的干

涉相位,并取主值,即可得到去平地效应后的干涉相位。

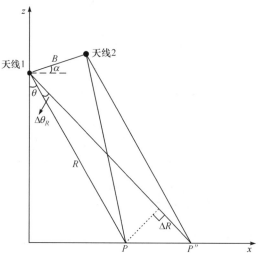

图 4.6　干涉相位随斜距变化几何关系示意图

　　在去平地效应时采用的水平地面的平均高度通常是未知的,因此式(4.15)计算出的平地相位并不精确,但这并不影响后续的处理,因为在相位解缠之后还需要将减去的平地相位加回,从而使干涉相位与实际的路程差相对应,以便从干涉相位中反演 DEM。

　　图 4.7(见文后彩图)给出了机载双天线 InSAR 去平地效应的示例。图 4.7(a)为场景的 DEM 图,可以看出该区域地形较为平坦,有一定小的起伏。图 4.7(b)为复图像配准后的干涉相位图,存在沿距离向的周期性条纹,不能直观地反映地形的起伏。按照上述步骤去平地相位后的干涉相位如图 4.7(c)所示,可见此时条纹大大减少,与地形的变化基本一致,也便于相位解缠的进行。

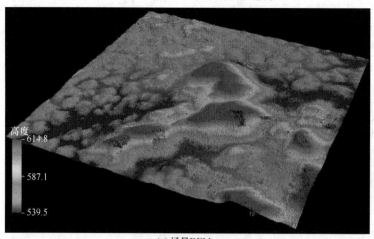

(a) 场景DEM

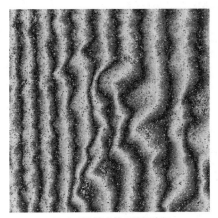
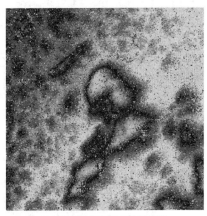

(b) 去平地效应前干涉相位图　　　　　　　　(c) 去平地效应后干涉相位图

图 4.7　去平地效应效果图

4.6　干涉相位滤波

干涉 SAR 测量的精度和可靠性在很大程度上取决于干涉相位图的质量。然而,在实际系统中,受热噪声去相干、时间去相干、基线去相干、配准误差去相干等多种去相干因素的影响,干涉相位图不可避免地会存在相位噪声。干涉相位噪声的存在直接影响相位解缠的效果及最终干涉测量的精度。因此,在相位解缠前必须对干涉相位进行滤波,从而获得较为准确的干涉相位估计值。本节首先介绍简单的干涉相位仿真方法,为研究相位滤波及解缠提供实验条件;接着,介绍目前常用的相位滤波方法;最后,针对现有滤波方法的不足,提出三种改进的相位滤波方法,并通过仿真和实测数据进行验证。

4.6.1　干涉相位仿真

根据仿真目的和生成数据的不同,干涉 SAR 仿真可以分为不同的级别:原始回波级仿真[5]、复图像级仿真[6]、干涉相位级仿真[7]。其中干涉相位级仿真避开了干涉 SAR 原始数据的生成与处理过程,可以直接利用地面的 DEM 与雷达的成像几何关系计算出干涉相位图,实现简便,适用于对干涉相位滤波和解缠方法的研究。

利用地面场景的 DEM 和仿真系统参数,将 DEM 投影到斜距坐标系中,然后根据 2.1 节给出的干涉测量基本原理即可计算得到理想的干涉相位图。这里给出一个仿真示例,仿真参数如表 4.1 所示,场景 DEM 如图 4.8 所示,由此得到理想的干涉条纹如图 4.9(a)所示。进一步利用式(2.30)给出的干涉相位概率密度以及给定的相干系数可以生成有噪声的干涉相位。图 4.9(b) 为相干系数为 0.95 时的干涉相位。

表 4.1　干涉相位滤波仿真系统参数

参数	取值	参数	取值
波长/m	0.03125	分辨率/m	0.3
飞行高度/m	4000	基线长度/m	6
基线角/(°)	20	视角/(°)	60

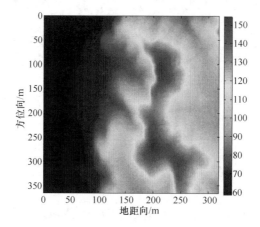

图 4.8　仿真场景 DEM

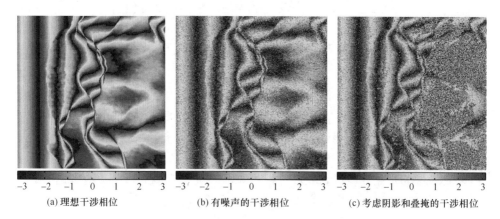

(a) 理想干涉相位　　　　　　(b) 有噪声的干涉相位　　　　　(c) 考虑阴影和叠掩的干涉相位

图 4.9　相干系数为 0.95 时的干涉相位仿真结果

另外,对于起伏较大的地形,干涉相位会受到叠掩和阴影等几何畸变的影响。叠掩区域将不同高度的多个散射源的回波投影到同一个距离-多普勒单元内,因而干涉相位对应多个信号矢量叠加后的相位。阴影区域接收不到回波信号,干涉相位表现为噪声特性。由于叠掩和阴影都只出现在相同的方位向上,因此可利用光线跟踪法[8]对每一个方位门的场景高程进行分析,判断出叠掩和阴影区域的位置。

如图 4.10 所示,为了确定同一方位线上的目标点 $(x,z(x))$ 是否属于阴影区域,首先定义目标的视角函数 $\theta(x)$ 为

$$\theta(x) = \arctan\left(\frac{x}{H-z(x)}\right) \tag{4.16}$$

对于同一方位线上的任意两个目标点 $(x_i,z(x_i))$ 和 $(x_j,z(x_j))$,如果当 $x_j > x_i$ 时,满足

$$\theta(x_j) < \theta(x_i) \tag{4.17}$$

则目标 $(x_j,z(x_j))$ 属于阴影区域。类似地,为了确定同一方位线上的目标点 $(x,z(x))$ 是否属于叠掩区域,则首先定义目标的斜距函数 $R(x)$ 为

$$R(x) = \sqrt{x^2 + (H-z(x))^2} \tag{4.18}$$

对于同一方位线上非阴影区域内的任意目标点 $(x_i,z(x_i))$,若存在另一目标点 $(x_j,z(x_j))(x_j \neq x_i)$,满足

$$R(x_i) = R(x_j) \tag{4.19}$$

则目标 $(x_i,z(x_i))$ 和 $(x_j,z(x_j))$ 均属于叠掩区域。在图 4.9(b) 的基础上,考虑了叠掩和阴影的影响,生成的干涉相位图如图 4.9(c) 所示。

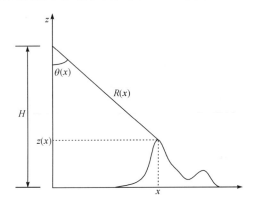

图 4.10　阴影叠掩判断方法示意图

4.6.2　经典相位滤波方法介绍

目前,干涉相位滤波方法已有多种,常见的滤波方法大致上可以分为空间域滤波和变换域滤波两类。对于空间域滤波方法,本节重点介绍圆周期均值/中值滤波、Lee 滤波、非局部平均滤波;对于变换域滤波方法,将介绍 Goldstein 滤波和基于小波变换的滤波方法。此外,有学者将一些高级信号处理技术引入干涉相位滤波中,形成新的滤波方法,本节最后将介绍基于子空间投影的相位滤波和基于经验

模式分解的相位滤波两类方法。

1. 空间域滤波方法

1) 圆周期均值/中值滤波[9]

实际测得的干涉相位存在 2π 为周期的模糊性,相位缠绕在 $(-\pi,\pi]$ 区间,相位主值在 $\pm\pi$ 处会出现不连续的情况。如果利用常规的空域平滑方法对缠绕相位进行滤波,会使其偏离无噪声时的相位主值。因此,不能用平滑滤波器对干涉相位直接进行滤波,而要采用特殊的能够保持相位跳变的滤波方法。圆周期均值滤波就是满足这一要求的一种空域滤波器,其实现过程如下:设 $\phi_z(m,n)$ 为干涉相位图中 (m,n) 处的相位,滤波窗口为以待滤波像素为中心的 $(2M+1)\times(2N+1)$ 的矩形,$\widehat{\phi}_x(m,n)$ 为圆周期均值滤波的输出值,即

$$\widehat{\phi}_x(m,n)$$
$$=\frac{1}{(2M+1)(2N+1)}\sum_{p=-M}^{M}\sum_{q=-N}^{N}\arg\left\{\frac{\exp\{\mathrm{j}\phi_z(m+p,n+q)\}}{d(m,n)}\right\}+\arg\{d(m,n)\}$$

(4.20)

式中

$$d(m,n)=\sum_{p=-M}^{M}\sum_{q=-N}^{N}\exp\{\mathrm{j}\phi_z(m+p,n+q)\} \tag{4.21}$$

$d(m,n)$ 为滤波窗口内各相位对应的单位矢量的矢量和,称为 (m,n) 处的主矢量。尽管相位存在 $-\pi$ 和 π 之间的跳变,但相位对应的向量是连续的,利用向量的平滑可以避免相位滤波的有偏估计。以主矢量作为参考点,计算出滤波窗口内的各相位矢量与主矢量的角度差为 $\arg\left\{\dfrac{\exp\{\mathrm{j}\phi_z(m+p,n+q)\}}{d(m,n)}\right\}$,对该角度差在滤波窗口内取均值,与主矢量的角度相加即圆周期均值滤波的输出。

类似地,圆周期中值滤波算法如下:

$$\widehat{\phi}_x(m,n)=\operatorname*{median}_{\substack{-M\leqslant p\leqslant M\\-N\leqslant q\leqslant N}}\left\{\arg\left\{\frac{\exp\{\mathrm{j}\phi_z(m+p,n+q)\}}{d(m,n)}\right\}\right\}+\arg\{d(m,n)\} \tag{4.22}$$

其与圆周期均值滤波方法的区别仅在于将窗口内各相位矢量与主矢量的角度差取平均值改为取中值。

可见,圆周期滤波方法实现简单,能够在保持干涉相位跳变的同时进行有效的滤波。其中,圆周期均值滤波在最大似然意义下是最优的,而圆周期中值滤波则具有更好的干涉条纹细节保持能力,适用于复杂地形下的相位滤波。

2) Lee 滤波[10]

根据式(2.34)给出的干涉相位加性噪声模型,Lee 提出了如下基于局部统计特征的滤波方法:

$$\widehat{\phi}_x = \overline{\phi}_z + \frac{\mathrm{var}(\phi_x)}{\mathrm{var}(\phi_z)}(\phi_z - \overline{\phi}_z) \tag{4.23}$$

式中，$\overline{\phi}_z$ 和 $\mathrm{var}(\phi_z)$ 分别为在局部窗口内计算出的干涉相位均值和方差，$\mathrm{var}(\phi_x) = \mathrm{var}(\phi_z) - \sigma_v^2$，$\sigma_v^2$ 为相位噪声的方差，可以根据相干系数计算得到。可以看出，当干涉相干性很高，即 σ_v^2 很小时，有 $\mathrm{var}(\phi_x) \approx \mathrm{var}(\phi_z)$，代入式(4.23)则有 $\widehat{\phi}_x \approx \phi_z$，也就是说此时几乎不进行滤波，这样在高相干性情况下能更好地保持干涉条纹的细节；当干涉相干性较低，即 σ_v^2 较大时，有 $\mathrm{var}(\phi_x) \approx 0$，此时 $\widehat{\phi}_x \approx \overline{\phi}_z$，相当于进行均值滤波，即在低相干情况下具有较好的去噪能力。因此，Lee 滤波方法是一种自适应的滤波器，它的滤波程度取决于局部的干涉相干性。

此外，在地形起伏较大的区域，干涉条纹频率较高，常规的矩形窗口可能会超出一个周期的条纹，从而在滤波时破坏条纹的连续性。因此，Lee 滤波采用了如图 4.11 所示的 16 个不同的方向窗口，从中选择与条纹方向接近的窗口按式(4.23)进行相位滤波。对于实数相位，通过计算各个窗口内的相位方差，选择方差最小的窗口。但由于相位缠绕，在计算方差前需先在 9×9 的窗口内进行局部相位解缠，解缠方法如下：首先计算中心 3×3 窗口内 $\exp(\mathrm{j}\phi_z)$ 的平均值的相位，如果 9×9 的窗口内像素的相位值大于该相位值加 π，则将该像素的相位值减去 2π，如果小于该相位值减 π，则将该像素的相位值加上 2π。在滤波完成后，需将相位重新缠绕到 $(-\pi, \pi]$ 区间。

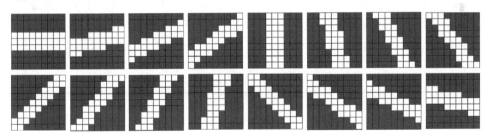

图 4.11　Lee 滤波方向窗口示意图

以上是在实数域对干涉相位进行滤波，Lee 滤波方法也可在复数域进行相位滤波。令 $\widehat{S}_x$ 为 $\exp(\mathrm{j}\phi_x)$ 的估计值，$S_z = \exp(\mathrm{j}\phi_z)$，$\overline{S}_z$ 为滤波窗口内 S_z 的幅度归一化均值，滤波器如式(4.24)表示：

$$\widehat{S}_x = \overline{S}_z + \frac{\mathrm{var}(\phi_x)}{\mathrm{var}(\phi_z)}(S_z - \overline{S}_z) \tag{4.24}$$

这种情况下，通过计算不同窗口内 S_z 的均值幅度，选择幅度值最大的窗口作为滤波窗口，不需要先进行相位解缠。但在计算加权系数 $\dfrac{\mathrm{var}(\phi_x)}{\mathrm{var}(\phi_z)}$ 时仍需要做局部相位解缠。

3) 非局部平均滤波

非局部平均算法是利用自然图像中存在的纹理冗余信息进行滤波,待估计像素的值由搜索窗口内所有像素值的加权平均得到,而权值则取决于待估计像素所在像素块与搜索窗口内其他像素所在像素块之间的相似性。

非局部平均滤波算法的基本原理描述如下:对于一幅给定的图像 V 及其坐标 I: $V = \{v(i) \mid i \in I\}$,其中 $v(i)$ 表示图像坐标 i 处的像素值,由非局部平均滤波算法得到的恢复图像值为

$$\mathrm{NL}(v)(i) = \sum_{j \in I} w(i,j)v(j) \tag{4.25}$$

式中,$w(i,j)$ 表示恢复像素值 $v(i)$ 而对像素 $v(j)$ 赋予的权值,该权值依赖于以像素 $v(i)$ 和 $v(j)$ 为中心的邻域像素块 N_i 与 N_j 的相似性,且满足条件 $w(i,j) \in [0,1]$ 以及 $\sum_{j \in I} w(i,j) = 1$。算法利用两像素块之间的欧氏距离来计算权值函数,即

$$w(i,j) = \frac{1}{Z_i} \mathrm{e}^{-\frac{\|N_i - N_j\|^2}{h^2}} \tag{4.26}$$

式中,$Z_i = \sum_j \exp(-\|N_i - N_j\|^2/h^2)$ 为归一化常数,用以保证 $\sum_{j \in I} w(i,j) = 1$;$h$ 表示衰减参数,用于控制指数函数的衰减速度,从而影响权值函数的大小。经典算法利用整幅图像来估计像素点值,对于一幅尺寸为 $M \times M$ 的图像,邻域窗口大小为 N 时,该算法的计算量为 $O(M^4 N^2)$,因此计算负担非常大。为减少计算量,Buades 等[11] 提出将权值计算限制在一个搜索窗口内,若搜索窗口大小为 S,则算法计算量减小为 $O(M^2 S^2 N^2)$。实验表明,搜索窗口设定在一定范围内得到的结果通常更为理想,这是因为搜索窗口过大时(经典算法可理解为将整幅图像作为搜索窗口),会引入较多不相似像素块而降低估计精度,因此,目前多采用在某一搜索窗口内进行计算的方法。

非局部平均算法提供了一种利用图像纹理冗余信息来获取精确估计的思想。该算法由于其优异的滤波效果,在多个领域如灰度/彩色图像[12-14]、磁共振成像[15]、视频[16]、SAR 图像[17]、InSAR 干涉相位[18] 去噪等方面都得到了扩展和应用。

2. 变换域滤波方法

1) Goldstein 滤波

Goldstein 滤波[19] 将干涉复图像的功率谱描述为白噪声分量和窄带分量,其中白噪声分量由热噪声和其他各种去相干引起,而窄带分量则与干涉条纹相关。在实际处理中,将干涉图 $I(x,y)$ 分成相互重叠的矩形子块,对每一个子块做二维傅里叶变换得到其频谱 $Z(u,v)$,并对其幅度进行平滑操作后,取其 α 次幂,由此得

到子块对应的自适应频域滤波函数:

$$H(u,v)=S\{|Z(u,v)|\}^{\alpha} \tag{4.27}$$

滤波后的频谱可表示为

$$Z'(u,v)=H(u,v) \cdot Z(u,v) \tag{4.28}$$

式中,$S\{\cdot\}$ 为平滑操作函数;u 和 v 为二维空间频率;α 为滤波参数,取值可在 $0\sim$ 1。由滤波函数可知,当 $\alpha=0$ 时,没有进行滤波处理;当 $\alpha=1$ 时,对干涉复图像进行了较强程度的滤波处理。对于相干性较低的干涉图,可以选取较大的子块和较高的 α 值,以达到更好的滤波效果。各子块之间相互重叠,可以有效地消除相邻边界处的不连续,算法实现中需折中考虑计算效率和边界不连续的影响,通常选择子块的重叠度为 50% 左右。

Goldstein 滤波方法的缺点是不能根据干涉复图像的信噪比自适应地选择滤波参数 α,当 α 选择过高时,容易破坏干涉条纹的细节信息。针对这一问题,Baran 等[20]提出了利用相干系数作为频谱指数选择的依据。根据 2.2.1 节干涉相位的统计特性可知,随着多视数和相干系数的增大,干涉相位标准差减小。因此,自适应滤波函数可表示为

$$H(u,v)=S\{|Z(u,v)|\}^{1-|\bar{\gamma}|} \tag{4.29}$$

式中,$|\bar{\gamma}|$ 为对应子块相干系数的幅度平均值。这样就达到了滤波参数随信噪比自适应变化的目的,在低相干性区域保证去噪效果,同时在高相干性区域避免过度滤波,从而保持干涉条纹的分辨率。

2) 基于小波变换的滤波

小波变换由于其良好的时频分析特性和多分辨率特性,在信号分析和图像处理领域具有广泛的应用,而且具有快速实现算法,运算效率较高。基于多尺度分析的小波滤波方法是近年来的研究热点,国内外已有学者将其引入干涉相位的滤波中[21-23]。这类方法的处理步骤如下:将复干涉相位图的实部和虚部分别进行小波变换;根据信号和噪声在小波域中的不同特性,构造相应的规则,对包含噪声的小波系数进行剔除或收缩处理,或者对包含信号成分的小波系数进行增强处理;对处理后的小波系数进行小波逆变换,分别得到降噪后的复干涉相位图的实部和虚部,从而计算得到滤波后的干涉相位。

作者提出一种基于小波变换和局部频率估计的干涉相位滤波方法,在保持小波滤波高效性的同时,能够更好地平衡去噪和相位细节保持能力,将在 4.6.4 节具体介绍。

3. 其他滤波方法

1) 基于子空间投影的滤波

基于子空间投影的干涉相位滤波方法[24-27]采用联合像素模型,充分利用待滤

波像素对及其相邻像素对的相干信息,能够降低对 SAR 图像配准精度的要求。其具体步骤如下:构造联合观测矢量并估计其协方差矩阵,图 4.12 给出了联合观测矢量构造示意图;对协方差矩阵进行特征分解,获得噪声子空间;利用干涉相位构造的噪声子空间中的所有基矢量向噪声子空间投影,投影的最小值所对应的干涉相位即估计的结果。该方法具有自适应图像配准和相位滤波的功能,因此可以在 SAR 图像存在一定配准误差的情况下估计出干涉相位。

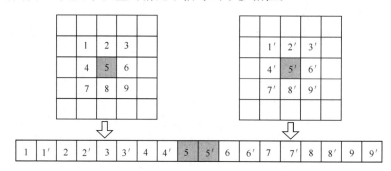

图 4.12　联合观测矢量构造示意图

2) 基于经验模式分解的相位滤波

经验模式分解(empirical mode decomposition, EMD)方法是 1998 年由 Huang 提出的一种基于数据时域局部特征的信号处理方法[28],它利用寻找局部极值的方法将数据分解成不同频率特性的数据成分,从而达到对信息分层处理的目的,可以用来分析非线性和非平稳的数据。与常用的时频分析方法如短时傅里叶变换、小波分析等方法不同的是,EMD 不依赖于基函数,它是一种完全基于数据驱动的自适应分析方法。

文献[29]将 EMD 技术引入干涉相位滤波中,形成了一种新的滤波方法。由于干涉相位图中的高频成分主要为噪声,分解后集中在低层的内蕴模式函数(intrinsic mode function, IMF)中,因此,该方法分别对复干涉相位图的实部和虚部进行 EMD 处理,将分解出的前两个 IMF 去掉,能够得到较好的滤波效果。然而,仅仅简单地去除某些 IMF,容易丢失其中的相位细节信息,而在其他 IMF 中所包含的噪声则无法去除。作者在此方法的基础上,提出了一种改进的基于 EMD 的干涉相位滤波方法,将在 4.6.3 节具体介绍。

4.6.3　基于经验模式分解的干涉相位滤波方法

本节在文献[29]的基础上,提出一种基于 EMD 和 Hölder 指数调整相结合的干涉相位滤波方法[30],将分解得到的不同 IMF 通过不同程度地调整其 Hölder 指数,达到不同的滤波效果,从而实现干涉相位滤波,并能较好地保持细节信息。

1. 经验模式分解基本原理

EMD 将原始信号分解为 n 个 IMF 及一个剩余分量 R_n，R_n 为信号的平均趋势或常量。IMF 需要满足以下两个条件：①在整个数据序列中，极值点的数量与过零点的数量相等，或最多相差不能多于一个；②在任一时间点上，信号的局部最大值和局部最小值定义的包络的平均值为零。

下面以一维信号为例，介绍 EMD 的基本原理。设原始数据为 $S(t)$，分解得到的第 i 个 IMF 为 $F_i(t)$，由于在生成 IMF 的过程中需要多次迭代，用 $F_{ij}(t)$ 表示分解第 i 个 IMF 时第 j 次迭代的中间结果，剩余分量为 $R_n(t)$。EMD 的具体实现过程如下：

（1）对于待分解信号 $S(t)$，首先检测出其极大值和极小值点，并分别进行插值处理形成极大值包络和极小值包络，取两条包络线的均值记为 $M_{11}(t)$。则 $S(t)$ 与 $M_{11}(t)$ 之差为 $F_{11}(t)$，即

$$S(t) - M_{11}(t) = F_{11}(t) \tag{4.30}$$

（2）一次分解得到的结果 $F_{11}(t)$ 并不一定满足 IMF 的条件，因此需要进行进一步的分解，即以 $F_{11}(t)$ 为待分解信号，重复上述过程，依此类推，第 j 次迭代结果为

$$F_{1,j-1}(t) - M_{1j}(t) = F_{1j}(t) \tag{4.31}$$

通常用相邻两次迭代结果的标准偏差来判断分解结果是否满足 IMF 的条件，标准偏差定义为

$$D = \sum_{t=0}^{T} \frac{|F_{1j}(t) - F_{1,j-1}(t)|^2}{|F_{1,j-1}(t)|^2} \tag{4.32}$$

一般当 D 小于 0.5 时，认为分解结果可以作为一个 IMF，记 $F_1(t) = F_{1j}(t)$。

（3）令 $R_1(t) = S(t) - F_1(t)$，以 $R_1(t)$ 为新的待分解信号重复上述步骤（1）、（2），依次得到第 $2, 3, \cdots, n$ 个 IMF。当得到第 n 个 IMF$(F_n(t))$ 后的余项 $R_n(t)$ 为一单调函数时，分解结束，$R_n(t)$ 为剩余分量。此时，信号 $S(t)$ 可以表示为

$$S(t) = \sum_{i=1}^{n} F_i(t) + R_n(t) \tag{4.33}$$

对于二维信号或图像，同样可用上述方法实现分解，但此时需要在二维平面内检测极值点并进行插值。通常二维平面散点的插值过程较慢，在分解需要多次迭代的情况下该方法会非常耗时。另外，在极值点数量少时，插值容易导致包络面估计不准确，从而使分解出的 IMF 效果较差。针对以上问题，文献[31]提出了一种快速自适应二维 EMD(fast and adaptive bidimensional empirical mode decomposition，FABEMD)算法。该方法并非通过插值的方法来估计包络，而是采用空间滑动的顺序统计滤波器，获得连续的最大值图和最小值图，然后分别进行平滑操作

得到上下包络面,这样可以大大提高计算效率。而且实验表明该方法通常进行一次迭代就能达到较好的分解效果,进一步降低了算法的复杂度。因此,本节采用FABEMD方法对干涉相位图的实部和虚部分别进行分解,获得不同频率的分量。

2. Hölder 指数定义及性质

Hölder 指数可以用来描述信号的奇异性,这一特征在分形理论中广泛应用。所谓奇异性是指信号在某些点处不连续或其某阶导数不连续时,则称信号在这些点处具有奇异性。

局部 Hölder 指数的定义如下[32]:设 $\alpha \in (0,1)$,且 $\Omega \subset \mathbf{R}$,若 $\exists C$,对于 $\forall x, y \in \Omega$,均有 $\dfrac{|f(x)-f(y)|}{|x-y|^{\alpha}} \leqslant C$,则称函数 $f \in C_l^{\alpha}(\Omega)$。设

$$\alpha_l(f, x_0, \rho) = \sup\{\alpha: f \in C_l^{\alpha}(B(x_0, \rho))\} \tag{4.34}$$

式中,$B(x_0, \rho)$ 为 x_0 的 ρ 邻域;$\sup\{\cdot\}$ 表示求上确界;$\alpha_l(f, x_0, \rho)$ 是关于 ρ 的非递增函数。如果 f 是一个连续函数,则 f 在 x_0 处的局部 Hölder 指数定义为

$$\alpha_l(f, x_0) = \lim_{\rho \to 0} \alpha_l(f, x_0, \rho) \tag{4.35}$$

通常,信号的局部 Hölder 指数越大,则信号的局部平滑度越好,因此,调整信号的 Hölder 指数可以用于信号去噪或图像增强等方面。对于信号去噪过程,可以通过增大其 Hölder 指数来达到滤波效果。而 Hölder 指数的调整可以通过小波变换来实现,将信号经过正交小波变换分解后,得到小波系数 c_k^j,其中 j 为小波变换的尺度,k 为小波系数的位置。2-microlocal 分析[33]指出小波系数与 Hölder 指数之间的调整关系式可近似按式(4.36)表示:

$$\hat{c}_k^j = c_k^j \cdot 2^{-j \cdot \Delta \alpha} \tag{4.36}$$

式中,$\hat{c}_k^j$ 为调整后的小波系数,$\Delta \alpha$ 为 Hölder 指数的调整值。因此,将信号经过小波分解后,对不同尺度的小波系数按式(4.36)进行调整,再对调整后的系数进行小波重构,就可以实现改变 Hölder 指数的目的。

3. 经验模式分解与 Hölder 指数调整相结合的干涉相位滤波方法

对于 InSAR 干涉相位图,其高频部分主要为噪声成分,同时也包含一定的条纹细节信息,而低频成分则主要为条纹的结构信息。对 $\exp(j\phi_z)$ 的实部和虚部,分别应用文献[31]中提出的 FABEMD 方法进行分解,可以分别得到若干个 IMF 和一个剩余分量,每个分量都含有一定的相位信息和噪声成分。由于噪声主要集中在低层的 IMF 中,因此通过简单地将低层次的 IMF 去掉,可以达到一定的滤波效果,但是滤除的 IMF 层数不好确定,滤除层数太少时,如只去掉第一层,则去噪效果不好,而滤波层数太多时,又容易导致有用条纹信息的损失。因此,本节提出一种基于 EMD 和 Hölder 指数调整相结合的干涉相位滤波方法,将分解得到的不同

IMF 通过不同程度地提高其 Hölder 指数,达到不同的滤波效果,从而尽可能地滤除噪声,且不损失条纹的细节信息。

复干涉相位图的实部或虚部经过 FABEMD 分解得到的 IMF 和剩余分量中,每个分量所包含的相位信息和噪声的特性各不相同。其中,第一层 IMF 主要是高频信息,噪声占的比重最大,有用信息则表现为干涉条纹中的细节部分。随着分解层次的增大,噪声的影响越来越小,有用信息则逐渐表现为干涉条纹的总体趋势。因此,Hölder 指数的增量应随着分解层数的增大而减少。Hölder 指数调整后每一个分量的噪声得到抑制,将调整后的 IMF 和剩余分量进行重构,即可得到滤波后的实部或虚部。

基于 EMD 和 Hölder 指数调整结合的干涉相位滤波算法的流程图如图 4.13 所示,具体实现步骤如下:

(1) 对 $\exp(j\phi_z)$ 的实部用 FABEMD 方法进行分解,得到各层 IMF(F_n) $(n=1,\cdots,N)$ 和剩余分量 R_N,其中 N 为分解层数。

(2) 分别对 F_n $(n=1,\cdots,N)$ 和 R_N 进行小波分解,得到各层 IMF 的小波系数 $c_{j,k}^n$ 和剩余分量的小波系数 $c_{j,k}^R$,其中,n 为 IMF 的层数,j 为小波尺度,k 为小波系数的位置。

(3) 设定每一层 IMF 的 Hölder 指数增量 $\Delta\alpha_n$ $(n=1,\cdots,N+1)$,$N+1$ 层代表剩余分量,且满足 $\Delta\alpha_k > \Delta\alpha_l$ $(k<l)$,剩余分量 R_N 对应的 Hölder 指数增量最小,本节根据实验取 $\Delta\alpha_n$ 的变化范围为 $0\sim1$,按式(4.36)对各层 IMF 的小波系数进行调整。

(4) 根据各层调整后的小波系数 $\hat{c}_{j,k}^n$、$\hat{c}_{j,k}^R$ 分别进行小波重构,得到调整后的各层 IMF$(\hat{F}_n)$ $(n=1,\cdots,N)$ 和剩余分量 $\hat{R}_N$。

(5) 将调整后的 IMF$(\hat{F}_n)$ $(n=1,\cdots,N)$ 和剩余分量 $\hat{R}_N$ 进行合成,从而得到滤波后的复干涉相位的实部,即有 $\widehat{\mathrm{Re}} = \sum_{n=1}^{N} \hat{F}_n + \hat{R}_N$。

(6) 对 $\exp(j\phi_z)$ 的虚部也进行与实部相同的处理,得到滤波后复干涉相位的虚部 $\widehat{\mathrm{Im}}$。

(7) 根据滤波后的复干涉相位的实部 $\widehat{\mathrm{Re}}$ 和虚部 $\widehat{\mathrm{Im}}$,计算出滤波后的干涉相位为 $\hat{\phi}_x = \arctan(\widehat{\mathrm{Im}}/\widehat{\mathrm{Re}})$。

4. 实验结果分析

本节利用基于 EMD 和 Hölder 指数调整结合的干涉相位滤波算法分别对仿真和实测的干涉相位进行滤波,并与其他几种常用的滤波方法进行对比分析,从而验证本节提出算法的有效性。

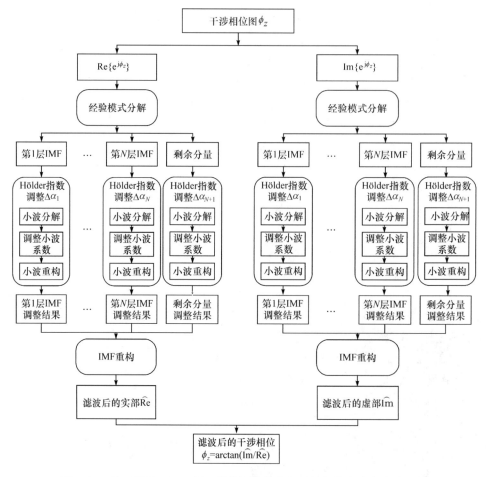

图 4.13　基于 EMD 和 Hölder 指数调整结合的干涉相位滤波方法流程图

　　滤波后干涉相位图中的残差点数目可用于评价去噪效果的好坏,残差点越少,干涉相位质量越好,对后续的相位展开越有利。对于仿真干涉相位,滤波后干涉相位与理想干涉相位之间的均方根误差(RMSE)也可以作为评价滤波效果的标准。均方根误差定义如下:

$$\mathrm{RMSE} = \sqrt{E\{|\arg[\exp(\mathrm{j}\hat{\phi} - \mathrm{j}\phi_{\mathrm{ideal}})]|^2\}} \tag{4.37}$$

式中,$E\{\cdot\}$ 表示统计期望值;$\hat{\phi}$ 为滤波后的干涉相位;ϕ_{ideal} 为理想的干涉相位。

　　1) 仿真数据实验

　　仿真的干涉相位按如下方法生成:仿真采用的 DEM 图如图 4.14 所示,按表 3.2 的系统参数生成的理想干涉相位如图 4.15(a)所示,数据大小为 512×512。根据式(3.5)所示单视时的干涉相位概率密度函数,分别仿真相干系数为 0.95 和 0.5 时的干涉相位如图 4.15(b)和图 4.15(c)所示。

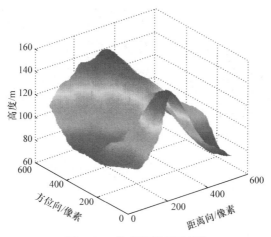

图 4.14　仿真采用 DEM 图

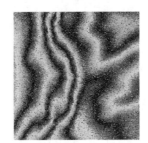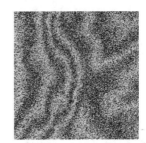

(a) 理想干涉相位图　　　(b) 有噪干涉相位图(相干系数为0.95)　(c) 有噪干涉相位图(相干系数为0.5)

图 4.15　仿真干涉相位图

对图 4.15(b)和图 4.15(c)的干涉相位分别用本节提出方法进行滤波,并分别与 Goldstein 滤波[19]、Lee 滤波[10]、子空间投影滤波[24]以及 EMD 后直接去除前两层 IMF 滤波[29]等方法的结果进行比较。图 4.15(b)的滤波结果如图 4.16 所示,其中,Goldstein 滤波系数为 0.6,处理块大小分别为 8×8 和 64×64,块间重叠分别为 6 和 56。图 4.15(c)的滤波结果如图 4.17 所示,滤波参数与图 4.15(b)相同。计算出各种方法滤波后的残差点数目与均方根误差如表 4.2 所示。

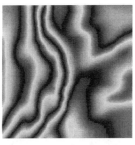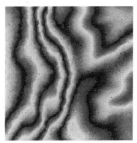

(a) Goldstein滤波(8×8)　　　(b) Goldstein滤波(64×64)　　　(c) Lee滤波

 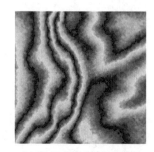 

(d) 子空间投影滤波　　　　(e) EMD直接去除IMF滤波　　　　(f) 本节方法滤波

图 4.16　相干系数为 0.95 时的干涉相位滤波结果

 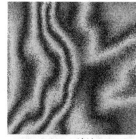 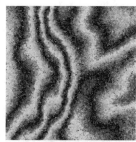

(a) Goldstein滤波(8×8)　　　　(b) Goldstein滤波(64×64)　　　　(c) Lee滤波

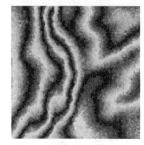  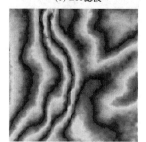

(d) 子空间投影滤波　　　　(e) EMD直接去除IMF滤波　　　　(f) 本节方法滤波

图 4.17　相干系数为 0.5 时的干涉相位滤波结果

表 4.2　不同方法滤波效果比较

滤波方法	相干系数为 0.95		相干系数为 0.5	
	RMSE/rad	残差点数	RMSE/rad	残差点数
滤波前	0.5209	2540	1.3369	52286
Goldstein 滤波(8×8)	0.1251	0	1.1690	35880
Goldstein 滤波(64×64)	0.1809	0	0.5651	911
Lee 滤波	0.1445	34	0.4867	2022
子空间投影滤波	0.0693	0	0.2303	34
EMD 直接去除 IMF 滤波	0.1548	0	0.4992	210
本节方法滤波	0.0782	0	0.1837	3

相干系数为 0.95 时,从图 4.16 可以看出,各种滤波方法均能达到较好的去噪效果,EMD 后直接去除前两层 IMF 的方法效果稍差。从表 4.2 中可见,除 Lee 滤波还剩余少量残差点,其他各种方法滤波后残差点数目均降为 0。对比图 4.16(a) 和图 4.16(b),Goldstein 滤波处理块增大时,干涉条纹更加平滑,然而滤波后的 RMSE 反而增大,可见增大处理块可以增强去噪程度,但也会破坏干涉条纹的结构。子空间投影和本节方法滤波后的 RMSE 较其他方法更小,且较为接近,表明这两种方法在高相干情况下均能达到较好的滤波效果且能保持干涉条纹的结构。

相干系数为 0.5 时,从图 4.17 可以看出,Goldstein 滤波在处理块为 8×8 时,去噪效果很差,增大到 64×64 时,RMSE 及残差点数目均有所下降。Lee 滤波和 EMD 后直接去除前两层 IMF 滤波的效果也较差,干涉相位均仍有较大噪声。而子空间投影及本节方法滤波后干涉相位图较为平滑。对比表 4.2 中的 RMSE 和残差点数可以看出,本节方法较其他方法均有较大的改善。

上述仿真实验分析表明,本节提出的滤波方法在高相干和低相干的情况下,均具有较好的去噪能力,且能很好地保持干涉条纹的结构。

2) 实测数据实验

本小节利用实测数据验证本节提出滤波方法的处理性能。所用的实测数据为中国科学院电子学研究所 X 波段机载双天线 InSAR 系统 2011 年在四川绵阳地区获取的实验数据,实际干涉相位如图 4.18(a)所示,数据大小为 1024×1024。图 4.18(b)为其相干系数图,可以看出该区域的相干性较差,尤其在干涉相位图的左侧,由于位于 SAR 图像的近距端,受天线方向图的影响信噪比较低,因此干涉条纹非常不清晰。

(a) 实际干涉相位图

(b)相干系数图

(c) Goldstein滤波(8×8)结果

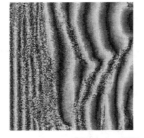

(d) Goldstein滤波(64×64)结果

(e) Lee滤波结果

(f) 子空间投影滤波结果　　　(g) EMD直接去除IMF滤波结果　　　(h) 本节方法滤波结果

图 4.18　实际干涉相位滤波结果

与仿真实验相同,仍然用处理块为 8×8 和 64×64 的 Goldstein 滤波[19]、子空间投影滤波[24]、Lee 滤波[10]、EMD 直接去除前两层 IMF 滤波[29]以及本节滤波方法分别处理干涉相位图,结果如图 4.18(c)~(h)所示。计算滤波前后的残差点数目如表 4.3 所示。从中可以看出,Goldstein 滤波在滤波窗口小的情况下,去噪效果很差,尤其在干涉条纹图左侧信噪比很低的区域,相位质量几乎没有改善。增大滤波窗口后,滤波效果改善,左侧区域的条纹也更加清晰,但是仍有较多残差点。Lee 滤波和子空间投影滤波在低信噪比区域同样无法恢复条纹。EMD 后直接去除前两层 IMF 滤波后,残差点数目大幅下降,但左侧条纹被破坏。而本节方法滤波后干涉条纹边缘更加清晰,残差点数目也远少于其他方法。

表 4.3　实际数据滤波前后残差点数目及运行时间比较

滤波方法	残差点数目	运行时间/s
滤波前	124081	—
Goldstein 滤波(8×8)	76559	19.6
Goldstein 滤波(64×64)	28959	10.9
Lee 滤波	19215	180.2
子空间投影滤波	55063	1381.6
EMD 直接去除 IMF 滤波	1967	150.2
本节方法滤波	466	154.5

表 4.3 同时还给出了不同滤波方法处理该实测数据的运行时间,实验所用计算机配置为 Core i5 3.10GB CPU,2GB 内存,用 MATLAB 软件实现。可以看出,Goldstein 滤波方法通过 FFT 实现频域滤波,运行速度最快。子空间投影方法由于需对逐一像素进行协方差估计和特征值分解,效率最低。Lee 滤波方法运行时间为 180s。EMD 过程通常较为耗时,本节方法采用文献[31]提出的 FABEMD 方法可以提高分解的速度,滤波运行时间与 Lee 滤波方法相当。

4.6.4　基于小波变换和局部频率估计的干涉相位滤波方法

本节提出一种结合局部频率估计和小波阈值收缩的干涉相位滤波方法[34]，在保持小波滤波高效性的同时，能够更好地平衡去噪和相位细节保持的能力。

1. 小波域干涉相位模型

根据式(2.34)，$\exp(\mathrm{j}\phi_z)$ 的实部和虚部可以分别表示为[21]

$$\cos(\phi_z) = N_c \cos(\phi_x) + v_c \tag{4.38}$$

$$\sin(\phi_z) = N_c \sin(\phi_x) + v_s \tag{4.39}$$

式中，$N_c = \dfrac{\pi}{4}|\gamma|\mathrm{F}\left(\dfrac{1}{2},\dfrac{1}{2};2;|\gamma|^2\right)$，$\gamma$ 为两幅复图像的相干系数，$\mathrm{F}\left(\dfrac{1}{2},\dfrac{1}{2};2;|\gamma|^2\right)$ 为超几何分布函数；v_c 和 v_s 均为零均值的加性高斯噪声。由于离散小波变换(DWT)是线性变换，根据式(4.38)和式(4.39)，可以推导出二维小波变换域中的相位噪声模型如下：

$$\mathrm{DWT}_{2\mathrm{D}}\{\cos(\phi_z)\} = 2^i N_c \cos(\phi_x^w) + v_c^w \tag{4.40}$$

$$\mathrm{DWT}_{2\mathrm{D}}\{\sin(\phi_z)\} = 2^i N_c \sin(\phi_x^w) + v_s^w \tag{4.41}$$

式中，i 为小波变换的尺度；ϕ_x^w 表示小波变换域中的干涉相位信息；v_c^w 和 v_s^w 为小波变换域中的相位噪声。

当相干系数较大时，N_c 值较大，则小波系数中的干涉相位信息很强，小波系数取值较大；当相干性较差时，N_c 值较小，小波系数主要是相位噪声分量起作用，取值较小。因此，可以通过设置门限对干涉相位图的小波系数进行分类，分别处理相位信息和噪声对应的小波系数，从而实现干涉相位图的滤波。

图 4.19 给出了尺度为 2 时的二维 DWT 示意图，在对干涉相位图进行一次二维 DWT 后，就得到 a_1^{LL}、d_1^{LH}、d_1^{HL} 和 d_1^{HH} 四个子带。其中 a_1^{LL} 子带对应干涉相位图的低频部分，d_1^{LH}、d_1^{HL} 和 d_1^{HH} 分别对应干涉相位图在垂直方向、水平方向和对角线方向的细节。对干涉相位图进行下一个尺度的分析，只需划分当前尺度的 a_1^{LL} 子带即可。依此类推，可以得到干涉相位图的多尺度分辨分析。在进行第 i 尺度的变换后，各个子带对应的频率范围如下：

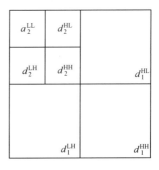

图 4.19　尺度为 2 的二维 DWT 示意图

$$a_i^{\mathrm{LL}} \in [0, 2^{-i}\pi) \times [0, 2^{-i}\pi)$$
$$d_i^{\mathrm{LH}} \in [0, 2^{-i}\pi) \times [2^{-i}\pi, 2^{1-i}\pi)$$
$$d_i^{\mathrm{HL}} \in [2^{-i}\pi, 2^{1-i}\pi) \times [0, 2^{-i}\pi) \qquad (4.42)$$
$$d_i^{\mathrm{HH}} \in [2^{-i}\pi, 2^{1-i}\pi) \times [2^{-i}\pi, 2^{1-i}\pi)$$

2. 小波阈值收缩算法

小波变换具有将信号或图像进行稀疏表达的能力。也就是说,含噪声的信号或图像经过小波变换后,由有用信息产生的小波系数仅集中在较少的位置和尺度上,且通常具有较大的幅值;而由噪声产生的小波系数在时频空间分布较广,但幅值很小。小波阈值收缩算法就是基于这一特征,通过选取合适的阈值,将幅值小于该阈值的小波系数置为零,大于该阈值的小波系数进行收缩处理或者保留,从而使信号中的噪声得到有效抑制,最后通过小波逆变换得到去噪后的重构信号。在上述过程中,对小波系数进行处理的阈值函数和阈值的选择是小波阈值收缩算法的关键。

最常用的阈值函数有硬阈值函数和软阈值函数两种,其定义分别如下。

(1) 硬阈值函数为

$$\hat{c} = c \cdot I(|c| > T) \qquad (4.43)$$

式中,$I(\cdot)$ 为示性函数。

(2) 软阈值函数为

$$\hat{c} = \mathrm{sgn}(c)(|c| - T)_+ \qquad (4.44)$$

式中,$\mathrm{sgn}(\cdot)$ 为符号函数,下标 $+$ 表示保持正值不变,将负值置零。利用硬阈值函数进行阈值处理后,重构后的图像在奇异点附近通常容易出现 Gibbs 现象,因此软阈值方法在信号去噪中更为常用。

阈值的选取是否合适直接影响去噪的效果。为了能够尽可能地滤除干涉相位噪声,同时保持相位细节信息不被破坏,本小节结合两种小波阈值收缩方法对干涉相位进行滤波,分别是 VisuShrink 方法和 NeighShrink 方法,下面分别介绍其阈值选取原则。

(1) VisuShrink 方法。由 Donoho 和 Johnstone 提出的 VisuShrink 方法是目前最为经典的阈值收缩方法[35],也称为通用阈值收缩方法。对于二维图像,该方法的实现过程为:首先通过小波变换获得噪声图像的小波系数 $c_{m,n}^i$,其中 i 为小波尺度,m、n 为小波系数的位置。然后根据式(4.45)计算通用阈值 T:

$$T = \sigma \sqrt{2\log_2 N} \qquad (4.45)$$

式中,N 为信号长度或图像尺寸;σ 为噪声标准差,按式(4.46)进行估计:

$$\sigma = \frac{\mathrm{Median}(|c_{m,n}^i|)}{0.6745} \qquad (4.46)$$

由于高频子带上的小波系数主要由噪声引起,因此这里仅利用第一层小波分解后的对角高频子带上的小波系数估计噪声标准差。得到通用阈值后,利用软阈值函数对小波系数进行阈值收缩,即有

$$\widehat{c}_{m,n}^{i} = \mathrm{sgn}(c_{m,n}^{i})(\,|\,c_{m,n}^{i}\,| - T)_{+} \qquad (4.47)$$

最后,将收缩后的小波系数进行小波重构得到去噪后的图像。

VisuShrink 方法实现简单,能够有效地去除噪声。然而,由于通用阈值较大,该方法容易导致图像的过度平滑,使细节保持效果不好。

(2) NeighShrink 方法。小波变换具有能力集中和系数聚簇的特点,也就是说,一个小波系数若包含有用信息,具有较大幅值,则其邻域的小波系数包含有用信息的可能性也很大。根据小波变换的这一性质,Cai 和 Silverman 提出了利用邻域信息的小波系数收缩方法[36],具体算法如下。

假设 $c_{j,k}$ 为一维信号的小波系数,其中 j 为小波尺度,k 为小波系数的位置。令 $S_{j,k}^{2} = c_{j,k-1}^{2} + c_{j,k}^{2} + c_{j,k+1}^{2}$,则小波系数收缩公式为

$$\widehat{c}_{j,k} = c_{j,k} \cdot \left(1 - \frac{T^{2}}{S_{j,k}^{2}}\right)_{+} \qquad (4.48)$$

式中,T 为通用阈值,计算方法如式(4.45)所示。

上述方法是针对一维信号提出的,在此基础上,Chen 等将其扩展到二维,用于图像去噪,提出了 NeighShrink 方法[37]。该方法以当前要处理的小波系数为中心,选取大小合适的窗口 $W_{m,n}^{i}$(图 4.20),与一维信号的处理类似,令

$$S_{m,n}^{i2} = \sum_{(m,n) \in W_{m,n}^{i}} c_{m,n}^{i2} \qquad (4.49)$$

小波系数的收缩方法为

$$\widehat{c}_{m,n}^{i} = c_{m,n}^{i} \cdot \left(1 - \frac{T^{2}}{S_{m,n}^{i2}}\right)_{+} \qquad (4.50)$$

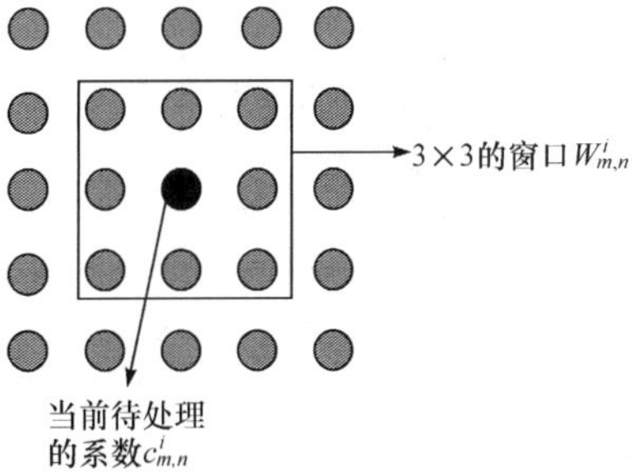

图 4.20　邻域窗口示意图(窗口中心为当前进行收缩处理的系数)

由此可见,与 VisuShrink 方法在阈值处理时仅考虑当前待处理的小波系数不同,NeighShrink 方法充分利用了其周围小波系数的分布特点并将其引入收缩策

略,具有比 VisuShrink 方法较低的阈值,能够更好地保持图像的细节。选择的邻域窗口越大,收缩阈值越低,为保证噪声滤除的效果,通常选取的窗口大小为 3×3 或者 5×5。

3. 局部频率估计方法

根据上述对两种阈值收缩方法的分析可以看出,VisuShrink 方法的阈值较高,去噪能力较好,而 NeighShrink 方法考虑了当前小波系数的邻域信息,阈值低于 VisuShrink 方法,细节保持能力更强。根据以上特点,本节希望结合 VisuShrink 和 NeighShrink 方法进行干涉相位滤波,即对于干涉相位有用信息所在频率子带的小波系数,利用 NeighShrink 方法进行阈值收缩,而对于其他主要包含噪声的频率子带的小波系数则利用 VisuShrink 方法进行阈值收缩,这样可以在尽可能滤除噪声的同时保持干涉条纹的细节信息不被破坏。因此,在进行小波系数阈值收缩前,首先需要通过局部频率估计获得干涉条纹的频率范围。

干涉相位局部频率估计的方法有多种[38,39]。其中,最大似然频率估计方法[39]是应用最为广泛的方法之一,它可以通过二维快速傅里叶变换(FFT)实现。在复干涉相位图的一个小窗口内,地形的坡度可以认为是一个常数,即复干涉相位图中仅包含一个主要频率,可以用一个二维复正弦信号表示。在一个矩形窗内,干涉相位可写为

$$\phi(m+k,n+l)=2\pi k \cdot f_a+2\pi l \cdot f_r+\phi(m,n) \tag{4.51}$$

式中,$\phi(m,n)$ 为窗口中心像素的相位;k 和 l 为窗口中的像素相对于中心像素沿方位向和距离向上的偏移;f_a 和 f_r 分别为方位向和距离向的干涉相位频率。最大似然频率估计方法按式(4.52)进行:

$$(\widehat{f_a},\widehat{f_r}) = \arg\max_{f_a,f_r}\left\{ \left| \sum_{k=-(N_a-1)/2}^{(N_a-1)/2} \sum_{l=-(N_r-1)/2}^{(N_r-1)/2} \exp(j\phi(m+k,n+l))\exp(-j2\pi(f_ak+f_rl)) \right| \right\} \tag{4.52}$$

式中,$\widehat{f_a}$ 和 $\widehat{f_r}$ 为 f_a 和 f_r 的估计值,窗口大小为 $N_a\times N_r$。

为保证窗口内信号的平稳性,窗口的选择不能过大,这样在具体实现过程中,由于二维 FFT 的量化效应,会使估计结果的方差较大。因此,在不增加窗口大小的前提下,为了提高估计精度,可以通过对窗口内的信号补零后,再进行二维FFT,从而达到减小频率采样间隔的目的。根据二维局部频率估计方差的 Cramer-Rao 界[39],可以利用式(4.53)近似计算出补零后的窗口大小:

$$\left(\frac{2\pi}{L_a}\right)^2 \leqslant \frac{6}{r_{s/n}N_aN_r(N_a{}^2-1)}$$
$$\left(\frac{2\pi}{L_r}\right)^2 \leqslant \frac{6}{r_{s/n}N_aN_r(N_r{}^2-1)} \tag{4.53}$$

式中, L_a 和 L_r 为补零后方位向和距离向的窗口长度; $r_{s/n}$ 为干涉相位图的信噪比; 不等式左侧为离散傅里叶变换后输出频率分辨率的平方, 右侧为局部频率估计方差的 Cramer-Rao 界。

当信噪比为 0dB、截取干涉相位图的窗口大小为 9×9 时, 根据式(4.53)可计算出需要进行 256×256 点的补零 FFT。然而, 对干涉相位图中的每一个像素都进行如此多点的补零 FFT 是非常耗时的。实际上, 只有在频谱的主瓣内需要做内插, 这样可以大大提高计算效率。而 Chirp-Z 变换(CZT)[40] 能够在任意指定的频率范围内调整频率采样间隔。已知 $x(n), 0 \leqslant n \leqslant N-1$, 则其 CZT 为

$$X(z_k) = \sum_{n=0}^{N-1} x(n) z_k^{-n}$$
$$z_k = AW^{-k}, \quad k = 0, 1, \cdots, M-1$$
(4.54)

式中, M 表示欲分析的复频谱点数, 不一定等于 N; A 和 W 均为任意复数, A 为复频谱的起始取样点, W 为取样点之间的间隔。因此, 可以首先利用 16×16 点的补零 FFT 找出峰值频谱为 $(\widehat{f}_{a0}, \widehat{f}_{r0})$, 然后对窗口中的复干涉信号沿方位向和距离向分别进行取样点数为 3×16 点的 CZT, 实现对频谱主瓣的 16 倍升采样, 即

$$\Phi(k, l) = \sum_{n=0}^{N_r-1} \sum_{m=0}^{N_a-1} \exp\{j\phi(m, n)\} (A_a W_a^{-k})^{-m} (A_r W_r^{-l})^{-n}$$
(4.55)

式中, $A_a = \exp\left\{j\left(2\pi\widehat{f}_{a0} - \dfrac{2\pi}{N_{\text{fft}}}\right)\right\}$ 和 $A_r = \exp\left\{j\left(2\pi\widehat{f}_{r0} - \dfrac{2\pi}{N_{\text{fft}}}\right)\right\}$ 分别为方位向和距离向的复频谱起始取样点, 这里 $N_{\text{fft}} = 16$; $W_a = \exp\left\{-j\dfrac{2\pi}{L_a}\right\}$ 和 $W_r = \exp\left\{-j\dfrac{2\pi}{L_r}\right\}$ 分别为方位向和距离向复频谱取样点间隔, 这里 $L_a = L_r = 256$; $k = 0, \cdots, 3 \times N_{\text{czt}} - 1$ 和 $l = 0, \cdots, 3 \times N_{\text{czt}} - 1$ 分别为方位向和距离向的取样点数, 这里 $N_{\text{czt}} = 16$。找出式(4.55)的峰值频谱为 $(\delta\widehat{f}_a, \delta\widehat{f}_r)$, 由此得到最终的局部频率估计结果为

$$\widehat{f}_a = \widehat{f}_{a0} + \delta\widehat{f}_a$$
$$\widehat{f}_r = \widehat{f}_{r0} + \delta\widehat{f}_r$$
(4.56)

这样就达到了 256×256 点补零 FFT 的估计精度, 但相比直接补零 FFT, 计算效率提高了约 30 倍。

4. 算法流程

根据上述分析, 本小节提出基于小波阈值收缩和局部频率估计的干涉相位滤波方法, 算法流程如图 4.21 所示, 具体实现步骤如下:

（1）利用最大似然方法对干涉相位图进行局部频率估计，得到干涉条纹所在的频率范围。

（2）对 $\exp(j\phi_z)$ 中的实部和虚部分别利用 DWT 进行分解，得到各自的小波系数。不同子带的小波系数具有不同的频率范围，根据步骤（1）的局部频率估计结果，可以判断出干涉相位中有用信息所在的子带。

（3）对于有用信息所在子带的小波系数，利用 NeighShrink 方法进行阈值收缩；而对于其他主要为噪声的子带中的小波系数，则利用 VisuShrink 方法进行阈值收缩。

（4）将阈值收缩后的小波系数利用 IDWT 进行重构，分别得到滤波后的复干涉相位的实部 $\widehat{\mathrm{Re}}$ 和虚部 $\widehat{\mathrm{Im}}$。

（5）计算出滤波后的干涉相位为 $\widehat{\phi}_x = \arctan(\widehat{\mathrm{Im}}/\widehat{\mathrm{Re}})$。

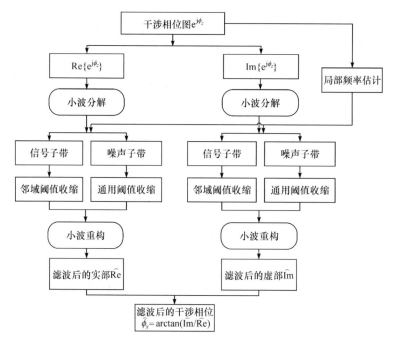

图 4.21　基于小波变换和局部频率估计的干涉相位滤波方法流程图

5. 实验结果分析

本小节通过仿真和实测干涉相位验证本节提出的基于小波阈值收缩和局部频率估计滤波方法的有效性。与 4.6.3 节相同，这里仍用滤波后干涉相位的残差点数目和 RMSE 对滤波效果进行评价。

1) 仿真数据实验

仿真的干涉相位按如下方法生成：利用 MATLAB 中的 peaks 函数生成理想的干涉相位图如图 4.22(a)所示，数据大小为 800×800。根据式(3.5)所示单视时的干涉相位概率密度函数仿真相干系数为 0.85 时的干涉相位如图 4.22(b)所示。

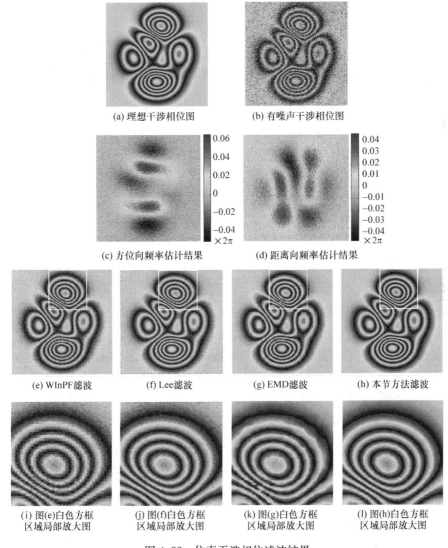

(a) 理想干涉相位图　　　　　　(b) 有噪声干涉相位图

(c) 方位向频率估计结果　　　　　(d) 距离向频率估计结果

(e) WInPF 滤波　　(f) Lee 滤波　　(g) EMD 滤波　　(h) 本节方法滤波

(i) 图(e)白色方框
区域局部放大图　　(j) 图(f)白色方框
区域局部放大图　　(k) 图(g)白色方框
区域局部放大图　　(l) 图(h)白色方框
区域局部放大图

图 4.22　仿真干涉相位滤波结果

干涉相位方位向和距离向的局部频率估计结果分别如图 4.22(c)和图 4.22(d)所示，从中得到干涉相位图的频率范围为$[0,0.133\pi]\times[0,0.094\pi]$。实验中小波变换的尺度为 5，根据式(3.35)给出的小波变换后不同子带的频率范围，本节方法对前两个尺度分解后的高频子带,即 d_2^{LH}、d_2^{HL}、d_2^{HH}、d_1^{LH}、d_1^{HL} 和 d_1^{HH} 中的小波系数均利用 VisuShrink 方法进行阈值收缩,而其他子带的小波系数利用 NeighShrink 方法进行阈值收缩,滤波结果如图 4.22(h) 所示。图 4.22(e)~(g) 分别对比了 WInPF 滤波[21]、Lee 滤波[10] 以及 4.6.3 节提出的基于 EMD 的滤波方法的结果,为了更清楚地显示滤波后干涉条纹细节保持的效果,将图 4.22(e)~(h) 中白色方框的区域进行放大显示如图 4.22(i)~(l)。可以看出,WInPF 和 Lee 滤波后,干涉相位图中还残余一定的噪声。EMD 滤波方法尽管具有较好的噪声抑制能力,但是在干涉条纹较密的区域对条纹的细节有所破坏。而本节提出的方法在滤除噪声的同时很好地保持了细节信息。从表 4.4 对不同方法滤波后的残差点数和 RMSE 的比较也可以看出,本节方法较其他方法均有较大的改善。

表 4.4 不同滤波方法滤波效果及运行时间对比

滤波方法	残差点数目		RMSE/rad	运行时间/s
	仿真数据	实测数据		
滤波前	29916	43706	0.8156	——
WInPF 滤波	430	36797	0.2834	0.74
Lee 滤波	30	9031	0.1725	112.38
EMD 滤波	4	1182	0.1491	103.87
本节方法滤波	0	1086	0.0573	19.95

另外,表 4.4 还给出了不同滤波方法处理该仿真数据的运行时间。可以看出,WInPF 滤波方法运行速度最快,本节方法由于需进行局部频率估计,运行时间比 WInPF 滤波长,但是相比 Lee 滤波和 EMD 滤波方法,大大提高了运算效率。

2) 实测数据实验

本小节利用航天飞机雷达 SIR-C/X-SAR 在意大利 Etna 火山口获取的干涉数据进行相位滤波实验。实际的干涉相位如图 4.23(a) 所示,数据大小为 512×512。可以看出,该干涉相位图条纹非常密集,而且信噪比较低。分别利用 WInPF 滤波[21]、Lee 滤波[10]、4.6.3 节提出的 EMD 滤波以及本节方法进行处理,滤波结果如图 4.23(b)~(e) 所示。同样可以看出 WInPF 滤波和 Lee 滤波的去噪效果较差,而 EMD 方法在条纹密集区域对条纹结构的破坏非常严重。本节滤波方法的小波变换尺度仍为 5,根据图 4.23(f) 和图 4.23(g) 的频率估计结果得到干涉相位图的频率范围为 $[0, 0.273\pi] \times [0, 0.438\pi]$,因而对第一个尺度分解后的高频子带 d_1^{LH}、d_1^{HL} 和 d_1^{HH} 中的小波系数用 VisuShrink 方法处理,而其他子带的小波系数用 NeighShrink 方法处理。从图 4.23(e) 可以看出,条纹密集处的干涉相位仍得到了很好的保持。表 4.4 显示了不同方法滤波后干涉相位的残差点数,可以看出本节方法滤波后残差点数目最少。

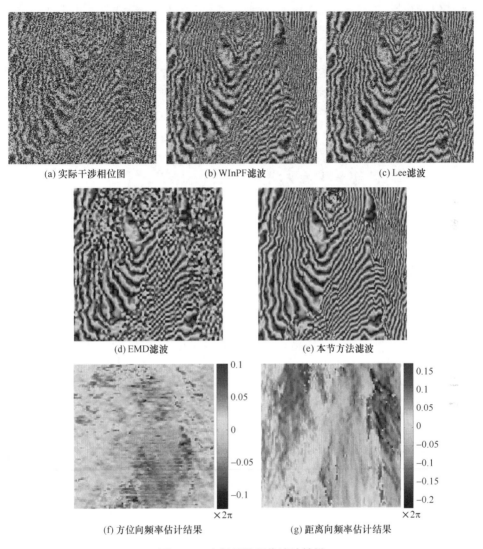

(a) 实际干涉相位图　　　　　(b) WInPF滤波　　　　　(c) Lee滤波

(d) EMD滤波　　　　　　　　(e) 本节方法滤波

×2π　　　　　　　　　　　　　　×2π

(f) 方位向频率估计结果　　　　　(g) 距离向频率估计结果

图 4.23　实际干涉相位滤波结果

4.6.5　基于高阶奇异值分解的非局部干涉相位滤波方法

本节提出一种基于高阶奇异值分解(higher order singular value decomposition, HOSVD)的非局部干涉相位滤波算法[41]。SVD 由于其唯一性及最佳低秩近似性,在图像分析、聚类等多种领域得到了广泛应用。由于相似像素块组成的三维序列在三维变换域可以进一步增强信号的稀疏性,从而可以更有效地利用阈值收缩在去除噪声的同时保持纹理细节,因此,通过在滤波过程中引入高阶情况下的一种广义 SVD[42]，即高阶 SVD，可以达到滤除噪声和保持纹理细节平衡的目的。

通常，SAR 图像的分辨率要远高于地形起伏或形变引起的变化，同时，由干涉相位具有 2π 周期的特性可知，在干涉纹图中会存在许多重复出现的纹理信息。因此，缠绕的干涉相位具有较强的自相似性，这在满足非局部算法要求的同时，也可以获取足够多的相似像素块来构成三维序列，借此获取信号在变换域的高稀疏性的表示。通过对变换域的三维序列进行阈值收缩，相位噪声将被从理想相位中分离出来，从而达到相位噪声去除和相位细节保持的良好平衡。

本节所提出算法的步骤大致如下：首先，选择相似像素块组成三维序列；之后，对该三维序列进行 HOSVD 变换，并进行阈值收缩，随后进行 HOSVD 反变换；最后，由于迭代可以在一定程度上改进去噪效果[43]，并且经验维纳滤波相对简单的三维硬阈值操作更为准确高效[15]，因此，算法采用经验维纳滤波进行一次迭代处理以进一步改进滤波效果。

1. 建立三维张量

对某一像素，在搜索窗口内，根据一定相似性准则选择多个相似像素块组成一个三维序列（称为"三维张量"[42]，如图 4.24 所示），表示为 $\mathcal{T} \in C^{p \times p \times N_p}$，其中 $p \times p$ 表示像素块尺寸大小，N_p 表示该张量由 N_p 个相似像素块组成。

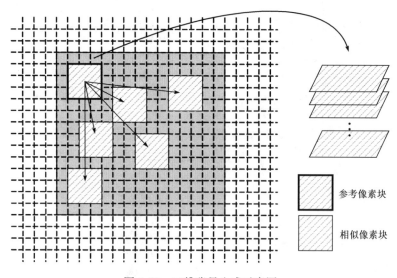

图 4.24　三维张量生成示意图

目前，研究者提出了一系列相似性准则[44,45]，其中，结构相似索引方法（structure similarity index method，SSIM）[46]作为一种直接比较两幅图像之间结构相似性的方法得到了广泛应用，其具体表示为

$$\text{SSIM}(P_i, P_j) = \frac{(2\mu_i\mu_j + C_1)(2\sigma_{ij} + C_2)}{(\mu_i^2 + \mu_j^2 + C_1)(\sigma_i^2 + \sigma_j^2 + C_2)} \in [-1, 1] \tag{4.57}$$

式中，μ_i 和 μ_j 分别表示参考像素块 P_i 和备选像素块 P_j 的均值；σ_i^2 和 σ_j^2 分别表示参考像素块 P_i 和备选像素块 P_j 的方差；σ_{ij} 表示参考像素块 P_i 和备选像素块 P_j 的协方差；C_1 和 C_2 是很小的常数，用以避免 $\mu_i^2 + \mu_j^2$ 或 $\sigma_i^2 + \sigma_j^2$ 近似为 0 时带来的不稳定性。$\text{SSIM}(P_i, P_j)$ 的绝对值越大，两个像素块之间的相似性越强。通过对 $\text{SSIM}(P_i, P_j)$ 绝对值设置阈值，可以判别备选像素块是否与参考像素块相似。由于相位噪声会对相似性判别产生影响，因此对于噪声较大的区域，需要选取较高的判定阈值来保证相似性判别的精度。本算法选择 $\tau_d = 1 - |\bar{\gamma}|$ 作为相似性判别阈值，其中 $|\bar{\gamma}|$ 表示参考像素块与备选像素块相干系数的平均值。

　　除了 SSIM 准则，K-nearest 邻域准则[47] 也被用于对相似像素块进行进一步判别，即具有最小非相似性的 K 个像素块被判定作为最终的相似像素块。采用该准则一方面可以更好地保证所选像素块的相似性，另一方面还可以一定程度上减小算法的计算量。结合使用 SSIM 和 K-nearest 准则，不多于 K 个的相似像素块被筛选出来组成一个三维张量，即 $N_p \leqslant K$。

2. HOSVD 滤波处理

　　对上述步骤生成的三维张量进行 HOSVD 变换[42]，有

$$\mathcal{T} = A \times_1 U^{(1)^{\text{H}}} \times_2 U^{(2)^{\text{H}}} \times_3 U^{(3)^{\text{H}}} \tag{4.58}$$

式中，A 表示一个大小为 $p \times p \times N_p$ 的张量；$U^{(1)}$ 和 $U^{(2)}$ 都是大小为 $p \times p$ 的酉矩阵；$U^{(3)}$ 是大小为 $N_p \times N_p$ 的酉矩阵；$\times_n$ 表示 n 模乘积。在实际运算中，HOSVD 可以描述为

$$A_{(n)} = U^{(n)} \Sigma^{(n)} V^{(n)^{\text{H}}}, \quad 1 \leqslant n \leqslant 3 \tag{4.59}$$

式中，$A_{(n)}$ 是张量 A 的 n 模展开；$\Sigma^{(n)}$ 是奇异值的 n 模对角矩阵；$V^{(n)}$ 是相对应的列正交矩阵。于是，$\mathcal{T}$ 可以进一步由式(4.58)得到。通过对 HOSVD 变换域的系数进行阈值收缩可以达到抑制噪声的目的，阈值设置为 $\sigma_n \sqrt{2\log_2 p^2 N_p}$[35]，其中 σ_n 表示干涉相位的噪声标准差。之后，对阈值收缩后的变换域信号进行 HOSVD 反变换，即可得到滤波后的一系列像素块。

　　需要说明的是，对于某一像素 i，相对于不同的 $\text{NL}^{\text{HOSVD}}(v_i(P_m))$，会有多个滤波结果，其中，$P_m$ 表示包含像素 i 的像素块，$\text{NL}^{\text{HOSVD}}(\cdot)$ 表示非局部 HOSVD 滤波操作。为获取像素 i 的最终估计值，本算法通过建立一个大小与图像 V 相同的矩阵 B，将从不同 $\text{NL}^{\text{HOSVD}}(v_i(P_m))$ 获取到的估计值在矩阵 B 的像素 i 对应位置处累加，同时建立一个同样大小与图像 V 相同的矩阵 C 作为计数矩阵，统计每个像素点的滤波结果数量，之后通过平均处理得到像素 i 在 HOSVD 阈值收缩后的最终估计结果，具体表示为

$$\mathrm{NL}^{\mathrm{HOSVD}}(v(i)) = \frac{B(i)}{M_i} = \frac{1}{M_i}\sum_{m=1}^{M}\mathrm{NL}^{\mathrm{HOSVD}}(v_i(P_m)) \tag{4.60}$$

式中，M_i 表示包含像素 i 的像素块数量。至此，得到了干涉相位的预估值。

3. 维纳滤波

在得到干涉相位预估值的基础上，通过经验维纳滤波进一步提升滤波效果，其步骤如下：首先，对于某一像素 i，根据上述建立三维张量的方法，分别在预估相位和噪声相位中建立三维张量；之后，将两个张量进行 HOSVD 变换，将预估相位中所建立张量的变换域系数作为真实值，对噪声相位中所建三维张量进行维纳滤波（如式(4.61)所示，其中，$\mathcal{T}_{\mathrm{noise}}(P_m)$ 表示在噪声相位中建立的三维张量且其包含像素块 P_m，$\mathcal{T}_{\mathrm{NL^{HOSVD}}}(P_m)$ 表示在预估相位中建立的三维张量且其包含像素块 P_m，S_{noise} 表示 $\mathcal{T}_{\mathrm{noise}}(P_m)$ 的 HOSVD 变换域系数，S_{estimate} 表示 $\mathcal{T}_{\mathrm{NL^{HOSVD}}}(P_m)$ 的 HOSVD 变换域系数）；最后，通过对滤波后的系数进行 HOSVD 反变换，得到像素 i 的估计值。像素最终估计结果的计算与式(4.60)相同。

$$\begin{aligned} \mathrm{NL}^{\mathrm{Wiener}}(v_i(P_m)) &= \mathrm{IHOSVD}\left(\frac{S_{\mathrm{noise}} \cdot S_{\mathrm{estimate}}^2}{S_{\mathrm{estimate}}^2 + \sigma_n^2}\right) \\ S_{\mathrm{noise}} &= \mathrm{HOSVD}(\mathcal{T}_{\mathrm{noise}}(P_m)) \\ S_{\mathrm{estimate}} &= \mathrm{HOSVD}(\mathcal{T}_{\mathrm{NL^{HOSVD}}}(P_m)) \end{aligned} \tag{4.61}$$

4. 算法流程

除上述基本流程，本算法还可以通过多种方式来进一步提高算法精度，例如，采用自适应像素块及搜索窗口[48]，在建立三维张量之前首先对像素块进行预滤波以使相似性判别更为精确，在计算像素 i 的最终估计值时采用 $\mathrm{NL}^{\mathrm{HOSVD}}(v_i(P_m))$ 的加权平均值等。但需要注意的是，上述操作都会进一步增加滤波的计算负担，当采用这些操作时，需要权衡计算精度与效率之间的关系。另外，由于在实际应用中，并非所有区域都是低相干或纹理变化剧烈的区域，因此，建议在不同情况下采用不同滤波算法来提高运算速度。综上所述，基于高阶 SVD 的非局部干涉相位滤波算法基本流程如图 4.25 所示。

5. 实验结果分析

本小节通过对仿真干涉相位和实测干涉相位进行相位滤波，从而验证基于 HOSVD 的非局部干涉相位滤波方法的有效性。与 4.6.3 节相同，这里仍用滤波后干涉相位的残差点数目和 RMSE 对滤波效果进行评价。

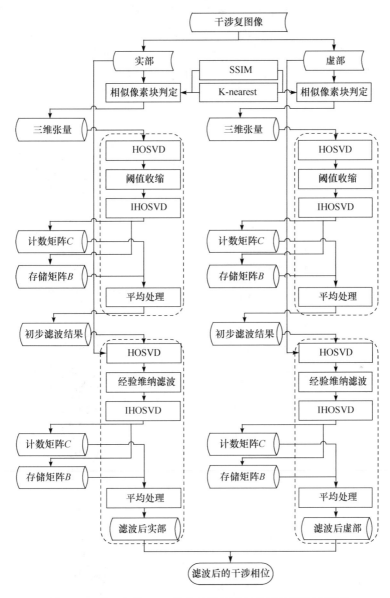

图 4.25　基于高阶 SVD 的非局部干涉相位滤波算法流程图

1) 仿真数据实验

理想干涉相位如图 4.26(a)所示,噪声相位根据单视情况下相干系数为 0.5 时的干涉相位概率密度分布函数生成,如图 4.26(b)所示。基于 HOSVD 的非局部干涉相位滤波算法的滤波结果如图 4.26(c)所示,像素块大小取值为 11×11,搜索窗口大小取值为 21×21,K-nearest 邻域准则中 K 的取值为 30。本仿真采用了一些目前应用较为广泛的相位滤波算法和一种具有代表性的非局部算法来与本节所提算法进行对比分析。图 4.26(d)～(i)分别展示了 Goldstein 滤波算法、Baran 滤波算法、圆周期均值滤波算法、Lee 滤波算法、WInPF 算法以及 NL-InSAR 滤波算法的滤波结果。其中，Goldstein 和 Baran 滤波算法的分块大小为 32×32，相邻分块的重叠像素数为 16；圆周期均值滤波的滤波窗口大小为 5×5；NL-InSAR 滤波算法的像素块大小为 7×7，搜索窗口大小为 9×9。

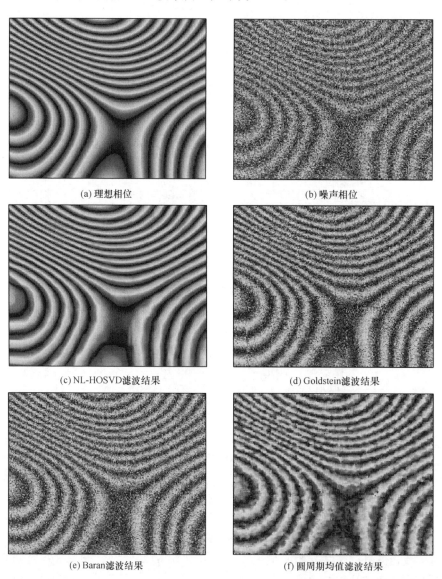

(a) 理想相位

(b) 噪声相位

(c) NL-HOSVD滤波结果

(d) Goldstein滤波结果

(e) Baran滤波结果

(f) 圆周期均值滤波结果

(g) Lee滤波结果　　　　　　　　　　　　　　　　(h) WInPF滤波结果

(i) NL-InSAR滤波结果

图 4.26　仿真干涉相位滤波结果

　　通过对各算法的滤波结果对比可以看出，NL-InSAR 算法的滤波结果要优于其他算法，而本节所提出的基于 HOSVD 的非局部滤波算法(NL-HOSVD)所得到的结果最接近理想干涉相位，相位噪声被很好地滤除，同时，边缘细节也得到了较好的保持。Goldstein 滤波、Baran 滤波以及 WInPF 算法在相位噪声去除方面表现较差，而在相位变化剧烈区域，圆周期均值滤波和 Lee 滤波算法使得相位细节有一定程度的破坏。

　　表 4.5 给出了不同滤波算法所得到的滤波结果的残差点数以及滤波结果与理想相位之间的均方误差，可以看出，本节提出的滤波算法滤波后其残差点数降为 0，说明滤波后的干涉相位非常光滑。同时，滤波后的均方误差值在众滤波算法中也是最小的，说明经过该算法滤波后的干涉相位非常接近理想干涉相位，这与从图 4.26 的观察中得到的结论也是一致的。

表 4.5　不同滤波算法效果对比

滤波算法	残差点数	RMSE/rad
噪声相位	14489	1.7840
NL-HOSVD	0	0.0356
Goldstein	4072	0.8054
Baran	6930	1.0581
圆周期均值	703	0.3053
Lee	1607	0.4425
WInPF	3050	0.7001
NL-InSAR	26	0.0944

2) 实测数据实验

实验所采用的实测数据仍是 SIR-C/X-SAR 系统所获取的意大利 Etna 火山数据。Etna 火山的干涉纹图如图 4.27(a)所示,图 4.27(b)为相干系数图,不同滤波算法的滤波结果如图 4.27(c)~(i)所示。各算法的参数与仿真数据实验相同。不同滤波算法得到的滤波相位的残差点数如表 4.6 所示。可以看出,Goldstein 滤波和 Baran 滤波算法得到的结果含有较多的残差点。圆周期均值滤波、Lee 滤波在一定程度上去除了相位噪声,在高相干区域表现较为令人满意,然而,在低相干区域,相位噪声仍有所残留,相位细节也遭到了破坏。WInPF 算法的滤波结果仍存在较为明显的噪声。相对而言,两种非局部算法 NL-InSAR 和 NL-HOSVD 在滤除噪声及保持相位细节方面都表现出了较为优异的效果,其中 NL-InSAR 滤波算法在低相干区域表现稍差,其对噪声有些过于敏感而对相位细节造成了一定破坏;NL-HOSVD 算法表现最好,这得益于信号在三维变换域的高稀疏性以及 SVD 最佳低秩近似的特性。

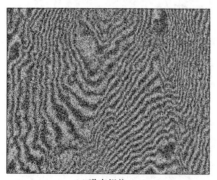
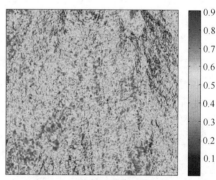

(a) 噪声相位　　　　　　　　　　　　　　　(b) 相干系数图

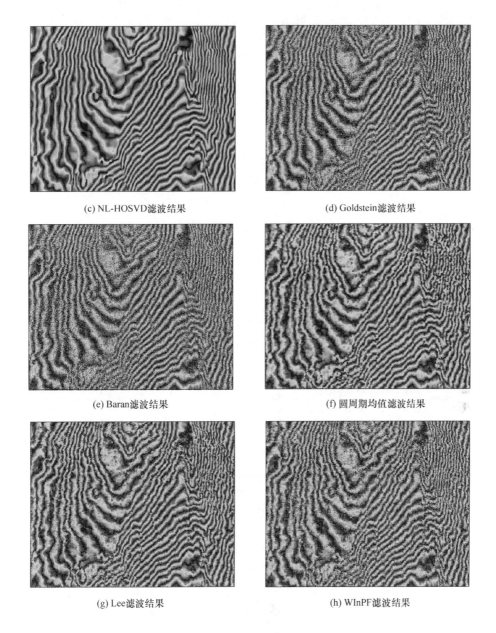

(c) NL-HOSVD滤波结果

(d) Goldstein滤波结果

(e) Baran滤波结果

(f) 圆周期均值滤波结果

(g) Lee滤波结果

(h) WInPF滤波结果

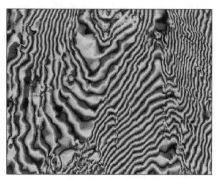

(i) NL-InSAR滤波结果

图 4.27 实测数据滤波结果

表 4.6 不同滤波算法效果对比

滤波算法	残差点数	滤波算法	残差点数
噪声相位	46960	圆周期均值	3034
NL-HOSVD	285	Lee	4154
Goldstein	17531	WInPF	9552
Baran	22194	NL-InSAR	1065

4.7 干涉相位解缠

干涉相位滤波后,降低了相位噪声的影响,得到了高质量的干涉相位图。但由于三角函数的周期性,干涉相位被缠绕在$(-\pi, \pi]$区间,并不能反映真实的地面高程。将缠绕相位恢复为与地形高程相对应的真实相位的过程称为相位解缠。理想情况下,通过提取方位向和距离向的相位梯度,然后沿方位向和距离向对梯度积分,即可达到相位解缠的目的。而实际数据由于地形坡度欠采样、叠掩、阴影、低信噪比等因素的影响,会造成干涉相位数据的不连续,从而引起相位解缠的误差。干涉相位的复杂性使得相位解缠一直是 InSAR 研究的难点和热点。

本节首先介绍二维相位解缠的基本原理,在此基础上介绍两类经典的干涉相位解缠算法,即路径跟踪法和最小范数法;然后针对应用较多的质量指导解缠算法,给出一种快速实现方法;最后,针对叠掩、阴影和水体等相位解缠困难区域,分别分析其干涉相位特征并给出避免误差传播的解缠方法。

4.7.1　相位解缠基本原理

在一幅 $M \times N$ 的干涉相位图中,观测到的干涉相位被限制在 $(-\pi, \pi]$ 区间,与未缠绕相位之间满足下面的关系[49]:

$$\varphi_{i,j} = \phi_{i,j} + 2\pi k$$
$$-\pi < \varphi_{i,j} \leqslant \pi, \quad i = 0, \cdots, M-1; j = 0, \cdots, N-1 \tag{4.62}$$

式中,k 为整数;$\phi_{i,j}$ 为解缠相位;$\varphi_{i,j}$ 为缠绕相位。相位解缠的过程就是要从缠绕相位 $\varphi_{i,j}$ 中找出 2π 周期的整数倍 k,从而恢复出无模糊的解缠相位。

由缠绕相位 $\varphi_{i,j}$ 可以计算出不同方向的缠绕相位梯度:

$$\begin{cases} \Delta_{i,j}^x = \omega\{\varphi_{i+1,j} - \varphi_{i,j}\}, & i = 0, \cdots, M-2; j = 0, \cdots, N-1 \\ \Delta_{i,j}^x = 0, & i, j \text{ 为其他值} \end{cases}$$
$$\begin{cases} \Delta_{i,j}^y = \omega\{\varphi_{i,j+1} - \varphi_{i,j}\}, & i = 0, \cdots, M-1; j = 0, \cdots, N-2 \\ \Delta_{i,j}^y = 0, & i, j \text{ 为其他值} \end{cases} \tag{4.63}$$

式中,$\omega\{\cdot\}$ 为相位缠绕算子;$\Delta_{i,j}^x$ 和 $\Delta_{i,j}^y$ 分别表示在点 (i, j) 处缠绕相位沿方位向和距离向的梯度值,将其写成梯度矢量的形式为 $\nabla\varphi_{i,j} = (\Delta_{i,j}^x, \Delta_{i,j}^y)^T$。

相位解缠理论的一个通用的假设为:在充分采样的数据中,任何地方真实相位各方向梯度的绝对值均小于 π。在这一假设下,解缠相位就可以通过对缠绕相位梯度进行积分而无模糊地恢复如下:

$$I = \int_C \nabla\varphi(\boldsymbol{r}) \cdot d\boldsymbol{r} + \varphi(\boldsymbol{r}_0) \tag{4.64}$$

式中,$\boldsymbol{r}_0$ 为相位解缠的起始位置;C 为定义域内任意一条连接 $\boldsymbol{r}_0$ 和 $\boldsymbol{r}$ 的路径。而 $\nabla\varphi(\boldsymbol{r}) = \nabla\phi(\boldsymbol{r}) + n_{\mathrm{v}}(\boldsymbol{r})$,这里 $\nabla\phi(\boldsymbol{r})$ 为解缠相位的梯度,$\nabla\varphi(\boldsymbol{r})$ 为缠绕相位的梯度,可以作为 $\nabla\phi(\boldsymbol{r})$ 的估计值,$n_{\mathrm{v}}(\boldsymbol{r})$ 为估计误差,在上述假设下,这一误差在积分过程中可以忽略。此时,相位解缠的结果只与起始点有关,而与所选择的积分路径 C 无关,即 $\nabla\varphi(\boldsymbol{r})$ 是一无旋分量:

$$\nabla \times \nabla\varphi(\boldsymbol{r}) = 0 \tag{4.65}$$

由 Green 定理可以导出等价的另一与积分路径无关的条件为

$$\oint \nabla\varphi(\boldsymbol{r}) \cdot d\boldsymbol{r} = 0 \tag{4.66}$$

式(4.66)表示 $\nabla\varphi(\boldsymbol{r})$ 在定义域内的所有环路积分均为零。

然而,在实际的干涉相位图中,由于地形坡度欠采样、叠掩、阴影以及低相干等因素的影响,会出现真实的相位梯度绝对值超过 π 的情况,这时其估计值 $\nabla\varphi(\boldsymbol{r})$ 就会引入 $\pm2\pi$ 整数倍的误差项 $n_{\mathrm{v}}(\boldsymbol{r})$。因此式(4.65)不再成立,而变为

$$\nabla \times \nabla \varphi(\boldsymbol{r}) = \nabla \times n_{\mathrm{v}}(\boldsymbol{r}) = \pm 2n\pi \neq 0 \qquad (4.67)$$

也就是说,由 $n_{\mathrm{v}}(\boldsymbol{r})$ 描述的有旋分量导致了与积分路径有关的相位解缠结果。

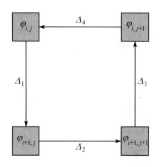

为了描述有旋分量对相位解缠的影响,引入了残差点的概念。如图 4.28 所示,定义一个 2×2 的缠绕相位,计算各个方向缠绕相位的梯度为

$$\begin{aligned}
\Delta_1 &= \omega\{\varphi_{i+1,j} - \varphi_{i,j}\} \\
\Delta_2 &= \omega\{\varphi_{i+1,j+1} - \varphi_{i+1,j}\} \\
\Delta_3 &= \omega\{\varphi_{i,j+1} - \varphi_{i+1,j+1}\} \\
\Delta_4 &= \omega\{\varphi_{i,j} - \varphi_{i,j+1}\}
\end{aligned} \qquad (4.68)$$

图 4.28　残差点计算示意图

令

$$q = \sum_{i=1}^{4} \Delta_i = \begin{cases} 0, & \text{非残差点} \\ \pm 1, & \text{残差点} \end{cases} \qquad (4.69)$$

如果缠绕相位梯度之和为 0,则不存在残差点;否则通常将左上角的像素称为残差点。若 $q=1$,则为正残差点,反之为负残差点。

式(4.67)事实上是定义域上包含残差点的环路积分,且其值可由该环路所包含的残差点决定,由此推广出二维相位解缠的残差定理:

$$\oint \nabla \varphi(\boldsymbol{r}) \cdot \mathrm{d}\boldsymbol{r} = 2\pi \times \text{闭合回路的残差点电荷之和} \qquad (4.70)$$

由此可见,只有当闭合积分路径包围的正负残差点数目相等时,相位解缠结果才与路径的选择无关。而当不平衡的残差点被相反极性的残差点通过枝切线连接平衡后,积分路径只要不穿过枝切线,就可以确保任意环路积分均为零,这也就是路径跟踪算法中枝切法的主要思想。

4.7.2　相位解缠方法

1. 路径跟踪法

路径跟踪法的基本策略是通过选择合适的积分路径,将可能的误差传递限制在噪声区域内,避免相位误差的全局传播。这里介绍两种使用最为广泛的路径跟踪算法:Goldstein 枝切法和质量指导法。

1) Goldstein 枝切法

Goldstein 枝切法首先根据图 4.28 所示的方法计算识别二维缠绕相位中的残差点,然后连接邻近的残差点对或多个残差点,实现残差点电荷平衡,生成最短枝切线。在相位展开时,积分路径不能穿过枝切线,从而限制误差的传播[49,50]。其具体算法如下:

(1) 对干涉相位图进行逐个像素扫描,直到找到一个残差点,然后以该残差点为中心,在其周围 3×3 的窗口内搜索其他残差点。

（2）若搜索到另一个残差点，则将两个残差点连接起来。

（3）若搜索到的残差点电荷相反，则表明通过连接枝切线实现了电荷平衡，然后重复步骤（1）。

（4）若搜索到的残差点电荷相同，则在搜索窗口继续寻找新的残差点。找到新的残差点后，将其与当前窗口中心的残差点相连。如果该残差点没有与其他残差点相连，则将其电荷加入当前的电荷总和中，反之，则其电荷无须加入。当累积电荷为 0 时，表明残差点之间达到平衡，然后重复步骤（1）。如果完成窗口的搜索，累积电荷仍不为 0，则以该窗口内其他残差点为中心定义新的窗口继续搜索。

（5）若完成步骤（4）后，累积电荷仍不为 0，则将窗口大小扩展为 5×5，重复上述搜索过程，直到累积电荷为 0 或窗口到达图像边界。如果窗口到达图像边界，则将残差点与图像边界相连。

（6）当所有残差点都通过连接枝切线使电荷达到平衡后，就可以在两个方向绕过枝切线进行梯度积分，得到最终的相位解缠结果。

2）质量指导法

与枝切法不同，质量指导法不需要识别残差点，它的路径跟踪策略就是在相位质量图的指导下确定积分路径。其基本操作过程如下[49]：

（1）选择质量值最大的像素点作为种子点，同时将其标记为已解缠点，以它为基准对其上下左右 4 个相邻点分别进行相位解缠，解缠完成后将它们标记为已解缠点，并将它们按质量值的高低存储到一个有序数组中，称为“邻接列”。

（2）从“邻接列”中移出质量值最高的像素点，以它为基准对 4 个相邻点中未被解缠的点进行解缠并标记，并将它们按照质量值的高低加入“邻接列”中。

（3）重复步骤（2）直到“邻接列”为空，表明所有像素点都已经完成解缠。

图 4.29 为质量指导的路径跟踪示意图。

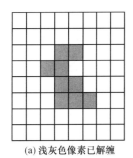 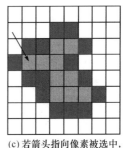

(a) 浅灰色像素已解缠　　　(b) 深灰色像素组成邻接列　　　(c) 若箭头指向像素被选中，则更新邻接列

图 4.29　质量指导的路径跟踪示意图

2. 最小范数法

最小范数法是将相位解缠问题转化为数学上的最小范数问题[49]。设缠绕相

位为 $\varphi_{i,j}$，解缠相位为 $\phi_{i,j}$，其中，$i=0,1,\cdots,M-1,j=0,1,\cdots,N-1$。最小 L^p 范数法就是在最小 L^p 范数意义下，使解缠相位 $\phi_{i,j}$ 的梯度与缠绕相位 $\varphi_{i,j}$ 的梯度一致。故使式(4.71)最小化的 $\phi_{i,j}$ 即最小 L^p 范数解：

$$J = \varepsilon^p = \sum_{i=0}^{M-2}\sum_{j=0}^{N-1} |\phi_{i+1,j} - \phi_{i,j} - \Delta_{i,j}^x|^p + \sum_{i=0}^{M-1}\sum_{j=0}^{N-2} |\phi_{i,j+1} - \phi_{i,j} - \Delta_{i,j}^y|^p$$

(4.71)

J 相对于 ϕ 的变化可以表示为

$$\delta J = p(\delta_1 + \delta_2) \tag{4.72}$$

式中

$$\delta_1 = \sum_{i=0}^{M-2}\sum_{j=0}^{N-1} (\phi_{i+1,j} - \phi_{i,j} - \Delta_{i,j}^x) |\phi_{i+1,j} - \phi_{i,j} - \Delta_{i,j}^x|^{p-2} (\delta\phi_{i+1,j} - \delta\phi_{i,j})$$

(4.73)

$$\delta_2 = \sum_{i=0}^{M-1}\sum_{j=0}^{N-2} (\phi_{i,j+1} - \phi_{i,j} - \Delta_{i,j}^y) |\phi_{i,j+1} - \phi_{i,j} - \Delta_{i,j}^y|^{p-2} (\delta\phi_{i,j+1} - \delta\phi_{i,j})$$

(4.74)

令

$$a_{i,j} = \begin{cases} (\phi_{i+1,j} - \phi_{i,j} - \Delta_{i,j}^x) |\phi_{i+1,j} - \phi_{i,j} - \Delta_{i,j}^x|^{p-2}, & 0 \leqslant i \leqslant M-2, 0 \leqslant j \leqslant N-1 \\ 0, & i=-1, M-1, 0 \leqslant j \leqslant N-1 \end{cases}$$

(4.75)

$$b_{i,j} = \begin{cases} (\phi_{i,j+1} - \phi_{i,j} - \Delta_{i,j}^y) |\phi_{i,j+1} - \phi_{i,j} - \Delta_{i,j}^y|^{p-2}, & 0 \leqslant i \leqslant M-1, 0 \leqslant j \leqslant N-2 \\ 0, & j=-1, N-1, 0 \leqslant i \leqslant M-1 \end{cases}$$

(4.76)

则有

$$\delta_1 = \sum_{i=0}^{M-2}\sum_{j=0}^{N-1} a_{i,j}(\delta\phi_{i+1,j} - \delta\phi_{i,j}) \tag{4.77}$$

$$\delta_2 = \sum_{i=0}^{M-1}\sum_{j=0}^{N-2} b_{i,j}(\delta\phi_{i,j+1} - \delta\phi_{i,j}) \tag{4.78}$$

调整 i、j 的值，式(4.77)和式(4.78)可重写为

$$\delta_1 = -\sum_{i=0}^{M-1}\sum_{j=0}^{N-1} (a_{i,j} - a_{i-1,j})\delta\phi_{i,j} \tag{4.79}$$

$$\delta_2 = -\sum_{i=0}^{M-1}\sum_{j=0}^{N-1} (b_{i,j} - b_{i,j-1})\delta\phi_{i,j} \tag{4.80}$$

因此，δJ 可表示为

$$\delta J = -p\sum_{i=0}^{M-1}\sum_{j=0}^{N-1} (a_{i,j} - a_{i-1,j} + b_{i,j} - b_{i,j-1})\delta\phi_{i,j} \tag{4.81}$$

令 $\delta J=0$，假设 $\delta\phi_{i,j}$ 是任意的，由此可以推出

$$a_{i,j}-a_{i-1,j}+b_{i,j}-b_{i,j-1}=0 \tag{4.82}$$

将式(4.82)展开，可写为

$$(\phi_{i+1,j}-\phi_{i,j}-\Delta_{i,j}^{x})U(i,j)-(\phi_{i,j}-\phi_{i-1,j}-\Delta_{i-1,j}^{x})U(i-1,j)$$
$$+(\phi_{i,j+1}-\phi_{i,j}-\Delta_{i,j}^{y})V(i,j)-(\phi_{i,j}-\phi_{i,j-1}-\Delta_{i,j-1}^{y})V(i,j-1)=0 \tag{4.83}$$

式中

$$U(i,j)=\begin{cases} |\phi_{i+1,j}-\phi_{i,j}-\Delta_{i,j}^{x}|^{p-2}, & i=0,\cdots,M-2;j=0,\cdots,N-1 \\ 0, & \text{其他} \end{cases} \tag{4.84}$$

$$V(i,j)=\begin{cases} |\phi_{i,j+1}-\phi_{i,j}-\Delta_{i,j}^{y}|^{p-2}, & i=0,\cdots,M-1;j=0,\cdots,N-2 \\ 0, & \text{其他} \end{cases} \tag{4.85}$$

以上即最小 L^{p} 范数法待解的非线性偏微分方程及其边界条件。

应用较为广泛的最小 L^{p} 范数法为最小二乘法，下面具体介绍无权重最小二乘法和加权最小二乘法两种方法。

1) 无权重最小二乘法

当 $p=2$ 时，式(4.83)退化为离散形式的泊松方程，即

$$(\phi_{i+1,j}-2\phi_{i,j}+\phi_{i-1,j})+(\phi_{i,j+1}-2\phi_{i,j}+\phi_{i,j-1})=\rho_{i,j} \tag{4.86}$$

式中

$$\rho_{i,j}=(\Delta_{i,j}^{x}-\Delta_{i-1,j}^{x})+(\Delta_{i,j}^{y}-\Delta_{i,j-1}^{y}) \tag{4.87}$$

无权重的最小二乘法，即需要求解上述泊松方程。解泊松方程的经典算法为高斯-赛德尔迭代方法，该方法将 $\phi_{i,j}$ 初始化为零，然后按式(4.88)进行迭代更新，直至收敛：

$$\phi_{i,j}=\frac{(\phi_{i+1,j}+\phi_{i-1,j}+\phi_{i,j+1}+\phi_{i,j-1})-\rho_{i,j}}{4} \tag{4.88}$$

无权重最小二乘算法的关键在于解方程的效率。主要有两类快速算法：一类是基于变换的方法，包括基于快速傅里叶变换(FFT)的方法[51,52]和基于离散余弦变换(DCT)的方法[53]；另一类是多网格方法[49]。这里仅介绍一种基于 FFT 的快速方法，其他方法不再一一详述，有兴趣的读者可以参阅相关文献。

将输入的信号通过镜像映射可扩展为周期信号，这样待解的方程可以直接利用 FFT 求解。下面首先讨论将泊松方程应用到周期函数中。泊松方程是一个如下形式的偏微分方程：

$$\frac{\partial^{2}}{\partial x^{2}}\phi(x,y)+\frac{\partial^{2}}{\partial y^{2}}\phi(x,y)=\rho(x,y) \tag{4.89}$$

该方程定义在平面上的闭区域 D，在纽曼边界条件给定后，可以得到除了附加常数以外唯一的解 $\phi(x,y)$。然而，在某些特定的条件下，并不需要边界条件。假设将可能的解集 $\phi(x,y)$ 限制为周期函数，即对平面上的所有点均满足 $\phi(x,y)=\phi(x+$

$M,y)=\phi(x,y+N)$,其中 M 和 N 为固定的常数值。这样该函数的值域包括其最大值均可以在 $0\leqslant x\leqslant M$,$0\leqslant y\leqslant N$ 的闭区域内获得。假设上述泊松方程有两个不同的周期函数解为 ϕ_1 和 ϕ_2,由于两者之差 $\phi=\phi_1-\phi_2$ 也为周期函数,因此在平面上的一点处可以获得最大值。进一步,由于 ϕ_1 和 ϕ_2 均满足泊松方程,故 ϕ 满足 $\dfrac{\partial^2\phi}{\partial x^2}+\dfrac{\partial^2\phi}{\partial y^2}=0$。根据高斯均值理论,$\phi(\boldsymbol{a})$ 满足:

$$\phi(\boldsymbol{a})=\frac{1}{2\pi}\int_0^{2\pi}\phi(\boldsymbol{a}+r_0\mathrm{e}^{\mathrm{j}\theta})\mathrm{d}\theta \tag{4.90}$$

由于 $\phi(\boldsymbol{a})$ 为最大值,因此只有当 ϕ 为常数函数时才能满足上述条件。因此,当解限制为周期函数时,泊松方程仅有除附加常数以外的唯一解,故不需要边界条件。

　　下面具体介绍基于 FFT 的泊松方程解法。将缠绕相位 $\varphi_{i,j}$ 做关于直线 $i=M$ 和 $i=N$ 的镜像映射,从而扩展为周期函数 $\tilde{\varphi}_{i,j}$ 如下,沿 x 和 y 方向的周期分别为 $2M$ 和 $2N$:

$$\tilde{\varphi}_{i,j}=\begin{cases}\varphi_{i,j}, & 0\leqslant i\leqslant M,\ 0\leqslant j\leqslant N\\\varphi_{2M-i,j}, & M<i<2M,\ 0\leqslant j\leqslant N\\\varphi_{i,2N-j}, & 0\leqslant i\leqslant M,\ N<j<2N\\\varphi_{2M-i,2N-j}, & M<i<2M,\ N<j<2N\end{cases} \tag{4.91}$$

待求解的解缠相位 $\phi_{i,j}$ 也可以看成将其通过镜像映射得到的周期函数 $\tilde{\phi}_{i,j}$ 的一部分。

　　下面推导 $\phi_{i,j}$ 的最小二乘估计。由于 $\tilde{\varphi}_{i,j}$ 为周期函数,定义在整个平面上,因此不需要再定义边界条件。$\tilde{\varphi}_{i,j}$ 沿 x 和 y 方向的相位梯度定义如下:

$$\Delta_{i,j}^x=w\{\tilde{\varphi}_{i+1,j}-\tilde{\varphi}_{i,j}\},\quad \Delta_{i,j}^y=w\{\tilde{\varphi}_{i,j+1}-\tilde{\varphi}_{i,j}\} \tag{4.92}$$

需要求解 $\tilde{\phi}_{i,j}$ 使其相位梯度与上述相位梯度之差的平方和最小,该最小二乘解即以下离散泊松方程的解:

$$(\tilde{\phi}_{i+1,j}-2\tilde{\phi}_{i,j}+\tilde{\phi}_{i-1,j})+(\tilde{\phi}_{i,j+1}-2\tilde{\phi}_{i,j}+\tilde{\phi}_{i,j-1})=\tilde{\rho}_{i,j} \tag{4.93}$$

式中

$$\tilde{\rho}_{i,j}=(\Delta_{i,j}^x-\Delta_{i-1,j}^x)+(\Delta_{i,j}^y-\Delta_{i,j-1}^y) \tag{4.94}$$

由于 $\tilde{\rho}_{i,j}$ 与 $\tilde{\phi}_{i,j}$ 均为周期函数,因而可以利用 FFT 解上述泊松方程。对方程两边分别做 $2M\times 2N$ 点的 FFT,可得

$$\Phi_{m,n}=\frac{P_{m,n}}{2\cos(\pi m/M)+2\cos(\pi n/N)-4} \tag{4.95}$$

式中,$\Phi_{m,n}$ 和 $P_{m,n}$ 分别为 $\tilde{\phi}_{i,j}$ 和 $\tilde{\rho}_{i,j}$ 的 FFT 结果。式(4.95)未定义 $\Phi_{0,0}$,由于上述泊松方程仅有除附加常数以外的唯一解,故可以令 $\Phi_{0,0}=0$,对式(4.95)两边再分别做 IFFT 即可解出 $\tilde{\phi}_{i,j}$,对 $\tilde{\phi}_{i,j}$ 取其中 $i=0,1,\cdots,M-1$,$j=0,1,\cdots,N-1$ 的部分即得到解缠相位 $\phi_{i,j}$。

2) 加权最小二乘法

与路径跟踪法不同,最小二乘法解缠时直接穿过相位不一致区,而不是绕过。在某些情况下,最小二乘法由于是全局最优解,解缠结果更为平滑,比路径跟踪法要好。但大多数情况下,由于未充分考虑残差点的影响,解缠结果并不理想。这一问题可以通过引入合适的权重来克服。通常,权重的范围设为 0~1,可由相干系数图或其他质量图来确定。这样,最小二乘问题即转化为加权最小二乘问题。需使式(4.96)最小化:

$$J = \varepsilon^2 = \sum_{i=0}^{M-2} \sum_{j=0}^{N-1} U(i,j) \mid \phi_{i+1,j} - \phi_{i,j} - \Delta_{i,j}^x \mid^2 + \sum_{i=0}^{M-1} \sum_{j=0}^{N-2} V(i,j) \mid \phi_{i,j+1} - \phi_{i,j} - \Delta_{i,j}^y \mid^2$$
(4.96)

式中,梯度权重 $U(i,j)$ 和 $V(i,j)$ 定义为

$$U(i,j) = \min(w_{i+1,j}^2, w_{i,j}^2)$$
$$V(i,j) = \min(w_{i,j+1}^2, w_{i,j}^2)$$
(4.97)

该问题的最小二乘解 $\phi_{i,j}$ 可由如下方程得出:

$$U(i,j)(\phi_{i+1,j} - \phi_{i,j}) - U(i-1,j)(\phi_{i,j} - \phi_{i-1,j}) + V(i,j)(\phi_{i,j+1} - \phi_{i,j})$$
$$- V(i,j-1)(\phi_{i,j} - \phi_{i,j-1}) = c_{i,j}$$
(4.98)

式中

$$c_{i,j} = U(i,j)\Delta_{i,j}^x - U(i-1,j)\Delta_{i-1,j}^x + V(i,j)\Delta_{i,j}^y - V(i,j-1)\Delta_{i,j-1}^y$$
(4.99)

与离散泊松方程不同,式(4.98)不能直接通过 FFT 或 DCT 方法求解,必须通过迭代的方法求解。经典的高斯-赛德尔松弛迭代法利用式(4.100)进行多次迭代求解:

$$\phi_{i,j} = \frac{U(i,j)\phi_{i+1,j} + U(i-1,j)\phi_{i-1,j} + V(i,j)\phi_{i,j+1} + V(i,j-1)\phi_{i,j-1} - c_{i,j}}{v_{i,j}}$$
(4.100)

式中

$$v_{i,j} = U(i,j) + U(i-1,j) + V(i,j) + V(i,j-1)$$
(4.101)

高斯-赛德尔迭代方法收敛较慢,实际处理中有预处理共轭梯度法[53]、多网格法[54]等快速求解方法,这里不再具体介绍。

近年来,发展出了基于网络规划的相位解缠方法[55,56],并受到广泛的关注,该方法的主要思想是最小化解缠相位梯度与缠绕相位梯度之间的差异,并将其转化为求解最小费用流的网络优化问题。由于最小费用流问题有比较成熟的算法,并且计算效率较高,因此可以大大提高解缠的速度。事实上,该方法本质上可看成一种最小 L^1 范数法。此外,Goldstein 枝切法也可以看成一种最小 L^0 范数法,也就是寻找使相位不连续的点最少的解。

除了以上两类相位解缠方法,还发展出了基于多基线、多频 InSAR 系统获取

解缠相位的方法,通过中国余数定理[57,58]或距离子带分割[59,60]等方法,无须对相位梯度进行空间积分就可以估计出解缠相位,从而将误差限制在单个像素,避免了相位误差传播的问题。

4.7.3　一种质量指导法的快速实现方法

路径跟踪法中的质量指导算法使用辅助的相位质量信息控制相位解缠的路径,具有较高的解缠准确度,但由于在相位解缠过程中需要对质量值进行排序以确定解缠的路径,因此大量的排序操作使得相位解缠的速度很慢。本节介绍一种质量指导法的快速实现方法,以提高其运算效率[61]。

根据4.7.2节所述的质量指导法的路径跟踪策略可知,"邻接列"是一个有序的数组,按质量值的高低排序,每次取出质量最高的像素,解缠其相邻的像素,并将它们按质量值高低插入"邻接列",即路径跟踪的过程是不断从一个有序的数组中删除最大元素并插入新的元素,而且在插入后仍然保持其有序性不变的过程。常用的质量指导方法采用二分查找的方法插入新元素,其时间复杂度为$O(n)$,n为"邻接列"的长度。在干涉相位数据维度较大时,插入查找过程会相当费时。文献[62]提出通过分块处理降低路径搜索的计算量,然而分块解缠后子数据块之间的相位合并是一难点,容易造成分块之间的相位不连续。为此,本节提出利用堆数据结构来实现在"邻接列"中快速插入新元素的方法。

堆数据结构[63]是一种数组对象,它可以视为一棵完全二叉树。树中每个节点与数组中存放该节点值的那个元素对应。树的每一层都是填满的,最后一层可能除外。设数组$\{r_1,r_2,\cdots,r_n\}$为堆,它还满足如下的性质:

$$\begin{cases} r_i \leqslant r_{2i} \\ r_i \leqslant r_{2i+1} \end{cases} \quad \text{或} \quad \begin{cases} r_i \geqslant r_{2i} \\ r_i \geqslant r_{2i+1} \end{cases}, \quad i=1,2,\cdots,[n/2] \qquad (4.102)$$

可见,r_1必是数组中的最小值或最大值,因此分别称为最小堆或最大堆。本节使用最大堆作为"邻接列"的数据结构,它的特性为除了根,每个节点的值都不大于其父节点的值。这样,堆中的最大元素存放在根节点中,在以某一节点为根的子树中,各节点的值都不大于该子树根节点的值。

对最大堆进行操作的一个重要的子程序为保持堆的性质,其输入为数组A和位置i,假设以$A[i]$的左孩子和右孩子为根的两棵二叉树均为最大堆,但$A[i]$可能小于其子女,违反了最大堆性质。调整的过程是使$A[i]$在堆中不断下降直到满足最大堆的性质。在最坏的情况下,该操作作用于一个高度为h的节点的时间复杂度为$O(h)$。在建立最大堆、删除根节点的过程中均要用到保持堆性质这一子程序。

根据 4.7.2 节中的质量指导路径跟踪的操作步骤可知,对于以最大堆为数据结构的"邻接列",需要进行以下几种操作:

(1) 建立初始最大堆。对应 4.7.2 节质量指导法的步骤(1),即将种子点相邻像素的质量值作为关键字,建成最大堆。由于仅考虑上下左右 4 个方向的相邻像素,因此,初始堆最多只有 4 个元素。建堆的过程就是对数组中所有非叶子节点,按位置从大到小均执行一次保持堆性质的操作,就可形成最大堆。图 4.30 显示了初始建堆的过程。

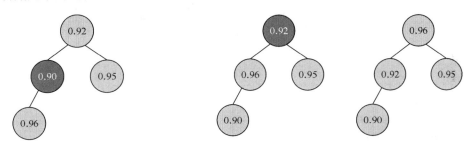

(a) 初始二叉树　　　　　　　　　　　　　　(b) 将二叉树调整为最大堆

图 4.30　建立初始最大堆示意图(其中深灰色节点表示待执行保持堆性质操作的节点)

(2) 删除最大堆的根节点,并将剩余元素调整为最大堆。对应 4.7.2 节质量指导法的步骤(2)中取出"邻接列"中质量值最高的像素点。根节点为数组中第 1 个元素,通过交换第 1 个元素与最后一个元素,并将数组的长度减 1 实现删除,对新的根节点执行保持堆性质的操作,从而将剩余元素重新调整为最大堆。图 4.31 为删除根节点的过程。

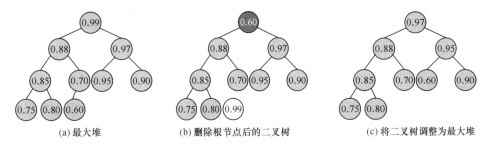

(a) 最大堆　　　　　　　　(b) 删除根节点后的二叉树　　　　　(c) 将二叉树调整为最大堆

图 4.31　最大堆删除根节点示意图(其中深灰色节点表示待执行保持堆性质操作的节点)

(3) 插入新节点,并将新数组调整为最大堆。对应 4.7.2 节质量指导法的步骤(2)中将当前处理像素的相邻像素按照质量值的高低加入到"邻接列"中。首先在数组的最后增加一个元素,以当前处理像素的一个相邻像素的质量值作为关键字,然后将该新增节点不断与其父节点相比,若该元素的关键字较大,则交换它们的关键字,继续向上移动直至元素的关键字小于其父节点,此时将新数组调整为最大堆。图 4.32 为插入一个新节点的过程。

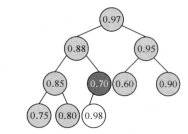

(a) 在图4.31(c)最大堆的最后插入新节点后的二叉树

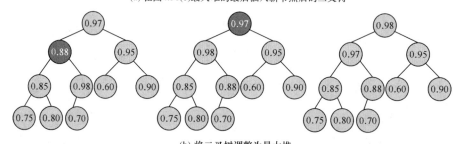

(b) 将二叉树调整为最大堆

图 4.32　最大堆插入新节点示意图(其中深灰色节点表示与新增节点相比较的父节点)

下面具体分析上述 3 个步骤的时间复杂度。由于建立初始最大堆时最多只有 4 个元素,与其他过程相比,其运行时间可以忽略。对于包含 n 个元素的堆,其高度为 $\log_2 n$,因此删除根节点并调整为最大堆的时间复杂度为 $O(\log_2 n)$。插入新节点时,新节点到根节点的路径长度即高度 $\log_2 n$,故插入新节点并调整为最大堆的时间复杂度也为 $O(\log_2 n)$。

因此,基于堆排序的质量指导相位解缠的复杂度可表示为 $O(\log_2 n)$,与传统方法 $O(n)$ 的时间复杂度相比,效率大大提高,而且随着 n 的增大,效率的提高更加显著,这对于实际测绘应用中大块干涉相位图的处理具有十分重要的意义。

表 4.7 对比了用本节基于堆排序的质量指导路径跟踪方法和传统质量指导法解缠不同大小的实测干涉相位图的运行时间。两种方法在同一台计算机上运行(Core i5 3.10GB CPU,2GB 内存),利用 Visio Studio 2010 实现。通过对比可以看出,本节提出的方法在计算效率上明显优于传统方法,而且随着干涉相位数据的增大,加速比增大,这与前面对本节方法与传统方法时间复杂度的对比分析相一致。因此,本节方法可用于解决干涉 SAR 在大面积测绘时大块干涉相位图解缠的效率问题。

表 4.7　本书算法与传统质量指导算法所用时间对比

图像尺寸	本节方法 运行时间/s	传统方法 运行时间/s	加速比
1024×1024	3.125	7.25	2.32
2048×2048	12.125	51.015	4.21
4096×4096	51.125	398.515	7.80
8192×8192	247.553	3137.72	12.68

4.7.4　基于地形特征的相位解缠方法

在一些特殊的地形条件或成像场景下,获取的干涉相位图会出现相位连续性被破坏甚至全是噪声的情况,这就给干涉相位解缠带来了很大困难,按照常规解缠算法处理容易引起相位误差的传播,进而影响干涉测量的精度。这些场景主要包括叠掩和阴影等几何畸变区域[64],水体、道路等弱散射区域以及其他去相干严重的区域等。

因此,本节分别从叠掩、阴影和水体区域的地形特征出发,从理论上分析其对应干涉相位的特性,在此基础上,给出避免误差传播的相位解缠方法。

1. 叠掩区域相位解缠方法

由于 SAR 侧视成像的特点,SAR 图像中的几何畸变比光学图像严重得多。对于起伏较大的山区地形,几何畸变的现象尤为严重。图 4.33 显示了不同星载 InSAR 系统根据 Apls 区域 DEM 计算出的阴影和叠掩区域在图像中所占的比例[65],可以看出,对于 SRTM 的 X 波段系统在 54°入射角时有 6%～10%的阴影区

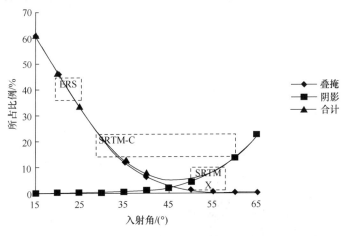

图 4.33　Apls 区域阴影和叠掩区域在 SAR 图像中的比例

域,C 波段叠掩和阴影区域最大达到 20%,ERS 系统则有约 40%的阴影和叠掩区域。由此可见,几何畸变是影响 InSAR 处理精度的一个关键问题。

当地面场景的迎坡坡度过大时,会导致不同高度区域的回波投影到同一个距离-多普勒单元内,形成叠掩现象。叠掩区域的干涉相位反映的是多个散射源矢量叠加的结果,在 SAR 幅度图像中通常表现为较亮的区域,而干涉相位中存在跳变的现象,如图 4.34(见文后彩图)所示。传统的单基线干涉处理方法无法分辨同一采样单元内的多个散射源的相位信息,从而无法准确反演其高程,而且干涉相位的不连续使得解缠时无法传递正确的相位缠绕周期,从而影响其他区域相位解缠的准确性。多基线 InSAR 技术利用信号谱估计等方法可以实现对叠掩区域多个散射源的分辨[66-68],然而目前多基线干涉数据的缺乏限制了该研究的开展。下面通过分析叠掩区域的干涉相位特性,提出单基线条件下基于频率估计的叠掩区域相位解缠方法,并利用实测数据进行验证。

 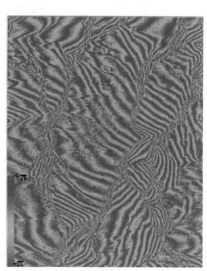

(a) 幅度图像　　　　　　　　　　(b) 干涉相位图

图 4.34　ERS 数据叠掩区域幅度图像和干涉相位图[65]

1) 相位特征分析

图 4.35 给出了简单山体形成叠掩的 SAR 成像几何关系示意图。可以看出,山顶点 P_1 到 SAR 的斜距为 r_{P_1},小于山底点 P_2 到 SAR 的斜距 r_{P_2},因此在斜距 r_{P_1} 和 r_{P_2} 之间的每一个距离向像素单元内均由来自区域 A、区域 B 和区域 C 中的三个散射源叠加形成,从而产生了叠掩区域。而在斜距小于 r_{P_1} 的区域 D 和斜距大于 r_{P_2} 的区域 E 中,回波信号都仅包含单个散射源,是非叠掩区域。

下面通过仿真类似图 4.35 示意的简单山体的干涉相位,从而分析叠掩区域的干涉相位特征。仿真参数如表 4.8 所示,场景 DEM 如图 4.36 所示,迎坡坡度角为 70°。

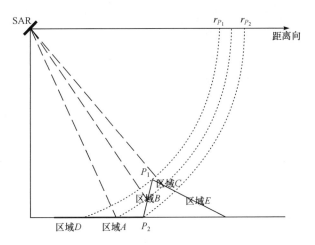

图 4.35　SAR 叠掩区域成像几何关系示意图

表 4.8　仿真系统参数

波长	飞行高度	视角	基线长度	基线角
0.03m	3000m	53°	2m	0.5°

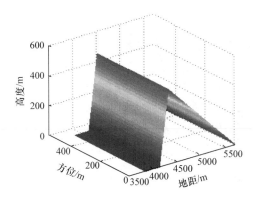

图 4.36　仿真区域高程图

　　通过仿真计算出该场景沿距离向的干涉相位如图 4.37(a) 所示,图中两条竖直黑色虚线之间表示叠掩区域的干涉相位,这里分别计算了形成叠掩的三部分区域的干涉相位。可以看出,区域 B 的相位频率与区域 A 和 C 相反。而区域 A 的相位与区域 D 的相位是连续的,同样区域 C 的相位与区域 E 的相位连续。此外,在叠掩区域的起始点 P_1 处,区域 B 和区域 C 重合为一点,因此具有相同的干涉相位 ϕ_4;与之类似,在叠掩区域的结束点 P_2 处,区域 B 和区域 A 具有相同的干涉相位 ϕ_2。通常情况下认为叠掩区域中迎坡面的散射强度占主导地位,因此叠掩区域的干涉相位通常表现为区域 B 的相位特征,即具有与非叠掩区域相反的相位频率,且在起始点和结束点处存在相位的跳变。在这一假设前提下,图 4.37(a) 中的绝对相位缠绕后的相位如图 4.37(b) 所示。观察实际的干涉数据可以发现,叠掩区域确实具有与相邻区域相反的相位频率,图 4.38(见文后彩图)给出了一幅含叠掩区域的实测干涉相位图,黑色方框内部的区域为叠掩区域。

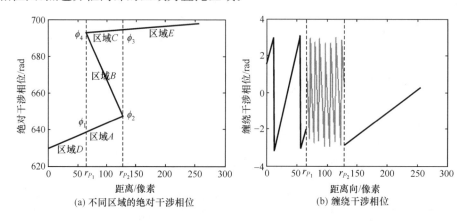

(a) 不同区域的绝对干涉相位　　(b) 缠绕干涉相位

图 4.37　仿真叠掩区域沿距离向的干涉相位

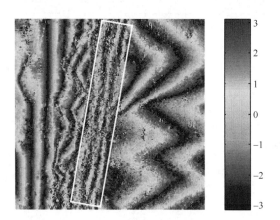

图 4.38　实测叠掩区域干涉相位图

以上通过简单的山体地形仿真分析了叠掩区域干涉相位的特征,下面进一步从理论上对仿真结果进行解释。将干涉相位沿距离向的局部频率重写如下:

$$\Delta f \approx Q f_0 \frac{B_\perp}{2R\tan(\theta-\vartheta)} \tag{4.103}$$

当迎坡面的坡度角大于雷达视角时,在 SAR 图像中产生叠掩现象。也就是对于图 4.37(a) 所示的区域 B,有 $\vartheta_B > \theta$,由式(4.103)可知,此时区域 B 对应干涉相位的距离向局部频率 $\Delta f_B < 0$。而对于与区域 B 中的散射源投影到相同位置的区域 A 和 C,区域 A 的坡度角 $0° < \vartheta_A < \theta$,区域 C 的坡度角 $\theta-90° < \vartheta_C < 0°$,代入

式(4.103)分别有 $\Delta f_A > 0$、$\Delta f_C > 0$。与叠掩区域相邻的区域 D 和区域 E 分别具有与区域 A 和 C 相同的坡度角,因此同样有 $\Delta f_D > 0$、$\Delta f_E > 0$。当迎坡面散射强度占主导地位时,叠掩区域的干涉相位在距离向呈现出与其他区域相反的频率特性。这就从理论上解释了以上仿真得出的结论。

2) 解缠算法流程

根据上述的分析可知,叠掩区域由于存在干涉相位的跳变,因此利用传统的相位解缠方法难以恢复正确的绝对相位,而且会将由相位跳变引起的解缠误差传播到其他非叠掩区域,影响其他区域的高程测量精度。因此,需要根据叠掩区域的相位特征设计解缠方法。利用图 4.37(a)所示的区域 A 和区域 C 分别与区域 D 及区域 E 之间的相位连续性,可以通过估计区域 D 和区域 E 的干涉相位频率,从而获得区域 A 和 C 的相位频率。这样在解缠得到区域 D 的相位 ϕ_1 或区域 E 的相位 ϕ_3 后,就可以进一步估计出区域 B 边界的解缠相位 ϕ_2 或 ϕ_4,从而消除相位跳变的影响。根据这一思想,本节提出基于局部频率估计的叠掩区域相位解缠方法,具体实现步骤如下:

(1) 叠掩区域在幅度图像中表现为较亮的区域,而且相干性较低,干涉相位具有与非叠掩区域相反的距离向局部频率,因此首先利用相干系数图、干涉相位图以及 SAR 幅度图像检测并提取出叠掩区域。

(2) 将叠掩区域掩膜后,对其他区域利用传统方法进行相位解缠,此时得到如图 4.37(a)中区域 D 和区域 E 的相位分别为 ϕ_D 和 ϕ_E,其中,r_{P_1} 和 r_{P_2} 处的相位分别为 ϕ_{1r} 和 ϕ_{3r},此时 ϕ_{1r} 和 ϕ_{3r} 之间的相对值与实际情况存在偏差。

(3) 将非叠掩区域掩膜,仅对叠掩区域利用传统方法进行相位解缠,得到如图 4.37(a)中区域 B 的解缠相位,其边界值分别为 ϕ_{2r} 和 ϕ_{4r},此时的解缠相位并不是反映地形高程的绝对相位,而与绝对相位之间相差一个常数值。

(4) 通过局部频率估计得到叠掩附近区域,即如图 4.37(a)中的区域 D 及区域 E 沿距离向的干涉相位频率分别为 f_{r_D} 和 f_{r_E},这里利用与 4.6.4 节相同的最大似然估计方法进行局部频率估计,这里不再详细叙述。

(5) 假设区域 D 的解缠相位即绝对相位,则根据区域 A 和区域 D 之间的相位连续性,可以得出区域 B 在 r_{P_2} 处的绝对相位为

$$\phi_{2a} = \phi_{1r} + 2\pi f_{r\_D} N \tag{4.104}$$

式中,N 为叠掩区域沿距离向的像素数。进一步,区域 B 在 r_{P_1} 处以及其内部的绝对相位可分别表示为

$$\phi_{4a} = \phi_{2a} - \phi_{2r} + \phi_{4r}$$
$$\phi_{Ba} = \phi_{2a} - \phi_{2r} + \phi_{Br} \tag{4.105}$$

再利用区域 C 和区域 E 之间的相位连续性,则可以得出区域 E 在 r_{P_2} 处的绝对相位为

$$\phi_{3a} = \phi_{4a} + 2\pi f_{r\_E} N \tag{4.106}$$

因此,区域 E 的绝对相位可表示为

$$\phi_{Ea} = \phi_{3a} - \phi_{3r} + \phi_{E'} \tag{4.107}$$

通过以上步骤,整个区域的相位得到展开,而且可以消除叠掩区域边界相位不连续的影响,避免相位误差的传播。

3) 实验结果分析

下面,按前面提出的相位解缠方法对图 4.38 中所示的实测干涉相位进行解缠,从而验证本节提出方法的有效性。

图 4.39(a)和(b)给出了该实测数据对应的 SAR 幅度图像和相干系数图,由此检测出叠掩区域的掩膜图如图 4.39(c)所示。分别用本节的方法和简单的质量指导解缠方法对图 4.38 的干涉相位进行解缠,得到的解缠相位分别如图 4.40(a)和(b)所示。图 4.40(c)对比了图 4.40(a)和(b)中黑色直线所示方位向的两种方法的解缠相位,图 4.40(d)给出了与之相对应的 DEM 解算结果对比。可以看出,由于迎坡面的相位占主导地位,因而本节方法的解缠相位在叠掩起始点和结束点均出现了相位的跳变,相应的 DEM 也存在跳变而且在叠掩区域呈递减趋势,也就是叠掩表现出的"顶底倒置"现象,这与前面的理论分析是一致的。而直接用质量指导法解缠由于未考虑叠掩区域边界相位不连续的影响,造成叠掩区域解缠相位的误差,在积分路径穿过叠掩区域时进而将误差传播到叠掩右侧区域。

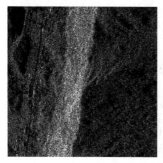 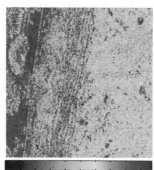 

0.1 0.2 0.3 0.4 0.5 0.6 0.7 0.8 0.9

(a) SAR幅度图像　　　　　　(b) 相干系数图　　　　　　(c) 叠掩区域掩膜图

图 4.39　含叠掩区域实测数据

进一步,将本节方法解算出的 DEM 投影到地距坐标系中,并与外源粗 DEM 数据 ASTER DEM 进行比较如图 4.40(e)所示,可以看出两者基本相符。由于本节方法仅反演出了叠掩区域中迎坡面的高程信息,因而在地距坐标系中存在无高程信息的区域,即相当于图 4.37(a)中示意的区域 A 和区域 C 的高程没有重建。要得到叠掩区域多个散射源的高程信息,可以利用多基线干涉技术进行分辨不同的散射源,这里由于缺乏多基线数据,因而不再进行讨论。

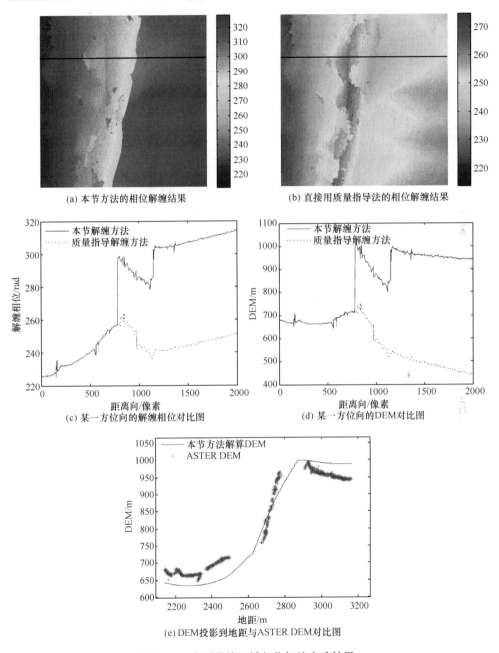

(a) 本节方法的相位解缠结果　　　　　　　　　(b) 直接用质量指导法的相位解缠结果

(c) 某一方位向的解缠相位对比图　　　　　　　(d) 某一方位向的DEM对比图

(e) DEM投影到地距与ASTER DEM对比图

图 4.40　实测叠掩区域相位解缠实验结果

2. 阴影区域相位解缠方法

当地面场景背坡坡度大于雷达波束俯角时,地面较高区域会对背坡区域形成遮挡,雷达接收不到地表或高程的有用回波信息,形成阴影区域。阴影区域在 SAR 幅度图像中表现为较暗的区域,相应的干涉相位呈噪声特性,残差点密集,相位解缠时容易引起相位误差的传播[69,70],如图 4.41(见文后彩图)所示。下面通过分析阴影区域的干涉相位特性,介绍利用相位补偿方法避免解缠时相位误差的传播,并通过处理实测数据验证这一方法的有效性。

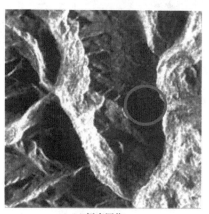 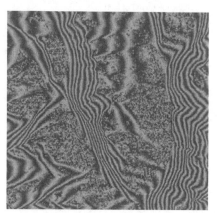

(a) 幅度图像　　　　　　　　　　　　　　(b) 干涉相位图

图 4.41　SRTM 数据阴影区域幅度图像和干涉相位图[65]

1) 相位特征分析

干涉 SAR 阴影区域成像几何关系如图 4.42 所示。图中阴影区域起始点为 P_t,对应天线 1 和天线 2 的斜距分别为 R_{top} 和 $R_{\text{top}}+\Delta R_{\text{top}}$,结束点为 P_b,对应天线 1 和天线 2 的斜距分别为 R_{bot} 和 $R_{\text{bot}}+\Delta R_{\text{bot}}$。由此可知,阴影区域起始点和结束点的干涉相位分别为

$$\phi_{\text{top}}=\frac{2Q\pi}{\lambda}\Delta R_{\text{top}} \tag{4.108}$$

$$\phi_{\text{bot}}=\frac{2Q\pi}{\lambda}\Delta R_{\text{bot}} \tag{4.109}$$

由于阴影区域起始点和结束点位于同一视线上,即具有相同的视角 θ_0,因此根据式(2.9),ϕ_{top} 和 ϕ_{bot} 可以分别近似表示为

$$\phi_{\text{top}}\approx-\frac{2Q\pi}{\lambda}B\sin(\theta_0-\alpha) \tag{4.110}$$

$$\phi_{\text{bot}}\approx-\frac{2Q\pi}{\lambda}B\sin(\theta_0-\alpha) \tag{4.111}$$

可见阴影区域起始点和结束点的干涉相位近似相等,即

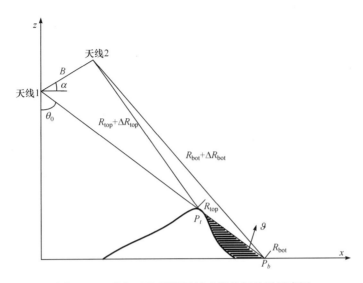

图 4.42　干涉 SAR 阴影区域成像几何关系示意图

$$\phi_{top} \approx \phi_{bot} \tag{4.112}$$

从另一个角度来分析,干涉相位沿距离向的局部条纹频率可表示为

$$\Delta f \approx Q f_0 \frac{B_\perp}{2R\tan(\theta-\vartheta)} \tag{4.113}$$

在阴影起始点和结束点之间的地形坡度角为 $\vartheta=\theta-90°$,代入式(4.113)即有 $\Delta f \approx 0$,表明阴影区域沿距离向的局部条纹频率接近为零,由此可知两个临界端点的干涉相位之差近似为零。

以上从几何关系和局部频率两个角度的分析均表明阴影区域的起始点和结束点之间相位改变很小。由于以上分析中进行了一些近似,为了进一步确定实际系统阴影区域相位变化的范围,下面以表 4.9 所示的机载双天线干涉系统参数为例,仿真计算该相位差。在不同视角和山体高度下的相位差如图 4.43 所示,可以看出该相位差很小,绝对值均在 2π 以内,也就是说阴影区域两个临界端点之间不存在相位周期的改变。这一特征可以用来确定阴影区域两侧干涉相位的相对值,从而可以避免相位解缠路径穿过阴影区域时引起的相位误差的传播。下面将阐述具体的相位解缠方法。

表 4.9　干涉系统参数

波长	飞行高度	基线长度	基线角	工作模式
0.03125m	6227m	2.3m	0°	一发双收

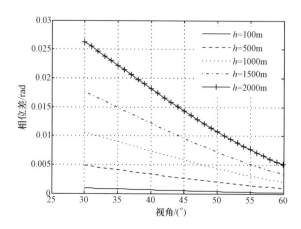

图 4.43　不同高度和视角对应阴影起始和结束点干涉相位差

2）解缠算法流程

根据前面的分析,可以利用阴影区域起始点和结束点处的干涉相位线性拟合出阴影区域内部的干涉相位,不会影响相位解缠时相位模糊数的计算。具体的相位解缠步骤如下:

（1）根据相干系数图和 SAR 幅度图像检测并提取阴影区域,并利用形态学方法使区域边缘规整化。

（2）在每一方位向阴影区域两侧选取相位拟合的起始点和结束点,干涉相位分别为 ϕ_{top} 和 ϕ_{bot},这里取距离阴影边界最近的相干系数较高的点,以保证所选起始点和结束点相位的可靠性。

（3）线性拟合出阴影区域的干涉相位,即

$$\phi_{\text{shadow}} = \phi_{\text{top}} + \frac{\phi_{\text{bot}} - \phi_{\text{top}}}{N}d \tag{4.114}$$

式中,N 为阴影区域沿距离向的宽度;d 为待补偿位置距离起始点的像素单元。

（4）对相位补偿后的干涉相位图,利用基于质量指导的路径跟踪法进行解缠,得到解缠相位。

3）实验结果分析

下面按照前面所述的相位解缠步骤对实测的包含阴影区域的干涉相位进行相位补偿并解缠,验证上述方法的正确性。

所用数据为中国科学院电子学研究所机载 X 波段双天线 InSAR 系统在绵阳地区的实验数据。实验数据及结果如图 4.44（见文后彩图）所示,其中图 4.44（a）为 SAR 幅度图像,图 4.44（b）为滤波后的干涉相位图,图 4.44（c）为相干系数图,可以看出图中有较大面积的阴影区域,在幅度图像中表现为较暗的区域,干涉相位中表现为噪声,相干系数很低。

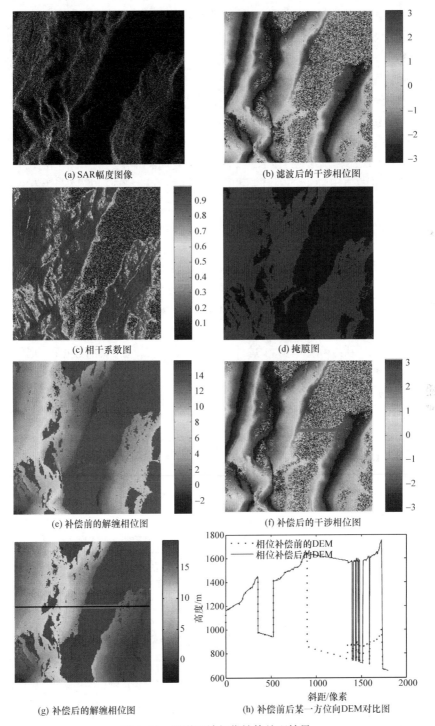

(a) SAR幅度图像　　　　　　　　　　(b) 滤波后的干涉相位图

(c) 相干系数图　　　　　　　　　　　(d) 掩膜图

(e) 补偿前的解缠相位图　　　　　　　(f) 补偿后的干涉相位图

(g) 补偿后的解缠相位图　　　　　　　(h) 补偿前后某一方位向DEM对比图

图 4.44　阴影区域相位补偿处理结果

图 4.44(d) 为检测出的阴影区域的掩膜图, 掩膜后进行直接相位解缠可以避免阴影区域相位噪声引起的误差传播, 然而从掩膜图可以看到掩膜后使干涉相位左右两侧形成不连通区域, 因此直接解缠得到图 4.44(e) 所示的结果, 阴影区域两侧解缠相位有明显跳变, 相位的相对值与理想值不一致。根据本节方法对阴影区域进行相位补偿, 实际上并不需要对所有阴影区域均做补偿, 只要使补偿后高质量区域连通即可。因此对阴影区域部分进行相位补偿后的结果如图 4.44(f) 所示, 解缠后的结果如图 4.44(g) 所示, 此时补偿相位将两侧区域连通, 使得解缠相位连续。图 4.44(h) 给出了利用直接解缠和相位补偿后解缠得到的 DEM 在图 4.44(g) 黑色直线所示的方位向上的对比, 可见不进行相位补偿时, DEM 会有较大跳变, 而相位补偿后的 DEM 基本上是连续的, 与实际情况相符。

3. 水体区域相位解缠方法

水体区域被雷达波束照射时, 由于其表面相对光滑而产生类似镜面的反射, 因此造成目标后向散射系数低, 回波信号弱, 使干涉图像对之间的相干性差, 干涉相位噪声严重, 残差点密集, 尤其在水体面积较大时极易引起解缠误差的传播。以下首先对水体区域的干涉相位特征进行分析, 在此基础上给出与阴影区域类似的相位补偿方法, 避免噪声导致错误的相位模糊周期, 最后利用实测数据验证该方法的有效性。

1) 相位特征分析

对于场景中存在的较大面积的河流等水体区域, 通常可以认为与水体流向垂直方向的地形坡度变化较小, 即水体两岸的高程较为接近。基于这一先验假设, 下面从平坦地形的干涉相位特性出发, 分析如何利用平坦地形的干涉相位近似补偿水体区域的干涉相位, 从而避免水体区域的相位噪声在解缠时引起的相位误差传播。这里分别考虑水体大致流向沿距离向和方位向两种情况。

(1) 水体大致流向沿距离向。

当水体大致流向沿距离向时, 需要考虑沿方位向进行水体区域相位补偿。根据干涉测量的原理可知, 干涉相位同时与目标的斜距和高度信息有关, 而此时对于同一距离门, 干涉相位仅随目标高度变化。

2.1 节给出了高度模糊数的定义为引起干涉相位变化 2π, 即一个相位周期时, 所对应的高度变化, 将其表达式重写如下:

$$\Delta h_{2\pi} = \frac{\lambda R \sin\theta}{QB\cos(\theta - \alpha)} \tag{4.115}$$

根据式 (4.115), 仍以表 4.9 所示 InSAR 系统参数为例, 可以计算出 $\Delta h_{2\pi}$ 随视角的变化关系如图 4.45 所示。由图可以看出, 对于相同的斜距单元, 至少需要 30m 以上的高程差才会引起一个周期的干涉相位变化。因而, 对于大致流向沿距离向的水体区域,其沿方位向的高程变化通常不会超过高度模糊数,也就是说水体区域沿方位向的干涉相位变化在一个相位周期内,这样就可以采用与阴影区域类似的处理方法,通过沿方位向线性拟合水体区域的干涉相位,并不会影响相位解缠时相位模糊数的计算。

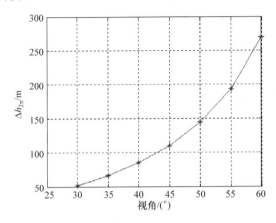

图 4.45　高度模糊数随视角的变化关系

（2）水体大致流向沿方位向。

当水体大致流向沿方位向时,需要考虑沿距离向进行水体区域相位补偿。此时,对于同一方位向的干涉相位,将会同时随目标的斜距和高度变化。在水体两岸几乎无高程变化的假设下,近似平坦的地形仍会产生周期变化的干涉相位,这也就是所谓的平地效应。受平地效应的影响,水体两岸沿距离向的干涉相位变化可能会超过一个相位周期。在这种情况下,将不能直接利用线性拟合的方法沿距离向补偿水体区域的干涉相位,这样会导致错误的相位模糊数,在解缠时会进一步将误差传播到其他区域。因此,要通过相位补偿的方法避免水体区域相位误差的传播,需要首先估计出平地效应引起的相位模糊数,在此基础上才能按照与情况（1）相同的方法进行线性拟合补偿相位。

根据 2.1 节的平地效应分析,将斜距变化为 ΔR 时,引起的干涉相位变化重写如下:

$$\Delta\phi=\frac{\partial\phi}{\partial R}\Delta R\approx\frac{2\pi QB_{\perp}}{\lambda R\tan\theta}\Delta R \tag{4.116}$$

根据式（4.116）,仍以表 4.9 所示 InSAR 系统参数为例,可以计算出在视角为 45° 时干涉相位随斜距变化的关系如图 4.46 所示。可以看出,在斜距变化超过 155m 时,就会引起 2π 的干涉相位的改变。对于水体区域,其沿距离向的宽度超过这一数值时,就需要考虑相位周期的改变。根据式（4.116）可以估计出相位周期的变化数为

$$k=\left\lfloor\frac{\Delta\phi}{2\pi}\right\rfloor=\left\lfloor\frac{QB_\perp}{\lambda R\tan\theta}\Delta R\right\rfloor \tag{4.117}$$

式中，$\lfloor\cdot\rfloor$表示向下取整。这样，在水体区域两岸的相位之差基础上增加 $2k\pi$，就可以沿距离向线性拟合水体区域的干涉相位，从而保证干涉相位模糊数的正确性。

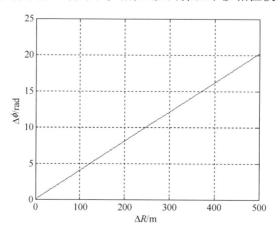

图 4.46　干涉相位随斜距的变化关系

2）解缠算法流程

根据前面的分析可知，水体区域的干涉相位也可以通过对水体两岸的相位进行线性拟合得到其内部的相位，但需要区分沿方位向补偿和沿距离向补偿两种情况。具体的相位解缠步骤与阴影区域的处理类似，这里不再详细叙述，仅给出相位的补偿方法。

（1）水体区域大致流向沿距离向时，需沿方位向进行相位补偿，即有

$$\phi_{\text{water}}=\phi_{a_1}+\frac{\phi_{a_2}-\phi_{a_1}}{N_a}d_a \tag{4.118}$$

式中，ϕ_{a_1} 和 ϕ_{a_2} 分别为水体区域两侧沿方位向选取的相位拟合起始点和结束点的干涉相位；N_a 为水体区域沿方位向的宽度；d_a 为待补偿位置距离起始点的像素单元。

（2）水体区域大致流向沿方位向时，需沿距离向进行相位补偿。首先根据式（4.117）计算出水体区域斜距变化引起的干涉相位模糊数 k，然后线性拟合水体区域的干涉相位为

$$\phi_{\text{water}}=\phi_{r_1}+\frac{\phi_{r_2}-\phi_{r_1}+2k\pi}{N_r}d_r \tag{4.119}$$

式中，ϕ_{r_1} 和 ϕ_{r_2} 分别为水体区域两侧沿距离向选取的相位拟合起始点和结束点的干涉相位；N_r 为水体区域沿距离向的宽度；d_r 为待补偿位置距离起始点的像素单元。

3）实验结果分析

下面根据上述相位解缠方法对实测的包含水体区域的干涉相位进行相位补偿

并解缠,从而验证上述方法的正确性。实验数据仍为四川绵阳地区的实测干涉数据。这里选取了两块数据分别对以上分析的沿方位向和距离向进行相位补偿的两种情况进行实验。

(1) 水体大致流向沿距离向。

实验数据及结果如图 4.47(见文后彩图)所示,其中图 4.47(a)为 SAR 幅度图像,图 4.47(b)为相干系数图,图 4.47(c)为水体区域的掩膜图,图 4.47(d)为滤波后的干涉相位图。利用掩膜图对水体区域掩膜后直接进行相位解缠可以避免水体区域相位噪声引起的误差传播,解缠结果如图 4.47(e)所示,然而掩膜后使干涉相位形成上下两部分不连通的区域,因此直接解缠会使水体两侧解缠相位的相对值与理想值不一致。按式(4.118)沿方位向对部分水体区域进行相位补偿后的结果如图 4.47(f)所示,在此基础上进行相位解缠,得到图 4.47(g)所示的结果,此时补偿相位将上下两部分区域连通,既避免了相位噪声的影响,又保证了解缠相位的连续性。图 4.47(h)给出了根据两种方法的解缠相位解算得出的 DEM 在图 4.47(g)中黑色直线所示距离向的对比,可以看出不进行相位补偿时,DEM 在水体区域两侧会有较大跳变,而相位补偿后的 DEM 基本上是连续的,与实际情况相符。

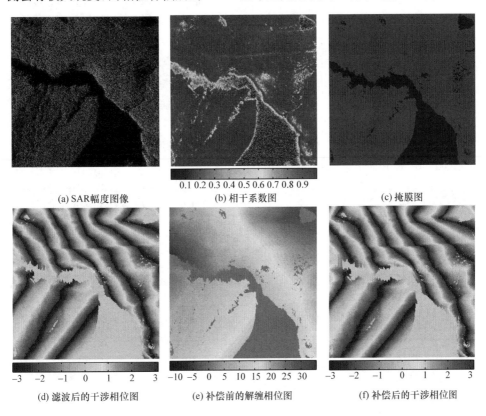

(a) SAR幅度图像 (b) 相干系数图 (c) 掩膜图

0.1 0.2 0.3 0.4 0.5 0.6 0.7 0.8 0.9

-3 -2 -1 0 1 2 3   -10 -5 0 5 10 15 20 25 30   -3 -2 -1 0 1 2 3

(d) 滤波后的干涉相位图 (e) 补偿前的解缠相位图 (f) 补偿后的干涉相位图

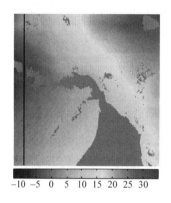

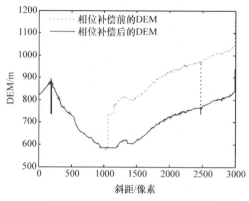

(g) 补偿后的解缠相位图　　　　　　　(h) 补偿前后某一距离向的DEM对比图

图 4.47　实测数据 1 水体区域相位解缠结果

（2）水体大致流向沿方位向。

实验数据及结果如图 4.48（见文后彩图）所示，其中图 4.48(a) 为 SAR 幅度图像，图 4.48(b) 为相干系数图，图 4.48(c) 为水体区域的掩膜图，图 4.48(d) 为滤波后的干涉相位图。可以看出场景中水体区域将图像分割成左右两部分不连通的区域，因此需要沿距离向进行相位补偿。系统参数与表 4.9 相同，视角为 40°，在图 4.48(d) 中黑色直线所示的方位向进行相位补偿，此处水体区域沿距离向的宽度约为 253m，由此可以估计出水体区域由斜距变化引起的干涉相位模糊数为 2，按式(4.119)进行相位补偿后的结果如图 4.48(f) 所示。相位补偿前后的解缠结果分别如图 4.48(e) 和(g) 所示，根据解缠相位分别解算出 DEM，图 4.48(h) 给出了两种方法在图 4.48(d) 中黑色直线所示方位向的 DEM 对比，可以看出相位补偿后水体区域两侧的 DEM 基本连续。

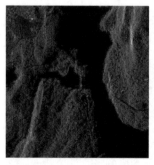
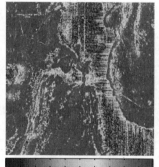

(a) SAR 幅度图像　　　　　　(b) 相干系数图　　　　　　(c) 掩膜图

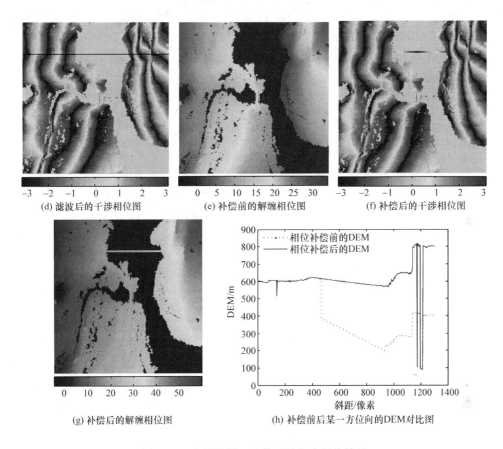

图 4.48　实测数据 2 水体区域相位解缠结果

4.8　小　　结

　　本章针对机载 InSAR 干涉处理流程中各个步骤的基本原理和常用方法进行了较为系统的介绍。其中，相位滤波作为 InSAR 研究的一个热点，不断有新的方法涌现，本章通过引入 EMD、小波变换以及高阶 SVD 等先进的信号处理方法，提出了三种新的相位滤波方法供读者参考，能够较好地平衡滤除噪声和保持相位细节的能力。另外，相位解缠始终是 InSAR 研究的热点和难点，本章主要针对叠掩、阴影及水体等容易引起解缠误差的区域，介绍了基于地形特征的相位解缠方法，可以有效地避免相位误差的传播，并且针对常用的质量指导解缠方法给出了一种快速的实现方法。

参 考 文 献

[1] Hanssen R F. Radar Interferometry, Data Interpretation and Error Analysis. The Netherlands: Kluwer Academic Publishers, 2001.

[2] 王超, 张红, 刘智. 星载合成孔径雷达干涉测量. 北京: 科学出版社, 2002.

[3] Lin Q, Vesecky J F, Zebker H A. New approaches in interferometric SAR data processing. IEEE Transactions on Geoscience and Remote Sensing, 1992, 30(3): 560-567.

[4] Gabriel A K, Goldstein R M. Crossed orbit interferometry: Theory and experimental results from SIR-B. International Journal of Remote Sensing, 1988, 9(8): 857-872.

[5] Franceschetti G, Iodic A, Miglianccio M, et al. A novel across-track SAR interferometry simulator. IEEE Transactions on Geoscience and Remote Sensing, 1998, 36(3): 950-962.

[6] Xu W, Cumming I G. Simulator for repeat-pass satellite InSAR studies. Proceedings of International Geoscience and Remote Sensing Symposium, Singapore, 1997: 1704-1706.

[7] Kun R, Prinet V, Shi X, et al. Simulation of interferogram image for spaceborne SAR system. Proceedings of International Geoscience and Remote Sensing Symposium, Toulouse, 2003: 3824-3826.

[8] Kropatsch W G, Strobl D. The generation of SAR layover and shadow maps from digital elevation models. IEEE Transactions on Geoscience and Remote Sensing, 1990, 28(1): 98-107.

[9] Lanari R. Generation of digital elevation models by using SIR-C/X-SAR multifrequency two-pass interferometry: The Etna case study. IEEE Transactions on Geoscience and Remote Sensing, 1996, 34(5): 1097-1114.

[10] Lee J S, Papathanassiou K P, Ainsworth T L, et al. A new technique for noise filtering of SAR interferometric phase images. IEEE Transactions on Geoscience and Remote Sensing, 1998, 36(5): 1456-1465.

[11] Buades A, Coll B, Morel J M. A review of image denoising algorithms, with a new one. Multiscale Modeling & Simulation, 2005, 4(2): 490-530.

[12] Dore V, Cheriet M. Robust NL-means filter with optimal pixel-wise smoothing parameter for statistical image denoising. IEEE Transactions on Signal Processing, 2009, 57(5): 1703-1716.

[13] Dabov K, Foi A, Katkovnik V, et al. Image denoising by sparse 3-D transform-domain collaborative filtering. IEEE Transactions on Image Processing, 2007, 16(8): 2080-2095.

[14] Tasdizen T. Principal neighborhood dictionaries for nonlocal means image denoising. IEEE Transactions on Image Processing, 2009, 18(12): 2649-2660.

[15] Coupe P, Yger P, Prima S, et al. An optimized blockwise nonlocal means denoising filter for 3-D magnetic resonance images. IEEE Transactions on Medical Imaging, 2008, 27(4): 425-441.

[16] Maggioni M, Boracchi G, Foi A, et al. Video denoising, deblocking and enhancement through separable 4-D nonlocal spatiotemporal transforms. IEEE Transactions on Image Processing,

2012,21(9):3952-3966.

[17] Parrilli S,Poderico M,Angelino C V,et al. A nonlocal SAR image denoising algorithm based on LLMMSE wavelet shrinkage. IEEE Transactions on Geoscience and Remote Sensing, 2012,50(2):606-616.

[18] Deledalle C A, Denis L, Tupin F. NL-InSAR: Non-local interferogram estimation. IEEE Transactions on Geoscience and Remote Sensing,2011,49(4):1441-1452.

[19] Goldstein R M,Werner C L. Radar interferogram filtering for geophysical application. Geophysical Research Letters,1998,25(21):4035-4038.

[20] Baran I,Stewart M P,Kampes B M,et al. A modification to the Goldstein radar interferogram filter. IEEE Transactions on Geoscience and Remote Sensing,2003,41(9):2114-2118.

[21] Lopez-Martinez C,Fabregas X. Modeling and reduction of SAR interferometric phase noise in the wavelet domain. IEEE Transactions on Geoscience and Remote Sensing,2002,3(12): 2553-2566.

[22] Martinez C L,Canovas X F,Chandra M. SAR interferometric phase noise reduction using wavelet transform. Electronic Letters,2001,37(10):649-650.

[23] 李晨,朱岱寅. 基于信噪比门限判断和小波变换的 SAR 干涉图滤波法. 电子与信息学报, 2009,31(2):497-500.

[24] Li Z,Bao Z,Li H,et al. Image autocoregistration and InSAR interferogram estimation using joint subspace projection. IEEE Transactions on Geoscience and Remote Sensing, 2006, 44(2):288-297.

[25] 李海,廖桂生. 基于广义导向矢量模型的 InSAR 干涉相位估计方法. 自然科学进展,2007, 17(11):1555-1564.

[26] 李海,廖桂生. InSAR 自适应图像配准的干涉相位估计方法. 电子学报,2007,35(3): 420-425.

[27] Li H,Liao G. An estimation method for InSAR interferometric phase based on MMSE criterion. IEEE Transactions on Geoscience and Remote Sensing,2010,48(3):1457-1469.

[28] Huang N E,Shen Z,Long S R,et al. The empirical mode decomposition and the Hilbert spectrum for nonlinear and non-stationary time series analysis. Proceedings of Royal Society,1998,454(4):903-995.

[29] Yue H,Guo H,Han C,et al. A SAR interferogram filter based on empirical mode decomposition. Proceedings of International Geoscience and Remote Sensing Symposium, Sydney, 2001:2061-2063.

[30] Li F,Hu D,Ding C,et al. InSAR phase noise reduction based on empirical mode decomposition. IEEE Geoscience and Remote Sensing Letters,2013,10(5):1180-1184.

[31] Bhuiyan S M A,Adhami R R,Khan J F. Fast and adaptive bidimensional emprirical mode decomposition using order-statistics filter based envelope estimation. EURASIP Journal on Advances in Signal Processing,London,2008:1-18.

[32] Véhel J L,Lutton E. Evolutionary signal enhancement based on Hölder regularity analysis//

Applications of Evolutionary Computing,EvoWorkshops,2001,2037 of LNCS:325-334.

[33] Guiheneuf B,Véhel J L. 2-microlocal analysis and applications in signal processing. International Conference on Wavelets,Tangier,1997.

[34] 李芳芳,林雪,胡东辉,等. 结合局部频率估计的小波域 InSAR 相位滤波新方法. 系统工程与电子技术,2015,37(12):2719-2724.

[35] Donoho D L,Johnstone I M. Ideal spatial adaptation by wavelet shrinkage. Biometrika,1994,81(3):425-455.

[36] Cai T T,Silverman B W. Incorporating information on neighboring coefficients into wavelet estimation. Sankhya:The Indian Journal of Statistics,Series B,2001,63(2):127-148.

[37] Chen G Y,Bui T D,Krzyżak A. Image denoising with neighbor dependency and customized wavelet and threshold. Pattern Recognition,2005,38(1):115-124.

[38] Stoica P,Nehorai A. MUSIC,maximum likelihood,and Cramer-Rao bound. IEEE Transactions on Acoustics,Speech and Signal Processing,1989,37(5):720-741.

[39] Apagnolini U. 2-D phase unwrapping and instantaneous frequency estimation. IEEE Transactions on Geoscience and Remote Sensing,1995,33(3):579-589.

[40] 王世一. 数字信号处理. 2 版. 北京:北京理工大学出版社,1997.

[41] Lin X,Li F,Meng D,et al. Nonlocal SAR interferometric phase filtering through higher order singular value decomposition. IEEE Geoscience and Remote Sensing Letters,2015,12(4):806-810.

[42] Kolda T G,Bader B W. Tensor decompositions and applications. SIAM Review,2009,51(3):455-500.

[43] Brox T,Kleinschmidt O,Cremers D. Efficient nonlocal means for denoising of textural patterns. IEEE Transactions on Image Processing,2008,17(7):1083-1092.

[44] Deledalle C,Tupin F. How to compare noisy patches? Patch similarity beyond Gaussian noise. International Journal of Computer Vision,2012,99(1):86-102.

[45] Matsushita Y,Lin S. A probabilistic intensity similarity measure based on noise distributions. Proceedings of IEEE Conf. Comput. Vis. Pattern Recog. ,Minneapolis,2007:1-8.

[46] Wang Z,Bovik A C,Sheikh H R,et al. Image quality assessment:From error visibility to structural similiarity. IEEE Transactions on Image Processing,2004,13(4):600-612.

[47] Brox T,Cremers D. Iterated nonlocal means for texture restoration. First International Conference on Scale Space and Variational Methods in Computer Vision, Ischia, 2007,4485:13-24.

[48] Kervrann C,Boulanger J. Optimal spatial adaptation for patch-based image denoising. IEEE Transactions on Image Processing,2006,15(10):2866-2878.

[49] Ghiglia D C,Pritt M D. Two-Dimensional Phase Unwrapping:Theory, Algorithms, and Software. New York:John Wiley & Sons,1998.

[50] Goldstein R M,Zebker H A,Werner C L. Satellite radar interferometry:Two-dimensional phase unwrapping. Radio Science,1988,23(4):713-720.

[51] Pritt M D, Shipman J S. Least-squares two-dimensional phase unwrapping using FFT. IEEE Transactions on Geoscience and Remote Sensing, 1994, 32(3): 706-708.

[52] Takajo H, Takahashi T. Noniterative method for obtaining the exact solution for the normal equation in least-squares phase estimation from the phase difference. Journal of the Optical Society of America A, 1988, 5(11): 1818-1827.

[53] Ghiglia D C, Romero L A. Robust two-dimensional weighted and unweighted phase unwrapping that uses fast transforms and iterative methods. Journal of the Optical Society of America A, 1994, 11: 107-117.

[54] Pritt M D. Phase unwrapping by means of multigrid techniques for interferometric SAR. IEEE Transactions on Geoscience and Remote Sensing, 1996, 34(3): 728-738.

[55] Zhang K, Ge L, Hu Z, et al. Phase unwrapping for very large interferometric data sets. IEEE Transactions on Geoscience and Remote Sensing, 2011, 49(10): 4048-4061.

[56] Chen C W, Zebker H A. Phase uwrapping for large SAR interferogram: Statistical segmentation and generalized network models. IEEE Transactions on Geoscience and Remote Sensing. 2002, 40(8): 1709-1719.

[57] Xia X, Wang G. Phase unwrapping and a robust Chinese remainder theorem. IEEE Signal Processing Letters, 2007, 14(4): 247-250.

[58] 齐维孔, 党雅文, 禹卫东. 基于中国剩余定理解分布式星载 SAR-ATI 测速模糊. 电子与信息学报, 2009, 31(10): 2493-2497.

[59] Madsen S N, Zebker H A, Martin J. Topographic mapping using radar interferometry: Processing techniques. IEEE Transactions on Geoscience and Remote Sensing, 1993, 31(1): 246-256.

[60] Bamler R, Eineder M. Split band interferometry versus absolute ranging with wideband SAR systems. Proceedings of the International Geoscience and Remote Sensing Symposium, Anchorage, 2004: 980-984.

[61] 李芳芳, 占毅, 胡东辉, 等. 一种基于质量指导的 InSAR 相位解缠快速实现方法. 雷达学报, 2012, 1(2): 196-202.

[62] 黄柏圣, 许家栋. 一种基于新质量图引导的干涉相位快速解缠方法. 系统仿真学报, 2010, 22(2): 528-531.

[63] Cormen T H, Leiserson C E, Rivest R L, et al. Introduction to Algorithms. 2nd ed. London: The MIT Press, 2001: 73-82.

[64] Eineder M, Holzner J. Interferometric DEMs in Alpine terrain-limits and options for ERS and SRTM. Proceedings of International Geoscience and Remote Sensing Symposium, Honolulu, 2000: 3210-3212.

[65] Eineder M. Interferometric DEM reconstruction of Alpine areas—Experiences with SRTM data and improved strategies for future missions. http://www. eproceedings. org[2005-10-20].

[66] Gini F, Lombardini F, Montanari M. Layover solution in multibaseline SAR interferometry.

IEEE Transactions on Aerospace and Electronic Systems,2002,38(4):1344-1356.

[67] Lombardini F,Gini F. Multiple reflectivities estimation for multibaseline InSAR imaging of layover extended sources. Proceedings of the International Radar Conference, Adelaide, 2003:257-263.

[68] Lombardini F,Gini F,Matteucci P. Application of array processing techniques to multibaseline InSAR for layover solution. Proceedings of the IEEE Radar Conference,Atlanta,2001: 210-215.

[69] 王健,向茂生,李绍恩. 一种基于 InSAR 相干系数的 SAR 阴影提取方法. 武汉大学学报(信息科学版),2005,30(12):1063-1066.

[70] 索志勇,李真芳,吴建新,等. 干涉 SAR 阴影提取及相位补偿方法. 数据采集与处理,2009, 24(3):264-269.

第5章 机载InSAR定标及区域网平差

5.1 引 言

利用InSAR获取高精度的地形制图产品,首先要实现高精度的目标三维定位,而实际处理中系统参数误差、载机航迹误差、信号处理误差等因素的存在,使得定位模型中的相关参数取值并不准确,因此,需要利用地面控制点(ground control point,GCP)已知的三维位置信息,来修正三维定位模型中的参数偏差,从而提高三维定位的精度,这一过程即干涉定标。

面向测绘制图作业的机载InSAR系统通常要通过多条航带获取数据,每条航带在处理时又分为多景影像,要获得大面积区域的制图产品,需要将多景存在重叠区域的影像通过拼接,形成最终的产品。而对各景影像单独进行定标处理时,难以保证所有场景都布设有足够的GCP,而且在影像重叠区域会存在三维定位不一致的情况,影响最终的拼接效果。

摄影测量中的区域网平差方法使用少量的GCP和一定数量的连接点(tie point,TP)建立影像之间的约束关系,通过调整和精化外方位元素,实现稀疏GCP条件下多景影像的联合定位和拼接。与之类似,机载InSAR可以借鉴摄影测量中区域网平差的思想,将多幅InSAR影像构成区域网,联合整个网内的定位方程进行平差计算,迭代求解出各景影像的定位参数。区域网平差的过程就是一个不断消除影像重叠区域间定位差异的过程,因此,利用平差后的定位参数进行影像的正射校正后,多景影像可以直接拼接在一起。

区域网平差时,需在相邻影像的重叠区域中提取同名点,将其作为连接点进行平差运算,同名点的精度将直接影响平差和拼接的精度。因此,高精度的同名点提取是实现区域网平差的基础。对于SAR图像,由于存在斑点噪声,灰度属性复杂,而且侧视成像使得图像几何畸变较大,因而,相比光学图像,SAR图像的同名点提取过程更加困难。

本章5.2节将首先介绍图像匹配的基本原理以及经典的尺度不变特征变换(scale invariant feature transform,SIFT)算法原理,然后针对SAR图像的特点,介绍两种基于SIFT的改进方法。5.3节将首先分别介绍机载InSAR高程定标和平面定标的基本原理,在此基础上介绍三维定标方法。5.4节将基于三维定位模型,介绍区域网平差的两种方法,并给出一种联合定标时大规模法方程矩阵的求解算法,最后利用实测数据对不同的区域网平差方法进行对比分析。

5.2　SAR 图像匹配

图像匹配是指从不同来源的两幅或多幅存在一定几何和灰度变化的图像中提取同名点,在计算机视觉、医学图像处理、遥感图像处理等领域中都有广泛的研究和应用。

图像匹配算法归纳起来主要分为三类[1]:①基于灰度信息的方法。该类方法直接基于图像的灰度信息,利用模板匹配的思想,采用某种相似性度量手段衡量图像块之间的相似性,然后将满足条件的窗口中心作为控制点用于求解两幅图像之间的变换参数。常用的方法有互相关法、序贯相似度监测法、互信息法等。②基于傅里叶变换的方法。该类方法利用图像的平移、缩放和旋转在傅里叶变换域的性质,从而计算出图像间的几何变换参数。该方法可用快速傅里叶变换实现,效率较高,而且具有一定的抗噪性能。③基于不变特征的方法。该类方法首先采用检测子提取图像中稳定的特征,然后利用特征邻域的信息形成描述子,并计算描述子之间的相似性进而获得匹配点,最后采用一致性检验算法筛选出正确的匹配点。

当图像中的结构特征不显著、图像信息主要由灰度值表达时,通常采用基于灰度信息的方法和基于傅里叶变换的方法。这两类方法一般适用于两幅图像具有相似的灰度属性且图像之间仅存在刚体变换的图像匹配问题。当图像中存在明显的结构信息时,一般采用基于不变特征的方法,可以适应图像之间灰度属性的差异以及较为复杂的几何变形。

对于 SAR 图像匹配,一方面,不同成像条件下获得的图像之间灰度相似性较差,而且由于斑点噪声的存在,其灰度属性的分布比较复杂,因而,基于灰度信息的方法和基于傅里叶变换的方法在匹配时存在匹配峰值不明显、甚至被噪声淹没的现象,匹配效果不稳定。另一方面,SAR 侧视成像的特点使得图像受地形起伏的影响较大,会产生透视收缩、叠掩、阴影等几何畸变现象。不同的入射角会导致图像间存在较为复杂的非线性几何畸变,变换模型不能用简单的平移、旋转和缩放来拟合,因此,基于灰度信息和傅里叶变换的方法不再适用。然而,SAR 图像中存在较多的结构特征,因此可以考虑采用基于不变特征的匹配方法,通过设计合适的特征检测子和描述子,来解决 SAR 图像的匹配问题。

因此,本节首先介绍基于不变特征的图像匹配的基本原理,在此基础上介绍计算机视觉中经典的 SIFT 算法,然后根据 SAR 图像的特点将 SIFT 应用于 SAR 图像的同名点提取中:针对 SAR 图像存在斑点噪声的特性,介绍一种基于双边滤波器的各向异性尺度空间构造方法,以及在大尺度空间上检测特征的方法,力图优化尺度空间方法应用于 SAR 图像匹配时的性能;针对存在较大视角差异的机载SAR 图像,给出一种利用先验信息建立图像间的几何变换模型进而减小斜距图像间几何畸变的方法,以及适合 SAR 斜距图像的匹配点筛选方法,解决存在较严重局部几何畸变的图像间同名点自动提取问题。

5.2.1　基于不变特征的图像匹配基本原理

1. 图像变换模型

基于不变特征的图像匹配方法需要使其特征检测子对图像间的灰度变换和几何变换具有不变性,因此本节首先介绍图像灰度和几何变换的数学模型。

图像间的灰度变换包括线性变换和非线性变换,线性变换可表示为

$$I'(x,y)=aI(x,y)+b \tag{5.1}$$

式中,$I(x,y)$ 和 $I'(x,y)$ 分别为变换前后的灰度图像;b 为图像间的亮度变换;a 为图像间的对比度变换。非线性变换又可分为单调和非单调两种情况,单调的非线性变换指图像间的灰度值是单调变换的,不同像素的灰度值变化幅度不同,但大小关系变换前后并不改变,可以通过统计灰度值的排序来处理。非单调的非线性变换是指图像间的灰度变换难以规律化的描述,目前还没有有效的处理手段。

图像间的几何变换是指图像的空间位置之间存在的关系,常见的几何变换有平移、旋转、尺度、仿射及非线性变换等[2]。从平移到非线性变换,图像间的畸变越来越严重,其中,处理仿射变换的匹配方法是研究的热点,而且绝大部分的图像几何变换都可以用仿射变换来近似。仿射变换的数学模型包含平移、旋转以及尺度变换,表达式为[3]

$$\begin{bmatrix} x' \\ y' \end{bmatrix} = \begin{bmatrix} a & b \\ c & d \end{bmatrix} \begin{bmatrix} x \\ y \end{bmatrix} + \begin{bmatrix} e \\ f \end{bmatrix} \tag{5.2}$$

式中,e 和 f 分别为 x 和 y 两个方向的平移量;$\begin{bmatrix} a & b \\ c & d \end{bmatrix}$ 为 x 和 y 两个方向的旋转、尺度变换的综合量。对矩阵 $\begin{bmatrix} a & b \\ c & d \end{bmatrix}$ 进行 SVD 分解[4],可得

$$\begin{bmatrix} a & b \\ c & d \end{bmatrix} = H_\lambda R_1(\psi) T_t R_2(\phi) = \lambda \begin{bmatrix} \cos\psi & -\sin\psi \\ \sin\psi & \cos\psi \end{bmatrix} \begin{bmatrix} t & 0 \\ 0 & 1 \end{bmatrix} \begin{bmatrix} \cos\varphi & -\sin\varphi \\ \sin\varphi & \cos\varphi \end{bmatrix} \tag{5.3}$$

式中,$R_2(\phi)$ 表示图像旋转角度 ϕ;T_t 表示在 x 方向缩放 t 倍、y 方向不变;$T_t R_2(\phi)$ 表示在 ϕ 方向缩放 t 倍、与之正交的方向上不变;$R_1(\psi)$ 表示图像旋转角度 ψ;H_λ 表示图像整体缩放 λ 倍,代表图像之间分辨率的差异。

2. 基于不变特征的图像匹配方法

基于不变特征的匹配方法包括特征检测、描述、匹配以及筛选等四个步骤,本节仅简单介绍各个步骤的基本原理及常用的方法,具体的算法不再详细展开,有兴

趣的读者可参考相应文献。

1) 特征检测

特征检测首先根据图像中存在的灰度和几何变换关系,确定特征检测子需具备的不变特性,然后根据图像内容确定提取图像中的哪些特征。

图像中的特征包括点、线、区域等。点特征主要有角点[5]、块点[6]、线段交叉点[7]、高曲率点[8]等。常见的角点检测方法有 Harris 角点检测子[5]、SUSAN 检测子[9]等;块点检测方法有高斯拉普拉斯(Laplacian of Gaussian,LoG)算子和 Hessian 矩阵行列式算子等,LoG 算子在处理尺度变换时作为基本的特征检测子,在5.2.2 节 SIFT 算法原理中将对其进行详细介绍。图像中边缘作为主要的线特征,常见的检测子有 Canny 算子[10]、Hough 变换[11]等。图像的区域特征通常通过分割技术提取出来,常见的区域检测子有分水岭分割[12]、N-cut 分割[13]、最稳定极值区域(MSER)[14]等。文献[15]综述了常用的特征检测算法,从特征、获取不变性以及效率等三个角度对现有算法进行了分类总结。

2) 特征描述

特征描述是指利用描述子提取能够刻画特征邻域特性的信息,形成特征向量,进而在特征匹配阶段根据特征向量间的相似性建立匹配对,因此,描述子的性能直接影响匹配的效果。好的描述子一方面需具备较高的区分力,使得不同的图像邻域形成的特征向量有明显的差异;另一方面,描述子还要具有较好的鲁棒性,由于描述子通常是在检测子获取的特征及其邻域基础上形成的,受检测子性能的限制,同名特征及其邻域之间可能存在偏移,因此,对受检测子噪声影响的相似局部图像,描述子形成的特征向量应当相近。此外,描述子维数的选择也至关重要,一般来说,描述子维数越高,区分力越强,但匹配速度越慢,因此应当平衡考虑匹配速度和区分力的因素。

现有的描述子基本可分为四类[16]:基于特征分布的描述子、基于不变矩的描述子、基于高斯偏导的描述子以及基于空间频率的描述子。文献[16]制定了评价描述子性能优劣的准则和标准数据集,并比较了常用的特征描述子及匹配策略的性能。

3) 特征匹配与筛选

在获取特征点的特征向量之后,利用一定的相似性度量准则度量特征向量之间的相似性,进而确定匹配点对。现有的相似性度量准则可分为一一映射(bin-by-bin)和交叉映射(cross-bin)[17]。一一映射是计算特征向量对应维的距离之和,而交叉映射则考虑了不同维之间的距离。常用的一一映射方法有 χ^2 距离[17]、欧氏距离、Jeffrey 距离[18]等;交叉映射方法有 QF(quadratic-form)距离[19]、EMD(earth mover's distance)[17]等。

受图像场景的变化及描述子性能的限制,利用简单的最近邻准则得到的匹配对中,往往包含错误的匹配对,需要采用一致性度量准则从中筛选出正确的点对。常见的一致性度量准则有迭代最小二乘法、Hough 变换法、随机抽样一致性(random sample consensus,RANSAC)[20]及其改进算法等。文献[21]综述了常见的匹配点筛选算法,并对它们的性能进行了比较。

5.2.2　SIFT 算法原理

在基于不变特征的图像匹配算法中,SIFT 是研究及应用最广泛的典型算法之一,该算法由 Lowe 于 1999 年首先提出[22],并于 2004 年得到完善[23]。该算法是基于尺度空间的图像局部特征描述算法,具有旋转、尺度以及局部仿射和灰度不变性,广泛应用于计算机视觉、医学图像处理、遥感图像处理等领域。

SIFT 算法首先通过构建图像的差分高斯尺度空间,从中检测出稳定的特征点,然后以特征点主方向为参考统计其邻域的分块梯度方向直方图形成描述子,最后采用比值法和 RANSAC 算法进行特征匹配和筛选。算法主要分为三个部分:①尺度空间极值点检测和定位;②主方向计算和描述子生成;③特征匹配。下面具体阐述各个部分的原理。

1. 尺度空间极值点检测和定位

不同尺度下图像的特征不同,建立尺度空间的目的就是模拟图像的多尺度特征,从而在存在尺度变化的图像间提取同名点。采用低通滤波器平滑图像,可以模拟图像的尺度变换,获得更大尺度的图像。尺度空间表达最重要的一条性质是图像通过低通滤波器后在大尺度上不会出现新的图像结构。高斯核是建立尺度空间的唯一线性核,通过方差不断增大的高斯函数与图像卷积,可以建立图像的高斯尺度空间表达:

$$L(x,y,\sigma)=I(x,y) * G(x,y,\sigma) \tag{5.4}$$

式中,$I(x,y)$ 为原图像;$L(x,y,\sigma)$ 为原图像的高斯尺度空间图像;* 代表卷积运算;$G(x,y,\sigma)$ 为标准差为 σ 的高斯函数,表达式如下:

$$G(x,y,\sigma)=\frac{1}{2\pi\sigma^2}e^{-(x^2+y^2)/2\sigma^2} \tag{5.5}$$

为了在高斯尺度空间内快速检测特征,Lowe 提出了差分高斯(difference of Gaussian,DoG)尺度空间。在得到高斯尺度空间后,相邻尺度空间相减得到差分尺度空间 $D(x,y,\sigma)$ 为

$$\begin{aligned} D(x,y,\sigma)&=I(x,y) * (G(x,y,k\sigma)-G(x,y,\sigma)) \\ &=L(x,y,k\sigma)-L(x,y,\sigma) \end{aligned} \tag{5.6}$$

高斯函数 $G(x,y,\sigma)$ 满足如下关系:

$$\frac{\partial G}{\partial \sigma} = \sigma \nabla^2 G$$

$$\frac{\partial G}{\partial \sigma} \approx \frac{G(x,y,k\sigma) - G(x,y,\sigma)}{k\sigma - \sigma} \tag{5.7}$$

因此有

$$G(x,y,k\sigma) - G(x,y,\sigma) \approx (k-1)\sigma^2 \nabla^2 G \tag{5.8}$$

可见,图像的差分尺度空间是对图像的尺度归一化高斯拉普拉斯响应的一种近似,即

$$D(x,y,\sigma) = (k-1)\sigma^2(\nabla^2 G) * I(x,y) \tag{5.9}$$

　　在差分尺度空间内检测极值点,相当于在尺度空间内检测拉普拉斯响应的极值点,计算量大为减小。为实现特征点对图像尺度的不变性,需要对图像进行降采样,从而构建出图像金字塔。这样图像按照降采样分成若干组(octave),如图 5.1 所示,相邻两组之间图像尺寸相差 2 倍。每个组内再利用高斯核函数卷积形成若干层(interval),高斯函数标准差逐层递增,最底层和最高层尺度相差 2 倍,不同组的相同层采用相同的高斯核进行模糊。

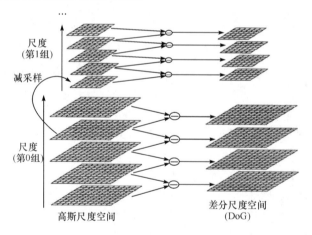

图 5.1　SIFT 构建高斯尺度空间示意图

　　建立图像的尺度空间后,就可以在差分高斯尺度空间内检测极值点。为了得到尺度不变特征,需要在差分尺度空间内检测既是空间维又是尺度维的极值点,如图 5.2 所示,每个像素与本层 8 邻域和上下两层相同位置处的 3×3 邻域相比,筛选出极值点。得到初始极值点后,为了精确确定极值点的位置,SIFT 算法采用三维二次函数进行拟合,以使极值点达到亚像素级的定位精度。同时,去除易受噪声影响的对比度较低的特征点以及不稳定的边缘响应点。

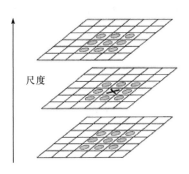

图 5.2　差分高斯尺度空间极值点检测示意图

2. 主方向计算和描述子生成

　　SIFT 算法根据特征点所在的尺度图像,选择与尺度成比例的特征点邻域,统计其梯度方向直方图,确定特征点的主方向,从而使算法具有旋转不变性。(x,y)处梯度的模值和方向计算如下:

$$m(x,y)=\sqrt{(L(x+1,y)-L(x-1,y))^2+(L(x,y+1)-L(x,y-1))^2}$$
$$\theta(x,y)=\arctan((L(x,y+1)-L(x,y-1))/(L(x+1,y)-L(x-1,y)))$$

$$(5.10)$$

将梯度方向每隔 10° 划分一份,总计 36 份,若某像素点的梯度方向落入第 i 份,则将其梯度幅值累加到该方向份中。梯度方向直方图中,幅值峰值所在的方向为主方向,若其他方向份的幅值大于最大幅值的 80%,则可以将该方向看成特征点的辅方向。一个特征点提取多个方向,可以增强特征点匹配的鲁棒性。

　　在获得特征点的主方向后,将邻域顺时针旋转到水平方向,然后在旋转图像上统计分块梯度方向直方图。SIFT 将邻域划分成 4×4 子块,梯度方向划分成 8 份,将每块的梯度方向直方图级联起来,形成 128 维的特征向量。图 5.3 仅给出了 2×2 子块划分的示意图,在累积梯度幅值时,采用高斯加权,图中圆圈代表高斯加

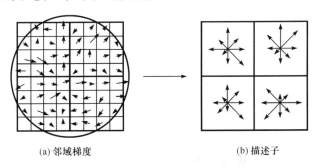

(a) 邻域梯度　　　　　　　　　　　　(b) 描述子

图 5.3　SIFT 描述子

权的范围,距离特征点较近的邻域像素点权重较大。通过加权提高了应对微小形变的能力,增强了描述子的鲁棒性。进一步对整个特征向量进行长度归一化,可消除图像对比度变化的影响。

3. 特征匹配

得到 SIFT 描述子后,通过计算描述子之间的欧氏距离来建立匹配点对。对图像 A 中的每一个特征点,计算其描述子与图像 B 中所有特征点描述子之间的距离,欧氏距离的计算公式为

$$d = \sqrt{\sum_{k=1}^{n} (x_k - y_k)^2} \tag{5.11}$$

描述子向量为 n 维,x_k 和 y_k 为两个描述子第 k 维的取值。Lowe 建议用比值法确定匹配点对,即如果特征点与其最近邻和次近邻的距离之比小于指定阈值,则判定该特征点和其最近邻为匹配点。通常认为好的特征其最近邻应该与次近邻相差很远,该方法以次近邻为标准,巧妙地将传统方法中的绝对阈值转化为相对阈值,因此无论何种场景的图像,都可以采用固定的阈值。该方法的正确率要高于简单的基于最近邻阈值的方法。

由于描述子的维数较高,若逐个计算描述子间的距离,则匹配效率太低。因此,文献[24]采用最好份优先(best bin first,BBF)方法来加快匹配过程,大大提高了高维特征向量之间搜索 k 近邻的速度。

在特征匹配的基础上,通过 RANSAC 算法筛选出正确的匹配点。RANSAC[25]最早由 Fishchler 和 Blooes 在 1981 年提出,它基于假设检验的原理,通过迭代能有效地去除错误匹配点(外点),筛选出正确匹配点(内点)。假定有 n 对匹配点,首先随机抽选 m 对点,拟合出匹配点集间的变换模型 M,m 为计算模型参数所需的最小点数,如一次多项式模型需要 3 对点;然后计算剩下的 $n-m$ 对匹配点相对于模型 M 的残差,若残差小于指定的内点判别阈值 T,则称该对匹配点符合该模型;最后得到符合该模型的匹配点数。重复该过程直到满足收敛条件,有最多匹配点数的模型保留下来,符合该模型的匹配点即筛选出的内点。其中,收敛条件为 k 次采样至少有一次全是内点的概率不小于 η。设 ε 为内点概率,收敛条件满足

$$(1-\varepsilon^m)^k < 1-\eta \tag{5.12}$$

迭代次数满足

$$k > \ln(1-\eta)/\ln(1-\varepsilon^m) \tag{5.13}$$

5.2.3　基于大尺度双边 SIFT 的 SAR 图像同名点提取方法

将 SIFT 算法应用于 SAR 图像匹配时,由于 SAR 图像中存在固有的乘性斑

点噪声,导致 SIFT 会检测到大量的虚假特征点,从而容易造成误匹配和少匹配,影响同名点自动提取的性能。同时由于虚假特征点的数量较大,严重影响后续的匹配速度。针对这一问题,本节介绍一种基于大尺度双边 SIFT 的 SAR 图像同名点提取方法[26],一方面,该方法为了减小斑点噪声的影响,直接在大尺度上检测特征;另一方面,算法引入各向异性尺度空间,并基于双边滤波器(bilateral filter, BF)以非迭代的方式实现快速构建,从而在降斑的同时保持图像细节,克服大尺度图像上特征点数量少且定位精度差的问题。与传统 SIFT 方法相比,大尺度双边 SIFT 方法(BFSIFT)能够在保持同名点精度的同时增加同名点的数量。下面具体介绍该方法的原理。

1. 大尺度 SIFT

SAR 图像是对回波进行相干处理得到的,因此图像上存在大量的乘性斑点噪声。在同名点提取时,斑点噪声的存在一方面会导致在特征检测时将斑点噪声作为特征点检测出来,这些点随机性强,难以匹配,而且数量较大,影响匹配速度;另一方面,斑点噪声会使特征点的邻域模糊,从而使描述子表达的邻域特征的可区分性下降,容易导致误匹配和少匹配。因此,斑点噪声的滤除对 SAR 图像的同名点提取是至关重要的。

在尺度空间建立时,高斯函数在模糊图像的同时会减少斑点噪声,另外对图像的降采样相当于多视处理,会进一步减少斑点噪声。因此,这里不采用专门的斑点噪声滤波器对 SAR 图像进行预滤波,而是考虑直接在大尺度上检测特征。与传统 SIFT 算法相比,该方法不对原始图像进行升采样,且跳过小尺度图像,直接根据所需特征点数选择从某一组开始进行特征检测。

2. 双边 SIFT

高斯函数在滤除斑点噪声的同时,会模糊边缘等图像的细节,使得在大尺度上的特征点减少,因而它并非是理想的斑点噪声滤波器。此外,大尺度图像分辨率降低会导致特征点的定位不精确。因此,本节考虑引入既能滤除噪声又能保持图像细节,同时还具有尺度不变性的各向异性尺度空间。传统的利用 PM 方程迭代地建立各向异性尺度空间的方法速度慢且可能不收敛,因此本节分析双边滤波器与 PM 方程的关系,进而利用双边滤波器建立各向异性尺度空间,然后在不易受斑点噪声影响的大尺度上检测特征点。下面阐述该方法的原理。

1) PM 方程

为解决高斯尺度空间会使图像细节信息模糊的问题,Perona 和 Malik[27]构造了基于偏微分方程的各向异性尺度空间,本节将其称为 PM 方程,如式(5.14)所示:

$$
\begin{cases}
I_t = \mathrm{div}(c(|\nabla I|) \cdot \nabla I) = c\Delta I + \nabla c \cdot \nabla I \\
I(t=0) = I_0
\end{cases}
\tag{5.14}
$$

式中，∇ 是梯度算子；div 是散度算子；$|\cdot|$ 表示取幅度；I_0 是原始图像；I_t 是尺度为 t 的图像；$c(x)$ 是扩散系数，表示为

$$
c(x) = \exp[-(\|x\|/K)^2]
\tag{5.15}
$$

式中，K 是一个可调参数，其值越大，则判定为边缘时需要的梯度幅值越大。

利用像素点的梯度幅值可以控制扩散系数，若 $|\nabla I| \ll K$，则 $c(|\nabla I|)$ 趋向于 1，此时 PM 方程转化为线性热扩散方程，可以有效地去除噪声；若 $|\nabla I| \gg K$，则 $c(|\nabla I|)$ 趋向于 0，此时 PM 方程转化为全通滤波器，能够有效保持边缘。

利用式（5.14）构造各向异性尺度空间时需采用数值迭代的离散形式，如式（5.16）所示：

$$
I_{i,j}^{t+\Delta} = I_{i,j}^t + \frac{\Delta t}{4} d_{i,j}^t
$$

$$
d_{i,j}^t = c_{i+1,j}^t (I_{i+1,j}^t - I_{i,j}^t) + c_{i,j}^t (I_{i-1,j}^t - I_{i,j}^t) + c_{i,j+1}^t (I_{i,j+1}^t - I_{i,j}^t) + c_{i,j}^t (I_{i,j-1}^t - I_{i,j}^t)
\tag{5.16}
$$

式中，Δt 为离散步长。为了能逼近真实解，Δt 通常设置得很小，文献[28]中设置为 0.05，可见为了获得更大尺度的图像，需要迭代的次数较多，因此计算速度较慢。

2）双边滤波器

双边滤波器[29]是一种非迭代的能够保持非线性边缘的滤波器。传统的低通滤波器通常基于像素灰度值空间变化缓慢的假设，通过邻域加权平均可以达到去噪的效果。均值滤波器的邻域权重系数相同，高斯滤波器的权重则随距离的增加而减小。在平坦均匀的区域，像素灰度值变化缓慢的假设是正确的，而且信号间的相关性强于噪声，因此加权平均能够有效地去除噪声。然而，对于边缘等细节信息丰富的图像区域，像素灰度值空间变化剧烈，该假设将不再成立，加权平均会导致细节信息的损失。双边滤波器则综合考虑了邻域像素与中心像素的空间邻近性和灰度相似性，是一种边缘保持的滤波器，其表达式如下：

$$
\mathrm{BF}[I]_p = \frac{1}{W_p} \sum_{q \in S} G_{\sigma_s}(|p-q|) G_{\sigma_r}(|I_p - I_q|) I_q
\tag{5.17}
$$

式中，p 和 q 为像素的空间位置；I_p 和 I_q 为像素灰度值；G_{σ_s} 和 G_{σ_r} 分别表示标准差为 σ_s 和 σ_r 的空间高斯核和灰度高斯核；W_p 为归一化系数；$\mathrm{BF}[I]_p$ 为 p 点双边滤波后的灰度值。

由式（5.17）可见，在匀质区域，邻域灰度值较为接近，灰度高斯核影响较小，此时双边滤波器将转化为高斯滤波器；而在边缘等细节区域，与中心像素灰度值相近的像素权重大，相差大的权重小，从而有效地保持了边缘。图 5.4 给出了一个实

例,原始图像上的白色圆形处为灰度值较高的阶梯边缘点,其灰度相似性系数也为阶梯状,总系数为半高斯形状,滤波后的图像表明双边滤波器有很好的细节保持能力。

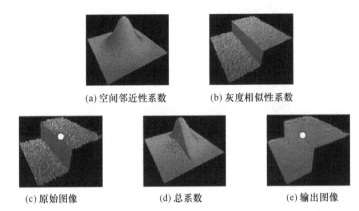

(a) 空间邻近性系数　　　　　　(b) 灰度相似性系数

(c) 原始图像　　　　　　(d) 总系数　　　　　　(e) 输出图像

图 5.4　双边滤波器效果示意图

3) 双边尺度空间

　　基于 PM 方程以数值迭代的方式建立各向异性尺度空间,效率低且不容易收敛。而双边滤波器与 PM 方程具有一定的联系。一方面,当 PM 方程中的扩散系数为常数时,方程转化为线性热扩散方程,此时方程具有唯一的闭合解,即原图像与高斯函数的卷积。若以数值迭代的方式解该方程,其解也应该是相应尺度的图像。因此,虽然迭代过程中邻域内各个像素的权重取决于局部梯度,但用高斯空域滤波方法,不迭代即可实现相同的效果。另一方面,PM 方程的非线性扩散系数由该点的梯度幅值和参数 K 控制,梯度幅值大则表示该处存在边缘,此时权重小不扩散,从而保持边缘特征,通过适当地选择 K 值可以折中考虑去噪和边缘保持的程度。类似地,双边滤波器的灰度高斯核也有这样的作用,当邻域像素与中心像素的灰度值不相似时权重小,相当于不扩散,同样能够保持边缘,灰度高斯核标准差 σ_r 的作用即相当于 K。由此可见,PM 方程迭代的效果等同于双边滤波器的空域高斯滤波,非线性扩散等同于其灰度高斯滤波,双边滤波器以非迭代的方式实现了各向异性扩散。

　　事实上,SAR 图像斑点噪声滤波器种类较多,但针对 SAR 图像同名点提取的目标,主要基于以下三个原则来选择滤波器:①滤波器在滤除噪声的同时能很好地保持边缘等细节特征;②为了保留尺度空间在特征检测和描述阶段的优势,滤波器应该能同尺度空间很好地结合起来;③滤波器应该是非迭代的,而且速度相对较快。根据文献[30],双边滤波器与经典的基于局部统计量的滤波方法,如 Lee 滤波器[31]、Frost 滤波器[32]等的滤波效果相当,甚至稍好,而且双边滤波器可以同尺度空间理论很好地结合起来,并且不用迭代求解,满足上述的三个准则,因此,这里选用双边滤波器来构建各向异性尺度空间。

利用双边滤波器建立尺度空间的过程与高斯尺度空间的构造过程类似,空间高斯核的尺度不断增加,而灰度高斯核不变。相邻两个尺度图像表示如下:

$$\begin{cases} \mathrm{LBF}(x,y;\sigma_s) = I(x,y) * \mathrm{BF}(x,y;\sigma_s,\sigma_r) \\ \mathrm{LBF}(x,y;k\sigma_s) = I(x,y) * \mathrm{BF}(x,y;k\sigma_s,\sigma_r) \end{cases} \tag{5.18}$$

式中,$I(x,y)$ 为原始图像;$\mathrm{BF}(x,y;\sigma_s,\sigma_r)$ 为双边滤波器,灰度高斯核标准差为 σ_r,空间高斯核标准差为 σ_s;$\mathrm{LBF}(x,y;\sigma_s)$ 为双边尺度空间图像。将以上两式相减即得到双边差分尺度空间 $D(x,y;\sigma_s)$ 如下:

$$D(x,y;\sigma_s) = \mathrm{LBF}(x,y;k\sigma_s) - \mathrm{LBF}(x,y;\sigma_s) \tag{5.19}$$

图 5.5 和图 5.6 分别给出了双边尺度空间和双边差分尺度空间的示意图。图 5.7 给出了高斯尺度空间和双边尺度空间的对比图,两者均是第 1 组第 2 层的图像,双边滤波器灰度高斯核标准差为 0.1。由图 5.7 可以看出,高斯滤波后图像较为模糊,物体轮廓等细节信息丢失,导致特征点定位不准确,而双边滤波后图像保持了较为清晰的边缘,有利于特征点的提取和定位。

图 5.5　双边尺度空间

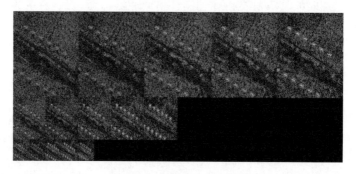

图 5.6　双边差分尺度空间

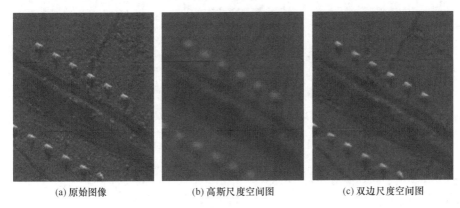

| (a) 原始图像 | (b) 高斯尺度空间图 | (c) 双边尺度空间图 |

图 5.7　尺度空间对比图

　　在构造出差分双边尺度空间之后,即可在该空间内检测特征点,这里按照与传统 SIFT 相同的方法检测特征点。

　　4) 双向匹配

　　在检测出特征点后,需对特征点进行匹配与筛选。SIFT 算法中利用比值法,以次近邻为参考,有效地解决了阈值的自适应设定问题。但是比值法的匹配过程是单向的,因而经常会出现多个特征点对应一个特征点的现象,如图 5.8(a) 所示,从而影响匹配结果。当正确同名点的比例低于一半时,RANSAC 算法也将失效,如图 5.8(b) 所示,同名点筛选失败。

| (a) 单向匹配结果 | (b) RANSAC匹配后结果 | (c) 双向匹配结果 |

图 5.8　单向和双向匹配效果对比图

　　针对这一问题,本节采用双向匹配策略,即两次比值法,仅当匹配图像中的 A 点对应的匹配点是参考图像中的 B 点,同时 B 点对应的匹配点也是 A 点时,才能确定 A 和 B 是一对匹配点。通过双向匹配策略,可以有效地去除“多对一”的现象,提高正确匹配对的比例,有利于后续的匹配点筛选算法。经过双向匹配和 RANSAC 筛选后的匹配结果如图 5.8(c) 所示,可见得到了正确的同名点。

3. 实验结果分析

为了验证 BFSIFT 算法的有效性和适用性,本节分别对两幅不同视角以及不同波段和视角的斜距 SAR 图像进行同名点提取,比较 BFSIFT、SIFT 和 OSIFT 三种算法的性能,其中 OSIFT 是指略去尺度空间的第 0 层,从第 1 层开始用 SIFT 提取同名点。BFSIFT 中所用的灰度高斯核标准差为 0.2,其他参数与 SIFT 相同。

1) 不同视角下同名点提取实验

机载 InSAR 在联合定标及平差处理时需要提取相邻条带间重叠区域的同名点,而不同条带对应的视角不同,相应的图像具有不同的地距分辨率,视角减小,地距分辨率降低。因此,图 5.9 给出了 SIFT、OSIFT 和 BFSIFT 三种算法在两幅不同视角的机载 X 波段 SAR 图像中的同名点提取结果。

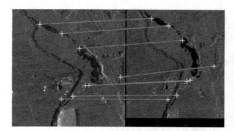
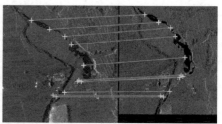

(a) SIFT提取同名点结果　　　　　　　　(b) OSIFT提取同名点结果

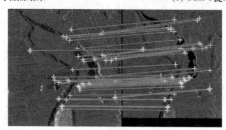

(c) BFSIFT提取同名点结果

图 5.9　不同视角下三种方法同名点提取结果图

表 5.1 给出了各组内特征点和同名点的具体数量。由此可见,SIFT 在第 0 组内检测到了大量的特征点,但同名点却很少,OSIFT 去掉了第 0 组的特征点,其他组的同名点数与 SIFT 相当,但匹配时间远小于 SIFT。这表明第 0 组特征点受斑点噪声的影响较大,降低了正确匹配的概率,而在大尺度上提取同名点可以有效地减少不宜匹配的特征点的数量,提高计算速度。BFSIFT 每组内的特征点和同名点数量均比 OSIFT 多,总的同名点数约为 OSIFT 的 5 倍,表明双边尺度空间比高斯尺度空间更加有效。

表 5.1　不同视角下三种方法的性能比较

方法	匹配点/特征点					时间/s
	组 0	组 1	组 2	组 3	总计	
SIFT	2/539	4/109	2/22	0/7	8/677	6.99
OSIFT		9/109	2/22	0/7	11/138	1.67
BFSIFT		39/384	11/148	2/33	52/565	11.07

2) 不同视角、不同波段同名点提取实验

地物对不同波段的电磁波具有不同的散射特性,在图像上表现为不同的灰度特性。本实验选取两幅不同视角的机载 X 和 P 波段斜距图像提取同名点,进一步验证 BFSIFT 算法在不同视角和波段条件下的有效性,结果如图 5.10 和表 5.2 所示。由表 5.2 可见,SIFT 和 OSIFT 算法提取同名点失败,BFSIFT 虽耗时稍多,但成功提取了 14 个同名点。

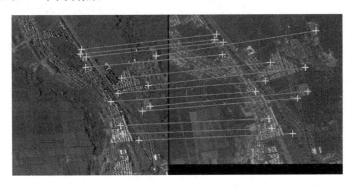

图 5.10　不同视角和波段下 BFSIFT 同名点提取结果图

表 5.2　不同视角和波段下三种方法性能比较

方法	SIFT	OSIFT	BFSIFT
匹配点/特征点数量	0/392	0/118	14/633
时间/s	7.06	2.97	10.02

5.2.4　基于先验 DEM 的 SAR 图像同名点提取方法

在稀疏控制点条件下,利用区域网平差方法拼接多条航带的 SAR 图像时,需要从存在较大视角差异的两幅斜距图像上提取同名点。针对相邻航带的斜距图像,不同视角和地形导致图像不同位置处存在不同的几何畸变,因此将 SIFT 应用于 SAR 斜距图像同名点提取时,存在两个问题:首先,在特征检测阶段,较大的几何畸变导致在两幅图像中检测的特征重复率较低,而且特征点邻域的形状和大小难以确定,不能保证同名点能够覆盖相同的区域,进而影响特征描述子的性能,最终导致特征匹配效果较差;其次,在特征筛选阶段,图像之间存在局部变换,不能用统一的变换模型来拟合整体的变换关系,这就增大了利用几何约束关系筛选正确匹配点的难度。

对于该问题,可考虑使用具有仿射不变特性的 Affine SIFT(ASIFT)[33]算法,但其通过构建仿射模板来模拟仿射变形,计算复杂度较高。针对这一问题,本节考虑利用 SAR 平台的飞行轨迹和数字高程模型(DEM)这些先验信息建立两幅图像间的几何变换关系,进而减轻几何畸变的影响,并利用大尺度 SIFT 提取匹配点,同时采用一种适合 SAR 斜距图像间局部畸变的多模型 RANSAC(multi-models RANSAC,MMRANSAC)算法筛选同名点,从而大大提高筛选出的同名点数量。下面具体介绍该方法的原理及处理步骤。

1. 基于先验信息消除图像几何畸变的方法

SAR 获取数据时,传感器记录了其运动轨迹以及目标点到传感器的斜距等先验信息,因此可以利用两幅图像各自的成像几何建立它们之间的关系。由于地表高低起伏不同,会影响斜距,因此在建立几何变换关系时还需要利用 DEM。下面介绍机载 SAR 成像条件下相邻航带获得的两幅图像之间的变换方法。

机载 SAR 成像时,需要通过运动补偿将其真实的运动轨迹补偿为一条水平直线。不失一般性,建立如图 5.11(a)所示的北东天直角坐标系,相邻两条航带在运动补偿后的参考轨迹分别为 l_1、l_2,SAR 为右侧视成像,对应的斜距图像分别为 I_1、I_2,航迹均在与 z 轴垂直的平面内,航迹的平面几何如图 5.11(b)所示。为了简化推导过程,假设均在零多普勒条件下成像。与第 4 章中的复图像粗配准方法类似,首先根据 l_1 的轨迹参数,对图像 I_1 中的像素点 (x_1,y_1),利用如式(5.20)所示的距离-多普勒方程计算出其对应的地面点坐标 $P(X_P,Y_P)$:

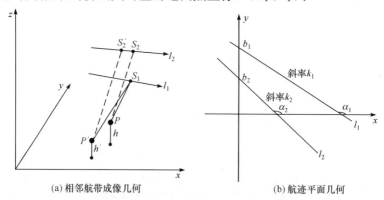

(a) 相邻航带成像几何　　　　　　(b) 航迹平面几何

图 5.11　相邻航带的成像几何关系示意图

$$\begin{cases} R_1 = R_{\text{near1}} + \rho_r x_1 = \sqrt{(X_{S_1} - X_P)^2 + (Y_{S_1} - Y_P)^2 + (Z_{S_1} - h)^2} \\ V_{X_1}(X_{S_1} - X_P) + V_{Y_1}(Y_{S_1} - Y_P) = 0 \end{cases} \tag{5.20}$$

解该方程可得

$$\begin{cases} X_P = X_{S_1} + k_1 \sqrt{\dfrac{R_1^2 - (Z_{S_1} - h)^2}{1 + k_1^2}} \\ Y_P = Y_{S_1} - \sqrt{\dfrac{R_1^2 - (Z_{S_1} - h)^2}{1 + k_1^2}} \end{cases} \tag{5.21}$$

然后再根据 l_2 的轨迹参数,以及零多普勒条件计算出点 $P(X_P, Y_P)$ 成像时刻的载机位置如下:

$$\begin{cases} X_{S_2} = (X_P + k_2 Y_P - k_2 b_2)/(1 + k_2^2) \\ Y_{S_2} = (k_2 X_P + k_2^2 Y_P + b_2)/(1 + k_2^2) \end{cases} \tag{5.22}$$

再一次利用距离-多普勒方程计算点 $P(X_P, Y_P)$ 在图像 I_2 中的像素坐标 (x_2, y_2):

$$\begin{cases} x_2 = (\sqrt{(X_{S_2} - X_P)^2 + (Y_{S_2} - Y_P)^2 + (Z_{S_2} - h)^2} - R_{\text{near2}})/\rho_r \\ y_2 = \sqrt{(X_{S_2} - X_{S_{20}})^2 + (Y_{S_2} - Y_{S_{20}})^2}/\rho_a \end{cases} \tag{5.23}$$

式中,ρ_a 为方位向的像素间隔;$(X_{S_{20}}, Y_{S_{20}})$ 为起始脉冲对应的航迹位置。按照上述步骤可以计算出图像 I_1 中每一点在图像 I_2 中的对应点,重采样 I_2 即可得到变换后的图像。

2. DEM 对图像变换的影响

目前,可以公开获得并广泛应用的粗精度 DEM 数据主要有 SRTM DEM 数据和 ASTER GDEM 数据。SRTM DEM 是由美国国家航空航天局(NASA)提供的通过星载双天线 InSAR 技术获得的 DEM,对全球北纬 60° 至南纬 56° 的地形区域进行了测绘,测绘面积超过了全球陆地面积的 80%,目前公开的全球数据水平分辨率为 90m×90m,高程精度为 16m。

2009 年 6 月 30 日,NASA 与日本经济产业省(METI)共同推出了最新的地球电子地形数据先进星载热发射和反射辐射仪全球数字高程模型(The Advanced Spaceborne Thermal Emission and Reflection Radiometer Global Digital Elevation Model,ASTER GDEM),该数据是根据 NASA 的新一代对地观测卫星 TERRA 的详尽观测结果制作完成的,这一全新地球数字高程模型包含 130 万个立体图像。ASTER 测绘数据覆盖范围为北纬 83° 到南纬 83° 的所有陆地区域,比以往任何地形图都要广得多,达到了地球陆地表面的 99%。总体来说,ASTER GDEM 的垂直精度达 20m,水平精度达 30m。相比 SRTM DEM,ASTER GDEM 水平分辨率更高,因此本节采用 ASTER 提供的 DEM 进行航带间图像的变换。

1) DEM 空间分辨率对变换的影响

机载 SAR 图像分辨率较高,通常可达到亚米级,而 ASTER 提供的 DEM 的空间分辨率仅为 30m×30m,这样会导致斜距图像对应的高程值不连续,如图 5.12(a) 所示,DEM 呈阶梯状,导致变换后的图像出现明显的块效应,即图像灰度不连续,如图 5.12(b) 所示。因此需要对 DEM 进行滤波,得到更加平滑的高程值。这里采用简单的均值滤波,窗口大小为 200×200,滤波后的 DEM 如图 5.12(c) 所示,图 5.12(d) 为变换后的图像,可以看出此时图像中没有明显的不连续现象。

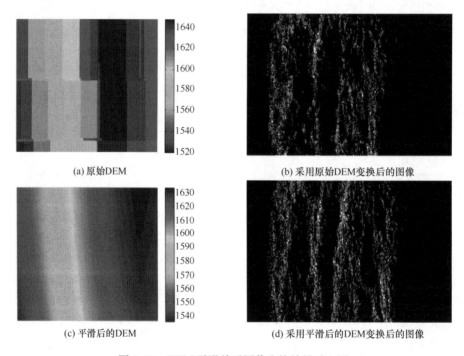

(a) 原始DEM

(b) 采用原始DEM变换后的图像

(c) 平滑后的DEM

(d) 采用平滑后的DEM变换后的图像

图 5.12　DEM 平滑前后图像变换效果对比图

2) DEM 精度对变换的影响

地面点的高程值存在误差时,会导致图像 I_1 在图像 I_2 上的对应点发生偏移,如图 5.11 所示,当高度由 h 变化为 h' 时,图像 I_1 中的像素对应的地面点由 P 变到 P',相应地,P' 点在图像 I_2 中的方位和距离向位置也将发生偏移。由式(5.23)可知,对应点距离向和方位向位置会发生偏移。由式(5.23)对高度 h 求导,可得高程精度对距离和方向位置的影响如下:

$$\begin{cases} \dfrac{\mathrm{d}x_2}{\mathrm{d}h} = \dfrac{1}{R_2 \cdot \rho_r} \cdot \left\{ \dfrac{1+k_1 k_2}{1+k_2^2} \cos\alpha_1 \, cot\theta_1 \left[\left(b_2 - (Y_{S_1} - k_2 X_{S_1}) \right) \right. \right. \\ \qquad\qquad \left. \left. + (1+k_1 k_2) R_1 \sin\theta_1 \cos\alpha_1 \right] - (z_2 - h) \right\} \\ \dfrac{\mathrm{d}y_2}{\mathrm{d}h} = \sin(\alpha_1 - \alpha_2) \cdot \cot\theta_1 / \rho_a \end{cases} \tag{5.24}$$

若两条航迹平行且高度相同,则式(5.24)简化为

$$\begin{cases} \dfrac{\mathrm{d}x_2}{\mathrm{d}h} = \dfrac{L \cdot \cot\theta_1}{R_2 \cdot \rho_r} \\ \dfrac{\mathrm{d}y_2}{\mathrm{d}h} = 0 \end{cases} \tag{5.25}$$

式中,L 为航迹间隔。式(5.25)表明,方位向偏移量为 0,距离向偏移量与航迹间隔、图像 I_1 的视角、图像 I_2 的斜距以及距离向分辨率有关,如图 5.13 给出了这些参数的示意图。

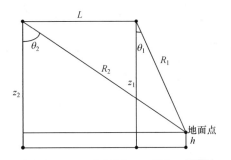

图 5.13　影响变换精度的参数示意图

　　下面给出一个图像变换的实际例子。两次成像航迹间隔为 3371m,距离向分辨率为 0.25m,如图 5.14 所示,图像 1 的视角范围为 $(26.6°, 29.6°)$,图像 2 的斜距为 5940～7358m。图 5.14(c)给出了变换结果。可以看出变换后图像间的几何畸变大大减小。ASTER 提供的高程平均精度为 20m,则由式(5.25),像素偏移由近端的 ±90 变化为远端的 ±64。图 5.14(d)给出了变换后的局部放大图,两幅图像左上角坐标相同,十字代表同名点,图像下方的同名点距离向向右偏移了 23 个像素,上方的同名点向右偏移了 50 个像素,表明图像不同位置处偏移量不同,需要后续的同名点提取算法来处理局部微小畸变。

3. 多模型 RANSAC 算法

　　利用先验信息进行变换后的图像之间仍存在局部的仿射变形,因此仍然采用

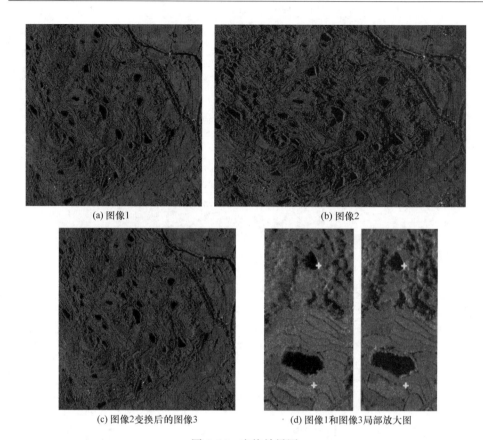

(a) 图像1　　　　　　　　　　　　　　　　(b) 图像2

(c) 图像2变换后的图像3　　　　　　　(d) 图像1和图像3局部放大图

图 5.14　变换效果图

大尺度 SIFT 提取特征点,在得到 SIFT 描述子之后,利用比值法进行匹配,最后对匹配对进行筛选。

RANSAC 算法可以处理错误匹配点比例较大的情况,而且其计算简单高效,是近年来的研究热点。在 RANSAC 算法中,有三个参数会对其性能产生较大的影响,分别是内点判别阈值 T、内点概率 ε 以及置信概率 η。其中 T 需视所处理的问题而定,T 值越小,则筛选出的内点越精确,但数量稍少。η 值越大,需要迭代的次数越多,耗时越多,但计算的模型也更精确,通常取值 0.99。在没有先验信息可以利用的情况下,每次迭代时用当前最大内点数在匹配点集合中的比例代替。迭代过程中随着迭代次数的增大,内点概率会逐渐增大到实际的内点概率。k 和 ε 的增大,都会导致 $(1-\varepsilon^m)^k$ 逐渐减小,因此迭代趋向收敛。

RANSAC 算法的效率取决于:①所选模型的阶次。阶次越高,迭代次数越大,检验阶段的复杂度也越高,耗时越多。②总的匹配点数。点数越多,需要检验的点数越多,耗时越多。③内点概率。内点比例越低,迭代次数就越大,耗时越多。

近年来对 RANSAC 的改进算法在速度上取得了长足的进步,但算法都基于同样的假设:若一次采样中全是内点,则通过该采样计算的变换模型可以把所有内点筛选出来。在自然场景图像中,该假设是成立的。但 SAR 是侧视成像,图像近距和远距不同位置处几何畸变不同,即使是利用先验信息进行变换,图像间仍不能只用一个模型就把所有内点筛选出来。

针对上述问题,这里引入多模型 RANSAC 算法,迭代中某次模型得到的内点数大于指定阈值,则保留这些匹配点,而不是仅保留有最多内点数的模型下的匹配点,这样就大大增多了筛选出的内点数量。其流程如图 5.15 所示。其中阈值取决于模型的阶次,阶次越高,阈值可设置得越大。

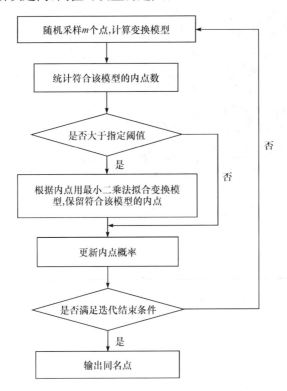

图 5.15   多模型 RANSAC 算法流程图

对如图 5.14(a)和(c)所示经过几何变换的两幅图像,采用大尺度 SIFT 提取出同名点后,分别给出有最多和次多匹配点的两个模型筛选出的内点,如图 5.16所示。可以看出,两个模型筛选出的匹配点中很大一部分并不相同,如果仅用一个变换模型,则仅能得到图 5.16(a)所示的匹配点,错过了很多正确的匹配点,采用多模型之后基本上可以把所有正确的点筛选出来。

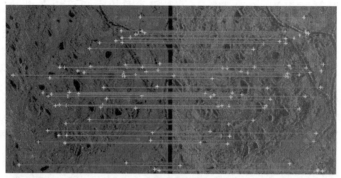

(a) 一个模型筛选的内点

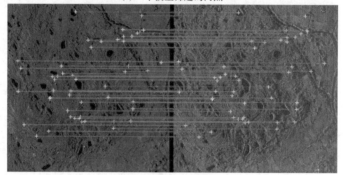

(b) 另一个模型筛选的内点

图 5.16　多模型 RANSAC 算法的中间结果

4. 实验结果分析

1) 地势平缓场景不同视角同名点提取实验

本节实验针对两幅平坦地区的 SAR 图像,如图 5.17 所示,地势起伏为 96m,斜距分辨率为 0.25m,两次航迹间隔为 3371m,左图视角范围为(26.6°,29.6°),右图视角范围为(57.6°,64.4°),左图斜距范围为 3558～3658m,右图斜距范围为 5940～7358m,由式(5.25)可知,变换图像后像素最大偏移量在±90 范围内。

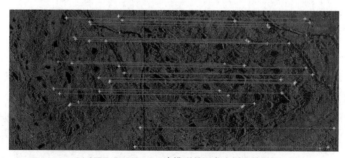

(a) SIFT+RANSAC三次模型的同名点提取结果

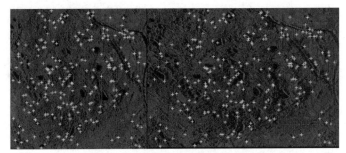

(b) GSIFT+MMRANSAC 一次模型的同名点提取结果

图 5.17 地势平缓场景同名点提取结果图

表 5.3 给出了四种算法的结果,其中,同名点指 SIFT 获取的所有匹配点中经人工验证是正确的匹配点,筛选出的同名点指经 RANSAC 及其改进算法筛选出的正确的匹配点。可以看出,本节算法 GSIFT 提取到了 250 个同名点,相比基本 SIFT 算法的 87 个同名点,多了近 2 倍,表明本节算法十分有效。因斜距图像间变换关系复杂,因此利用基本 RANSAC 算法筛选同名点时需用高阶多项式模型,在使用多模型 RANSAC 算法后,可以选择较低阶次的多项式模型,对图像进行变换后,可进一步降低模型阶次。由表 5.3 可知,无论是原始图像对还是变换后的图像对,MMRANSAC 都筛选出了几乎所有的同名点,数量是基本 RANSAC 的 3 倍多,而且时间大大减少。本节给出了改进算法组合和基本算法组合的结果图,如图 5.17 所示,可以看出,改进算法的效果十分明显,同名点数量多且分布均匀。

表 5.3 地势平缓场景不同方法同名点提取性能比较

方法	同名点数	筛选出的同名点数	时间/s
SIFT＋RANSAC 三次模型	**87**	24	40.2
SIFT＋MMRANSAC 二次模型	87	84	14.1
GSIFT＋RANSAC 二次模型	**250**	**72**	16.9
GSIFT＋MMRANSAC 一次模型	250	**250**	**9.1**

2) 地势起伏场景不同视角同名点提取实验

本节实验针对两幅地势起伏较大地区的 SAR 图像,如图 5.18 所示,地势起伏为 592m,斜距分辨率为 0.5m,两次航迹间隔为 4566m,左图视角范围为(36.1°,50.2°),右图视角范围为(59.7°,66.4°),左图斜距范围为 5715～7215m,右图斜距范围为 9155～11530m,由式(5.25)可知,变换图像后像素最大偏移量在±27 范围内。

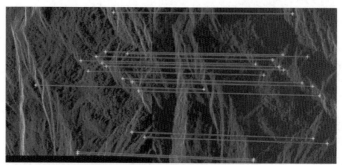

(a) SIFT+RANSAC三次模型的同名点提取结果

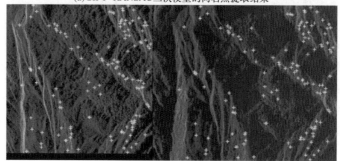

(b) GSIFT+MMRANSAC一次模型的同名点提取结果

图 5.18　地势起伏场景同名点提取结果

表 5.4 给出了该实验集下四种算法的结果,图 5.18 是基本算法组合和改进算法组合的直观效果图。可以看出,结论与平坦地区是一致的,利用先验知识变换图像后可提取更多的同名点,该图像对显示多了近一倍,多模型 RANSAC 筛选出了近乎全部的同名点,而且采用低阶多项式,时间上大大减少。

表 5.4　地势起伏场景不同方法同名点提取性能比较

方法	同名点数	筛选出的同名点数	时间/s
SIFT+RANSAC 三次模型	**71**	16	26.9
SIFT+MMRANSAC 二次模型	71	70	8.5
GSIFT+RANSAC 二次模型	**139**	**33**	2.5
GSIFT+MMRANSAC 一次模型	139	**137**	**7.8**

5.3　机载 InSAR 定标

InSAR 定标通常是一个迭代的过程,常规思路是利用三维位置已知的 GCP,通过各定位参数的敏感度矩阵线性化三维位置误差,获得关于定位参数偏差的线性方程组,然后求得其最小二乘解,从而实现对定位参数的反馈修正。

传统的 InSAR 定标通常分两步:首先进行高程定标,其次进行平面位置定标。高程定标即利用 GCP 的高程信息,修正高程反演几何模型中的参数偏差,以提高 DEM 的精度;平面定标即利用 GCP 的平面位置信息,修正平面定位几何模型中的参数偏差,以提高平面定位的精度。本节首先分别介绍机载 InSAR 高程定标和平面定标的基本思想,在此基础上,介绍三维联合定标方法。

5.3.1　机载 InSAR 高程定标

机载 InSAR 高程反演几何关系如图 5.19 所示,地面目标点 P 的高程值可由式(5.26)得出:

$$Z_P = Z_S - R_1 \cos\theta_1 = Z_S - R_1 \cos\left[\alpha + \arcsin\left(\frac{B}{2R_1} - \frac{\lambda\phi}{2\pi QB} - \frac{\lambda^2\phi^2}{8\pi^2 Q^2 R_1 B}\right)\right]$$

$$(5.26)$$

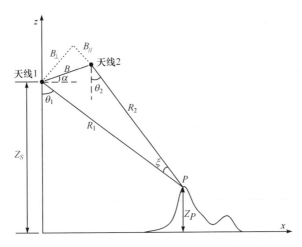

图 5.19　机载 InSAR 高程反演几何关系图

InSAR 高程定标通常的做法是将高程误差表示为各参数偏差的线性函数,即

$$\Delta Z_P = \frac{\partial Z_P}{\partial Z_S}\Delta Z_S + \frac{\partial Z_P}{\partial R}\Delta R + \frac{\partial Z_P}{\partial B}\Delta B + \frac{\partial Z_P}{\partial \alpha}\Delta\alpha + \frac{\partial Z_P}{\partial \phi}\Delta\phi$$

$$= \left[\frac{\partial Z_P}{\partial Z_S}, \frac{\partial Z_P}{\partial R}, \frac{\partial Z_P}{\partial B}, \frac{\partial Z_P}{\partial \alpha}, \frac{\partial Z_P}{\partial \phi}\right]\left[\Delta Z_S, \Delta R, \Delta B, \Delta\alpha, \Delta\phi\right]^{\mathrm{T}} \qquad (5.27)$$

式中,$\left[\frac{\partial Z_P}{\partial Z_S}, \frac{\partial Z_P}{\partial R}, \frac{\partial Z_P}{\partial B}, \frac{\partial Z_P}{\partial \alpha}, \frac{\partial Z_P}{\partial \phi}\right]$为高程相对于各参数的敏感度,式(5.27)即高程误差的敏感度方程。这里将载机平台高度 Z_S、斜距 R、基线长度 B、基线角 α、绝对干涉相位 ϕ 作为待定标的参数,实际处理中要根据系统的精度和处理需求来确定

需要定标的参数。假设有 n 个 GCP,分别列出其敏感度方程,有

$$AX = L \tag{5.28}$$

式中,$X = [\Delta Z_S, \Delta R, \Delta B, \Delta \alpha, \Delta \phi]^T$ 为各参数偏差;$L = [\Delta Z_{P_1}, \cdots, \Delta Z_{P_n}]^T$ 为各反演出的高程值与实际高程值之间的误差;A 为敏感度矩阵,表示如下:

$$A = \begin{bmatrix} \dfrac{\partial Z_P}{\partial Z_S}\Big|_1 & \dfrac{\partial Z_P}{\partial R}\Big|_1 & \dfrac{\partial Z_P}{\partial B}\Big|_1 & \dfrac{\partial Z_P}{\partial \alpha}\Big|_1 & \dfrac{\partial Z_P}{\partial \phi}\Big|_1 \\ \vdots & \vdots & \vdots & \vdots & \vdots \\ \dfrac{\partial Z_P}{\partial Z_S}\Big|_n & \dfrac{\partial Z_P}{\partial R}\Big|_n & \dfrac{\partial Z_P}{\partial B}\Big|_n & \dfrac{\partial Z_P}{\partial \alpha}\Big|_n & \dfrac{\partial Z_P}{\partial \phi}\Big|_n \end{bmatrix} \tag{5.29}$$

求解式(5.29)所示的超定线性方程组的最小二乘解即可获得各定标参数的修正量。对参数修正后,重新计算各 GCP 的高程误差,并更新敏感度矩阵,再次求解各参数的修正量。如此迭代,直至定标参数收敛,即完成了高程定标过程。利用定标后的参数,代入式(5.26)就可以反演出图像中每一像素对应的高程值。

5.3.2　机载 InSAR 平面定标

机载 InSAR 的平面定位模型是进行平面定标的基础。目前,针对 SAR 图像的特点对其进行精确的定位,已开展了深入的研究,归纳起来主要有以下三种定位模型:多项式模型、共线方程模型、距离多普勒模型。

多项式定位模型的基本思想是将 SAR 图像的整体变形看成平移、缩放、旋转、仿射、弯曲以及其他更高次基本变形的综合作用的结果。该模型不考虑 SAR 图像的成像原理以及地面高程的影响,而是根据图像平面和地球平面之间的平面变换关系,用多项式直接将图像平面变换到地球平面上。

基于侧视成像的共线方程是从光学遥感摄影测量的共线方程转化而来的,其基本思想是将 SAR 斜距图像看成一个等效多中心投影传感器获取的图像,从而可以将 SAR 距离投影和侧视几何成像关系转化为多中心的透视几何关系。

上述两种模型均不是符合 SAR 成像机理的定位模型,这里不再详细介绍,有兴趣的读者可以参考文献[34]~[36]。本节重点介绍基于距离-多普勒模型的机载 InSAR 平面定标。

侧视斜距成像和多普勒频移是 SAR 成像的两个特点,据此研究者提出了符合 SAR 成像机理的定位模型,即距离-多普勒模型。该模型最早是由 Leberal 针对机载 SAR 提出的[37],在模型中使用了零多普勒方程,即认为雷达的斜视角为零。实际情况中,斜视角并不一定为零,有文献考虑了准确的多普勒中心频率,以获得更高的定位精度[38]。

距离-多普勒方程的表达如下:

$$\begin{cases} (X_S-X_P)^2+(Y_S-Y_P)^2+(Z_S-Z_P)^2=(R_0+\rho_r x)^2 \\ V_X(X_S-X_P)+V_Y(Y_S-Y_P)+V_Z(Z_S-Z_P)=-\dfrac{f_{dc}\lambda(R_0+\rho_r x)}{2} \end{cases} \quad (5.30)$$

式中,(x,y) 为目标点在斜距图像上的坐标;(X_P,Y_P,Z_P) 为该目标的地理坐标;(X_S,Y_S,Z_S) 和 (V_X,V_Y,V_Z) 分别为目标成像时刻载机的位置和速度矢量;R_0 为近距点斜距;ρ_r 为斜距采样间隔;λ 为波长;f_{dc} 为多普勒中心频率,在正侧视条件下,$f_{dc}=0$。

由于机载 InSAR 数据在成像处理时要经过运动补偿的处理,即将飞机的运动轨迹拟合成一条匀速直线运动的直线。因此,载机的位置变化可以用零时刻的位置矢量和速度进行描述,t 时刻载机的位置可表示为

$$\begin{cases} X_S=X_{S0}+V_X t \\ Y_S=Y_{S0}+V_Y t \\ Z_S=Z_{S0}+V_Z t \end{cases} \quad (5.31)$$

式中,$t=\dfrac{y}{\text{PRF}}$,PRF 为雷达的脉冲重复频率;(X_{S0},Y_{S0},Z_{S0}) 为零时刻载机的位置矢量。由式(5.30)和式(5.31)可知,距离-多普勒模型的定位参数包括 X_{S0}、Y_{S0}、Z_{S0}、V_X、V_Y、V_Z、R_0。

距离-多普勒模型是符合 SAR 成像机理的严密 SAR 定位模型,而且形式简单,定位参数少,因而所需控制点较少,因此是平面定标通常采用的模型。与高程定标类似,平面定标同样首先要获得关于定位参数偏差的线性方程组。将式(5.30)表示为

$$\begin{cases} F_1=(X_S-X_P)^2+(Y_S-Y_P)^2+(Z_S-Z_P)^2-(R_0+\rho_r x)^2 \\ F_2=V_X(X_S-X_P)+V_Y(Y_S-Y_P)+V_Z(Z_S-Z_P)+\dfrac{f_{dc}\lambda(R_0+\rho_r x)}{2} \end{cases} \quad (5.32)$$

假设有 n 个 GCP,可以列出如下的误差方程:

$$AX=L \quad (5.33)$$

式中

$$A=\begin{bmatrix} \left.\dfrac{\partial F_1}{\partial X_{S0}}\right|_1 & \left.\dfrac{\partial F_1}{\partial Y_{S0}}\right|_1 & \left.\dfrac{\partial F_1}{\partial Z_{S0}}\right|_1 & \left.\dfrac{\partial F_1}{\partial V_X}\right|_1 & \left.\dfrac{\partial F_1}{\partial V_Y}\right|_1 & \left.\dfrac{\partial F_1}{\partial V_Z}\right|_1 & \left.\dfrac{\partial F_1}{\partial R_0}\right|_1 \\ \left.\dfrac{\partial F_2}{\partial X_{S0}}\right|_1 & \left.\dfrac{\partial F_2}{\partial Y_{S0}}\right|_1 & \left.\dfrac{\partial F_2}{\partial Z_{S0}}\right|_1 & \left.\dfrac{\partial F_2}{\partial V_X}\right|_1 & \left.\dfrac{\partial F_2}{\partial V_Y}\right|_1 & \left.\dfrac{\partial F_2}{\partial V_Z}\right|_1 & \left.\dfrac{\partial F_2}{\partial R_0}\right|_1 \\ \vdots & \vdots & \vdots & \vdots & \vdots & \vdots & \vdots \\ \left.\dfrac{\partial F_1}{\partial X_{S0}}\right|_n & \left.\dfrac{\partial F_1}{\partial Y_{S0}}\right|_n & \left.\dfrac{\partial F_1}{\partial Z_{S0}}\right|_n & \left.\dfrac{\partial F_1}{\partial V_X}\right|_n & \left.\dfrac{\partial F_1}{\partial V_Y}\right|_n & \left.\dfrac{\partial F_1}{\partial V_Z}\right|_n & \left.\dfrac{\partial F_1}{\partial R_0}\right|_n \\ \left.\dfrac{\partial F_2}{\partial X_{S0}}\right|_n & \left.\dfrac{\partial F_2}{\partial Y_{S0}}\right|_n & \left.\dfrac{\partial F_2}{\partial Z_{S0}}\right|_n & \left.\dfrac{\partial F_2}{\partial V_X}\right|_n & \left.\dfrac{\partial F_2}{\partial V_Y}\right|_n & \left.\dfrac{\partial F_2}{\partial V_Z}\right|_n & \left.\dfrac{\partial F_2}{\partial R_0}\right|_n \end{bmatrix}$$ 为敏感度矩

阵；$X = [\Delta X_{S0}, \Delta Y_{S0}, \Delta Z_{S0}, \Delta V_X, \Delta V_Y, \Delta V_Z, \Delta R_0]^T$，为平面定位参数修正量；$L = [F_1^1, F_2^1, \cdots, F_1^n, F_2^n]^T$。

同样，根据最小二乘原理可以解出 X 获得各平面定位参数的修正量。按修正量对式(5.32)中的参数进行修正，重新计算各 GCP 的 F_1 和 F_2，并更新矩阵 A，再次求解各参数的修正量。如此迭代直到平面定标参数收敛，就完成了平面定标过程。将定标后的平面定位参数和高程定标后反演出的高程值代入式(5.30)所示的距离-多普勒方程，即可解出各个像素的平面地理坐标(X_P, Y_P)。

5.3.3　机载 InSAR 三维定标

上述先高程定标后平面定标的两步定标方法，其不足之处在于平面定位建立在高程反演的基础上，高程的误差会在一定程度上影响平面定位的精度。因此，研究者提出了 InSAR 的三维定标方法，即将距离-多普勒方程和干涉相位方程相结合，利用 GCP 同时求解所有定位参数的修正量。InSAR 的三维定位模型如下：

$$\begin{cases} (X_S - X_P)^2 + (Y_S - Y_P)^2 + (Z_S - Z_P)^2 = (R_0 + xm_x)^2 \\ (X_S - X_P)V_X + (Y_S - Y_P)V_Y + (Z_S - Z_P)V_Z = -\dfrac{f_d\lambda(R_0 + m_x x)}{2} \\ Z_P = Z_S - R\sin\left\{\arccos\left[\dfrac{B}{2R} + \dfrac{(\phi+\varphi)\lambda}{2\pi QB} - \dfrac{(\phi+\varphi)^2\lambda^2}{8\pi^2 Q^2 BR}\right] - \alpha\right\} \end{cases} \quad (5.34)$$

式(5.34)可称为距离-多普勒-相位(range-Doppler-phase, RDP)模型。由式(5.34)可知，三维联合定标待求解的参数包括 B、α、φ、X_{S0}、Y_{S0}、Z_{S0}、V_X、V_Y、V_Z、R_0。当飞机飞行状态比较稳定时，运动补偿后各方向的速度保持一个固定值不变，可以认为是已知值，因此为了叙述方便，将待求解的三维定位参数简化为 B、α、φ、X_{S0}、Y_{S0}、Z_{S0}、R_0。将式(5.34)表示为

$$\begin{cases} F_1 = (X_S - X_P)^2 + (Y_S - Y_P)^2 + (Z_S - Z_P)^2 - (R_0 + xm_x)^2 \\ F_2 = (X_S - X_P)V_X + (Y_S - Y_P)V_Y + (Z_S - Z_P)V_Z + \dfrac{f_d\lambda(R_0 + m_x x)}{2} \\ F_3 = Z_S - R\sin(\theta_1 - \alpha) - Z_P \end{cases} \quad (5.35)$$

式中，$\theta_1 = \arccos\left(\dfrac{B}{2R} + \dfrac{\phi\lambda}{2\pi QB} - \dfrac{\phi^2\lambda^2}{8\pi^2 Q^2 BR}\right)$。

假设有 n 个 GCP，可以列出如下误差方程：

$$AX = L \quad (5.36)$$

式中

$$A=\begin{bmatrix} \frac{\partial F_1}{\partial B}\Big|_1 & \frac{\partial F_1}{\partial \alpha}\Big|_1 & \frac{\partial F_1}{\partial \phi}\Big|_1 & \frac{\partial F_1}{\partial X_{S0}}\Big|_1 & \frac{\partial F_1}{\partial Y_{S0}}\Big|_1 & \frac{\partial F_1}{\partial Z_{S0}}\Big|_1 & \frac{\partial F_1}{\partial R_0}\Big|_1 \\[2mm] \frac{\partial F_2}{\partial B}\Big|_1 & \frac{\partial F_2}{\partial \alpha}\Big|_1 & \frac{\partial F_2}{\partial \phi}\Big|_1 & \frac{\partial F_2}{\partial X_{S0}}\Big|_1 & \frac{\partial F_2}{\partial Y_{S0}}\Big|_1 & \frac{\partial F_2}{\partial Z_{S0}}\Big|_1 & \frac{\partial F_2}{\partial R_0}\Big|_1 \\[2mm] \frac{\partial F_3}{\partial B}\Big|_1 & \frac{\partial F_3}{\partial \alpha}\Big|_1 & \frac{\partial F_3}{\partial \phi}\Big|_1 & \frac{\partial F_3}{\partial X_{S0}}\Big|_1 & \frac{\partial F_3}{\partial Y_{S0}}\Big|_1 & \frac{\partial F_3}{\partial Z_{S0}}\Big|_1 & \frac{\partial F_3}{\partial R_0}\Big|_1 \\[2mm] \vdots & \vdots & \vdots & \vdots & \vdots & \vdots & \vdots \\[2mm] \frac{\partial F_1}{\partial B}\Big|_n & \frac{\partial F_1}{\partial \alpha}\Big|_n & \frac{\partial F_1}{\partial \phi}\Big|_n & \frac{\partial F_1}{\partial X_{S0}}\Big|_n & \frac{\partial F_1}{\partial Y_{S0}}\Big|_n & \frac{\partial F_1}{\partial Z_{S0}}\Big|_n & \frac{\partial F_1}{\partial R_0}\Big|_n \\[2mm] \frac{\partial F_2}{\partial B}\Big|_n & \frac{\partial F_2}{\partial \alpha}\Big|_n & \frac{\partial F_2}{\partial \phi}\Big|_n & \frac{\partial F_2}{\partial X_{S0}}\Big|_n & \frac{\partial F_2}{\partial Y_{S0}}\Big|_n & \frac{\partial F_2}{\partial Z_{S0}}\Big|_n & \frac{\partial F_2}{\partial R_0}\Big|_n \\[2mm] \frac{\partial F_3}{\partial B}\Big|_n & \frac{\partial F_3}{\partial \alpha}\Big|_n & \frac{\partial F_3}{\partial \phi}\Big|_n & \frac{\partial F_3}{\partial X_{S0}}\Big|_n & \frac{\partial F_3}{\partial Y_{S0}}\Big|_n & \frac{\partial F_3}{\partial Z_{S0}}\Big|_n & \frac{\partial F_3}{\partial R_0}\Big|_n \end{bmatrix}$$

为敏感度矩阵；

$X=[\Delta B,\Delta\alpha,\Delta\phi,\Delta X_{S0},\Delta Y_{S0},\Delta Z_{S0},\Delta R_0]^{\mathrm{T}}$，为三维定位参数修正量；$L=[F_1^1,F_2^1,F_3^1,\cdots,F_1^n,F_2^n,F_3^n]^{\mathrm{T}}$。

通过迭代的最小二乘求解，可以同时得到所有三维定位参数的修正量，即实现了三维定标。将修正后的参数代入式(5.34)所示的 RDP 模型，即可解出图像中各个像素的三维地理坐标(X_P,Y_P,Z_P)。

5.4　机载 InSAR 区域网平差

5.3 节介绍的机载 InSAR 定标方法仅仅针对单景影像的三维定位，而利用机载 InSAR 进行测图作业时，一个测区通常包括多个航带，每个航带在成像及干涉处理时通常又分为若干景。要得到大区域高精度的 DEM 和正射影像图，需要对区域内所有影像的定位参数进行定标修正，然后根据三维定位结果进行正射校正，进而拼接得到高级产品。采用对单景影像逐一定标的方法，一方面，需要布设大量的 GCP，这一过程耗费大量人力物力，尤其在复杂地形条件下，这一要求难以实现；另一方面，各景影像单独定标后，影像间的重叠区域会存在三维位置不一致的现象，从而影响后续的拼接精度。因此，在大区域稀疏 GCP 条件下需采用多场景联合定标的方法来修正定位参数，一方面，联合定标方法可以利用重叠区域的同名点信息，从而降低对 GCP 的依赖，减少外场布设 GCP 的工作量；另一方面，联合定标方法利用区域网平差理论对定位参数进行整体标定，从而消除影像重叠区域的定位偏差，为实现影像的无缝拼接提供保证。

在缺少控制点的情况下，对多景影像定位时常用的平差方法主要有光束法、航带法和独立模型法。光束法理论上最精确,航带法方程系数矩阵规模小,形式简单。独立模型法不需要线性化和计算初值,形式简单,计算速度快,但该方法多用于光学相片或者平缓地区 SAR 图像的拼接。针对机载干涉 SAR 数据,可以采用航带法和光束法平差方法。

逐景传递法是航带法中一种较简便的平差方法,早期缺少控制点的条件下,InSAR 影像小区域制图和实验时常常采用这种方法,这种方法是否适合于大区域多航带 InSAR 影像的制图目前还没有文献给予验证。

光束法是最严密的区域网平差方法,但解算过程较为复杂,主要是单次求解参数较多。但是对于机载干涉 SAR 数据,使用 RDP 模型时定位参数可以根据实际情况进行简化,因此,该方法仍然是机载干涉 SAR 数据进行区域网平差的一种不可或缺的方法。

本节将基于机载 InSAR 的 RDP 模型,介绍逐景传递法和光束法这两种区域网平差方法的应用,并给出一种改进的大规模法方程矩阵的求解算法,最后利用实测数据对这两种方法进行对比验证。

5.4.1　逐景传递法

使用逐景传递的平差方法时,各航带的定位参数不是整体求解的,而是按照一定的顺序逐景计算得到的,对后一景影像进行运算时要充分利用前一景已经获得的连接点坐标成果。由于该方法每次只对一景影像进行定位,因此解算过程较简单,矩阵规模较小,求解时一般不会出现病态矩阵。然而,这种方法也存在缺点,那就是需要根据实际情况人为地设置合适的传递路线,对于不同大小的区域网,路线的设置策略也将不同。

这里给出一个传递路线选取的示例,如图 5.20 传递路线示例图所示,测区内

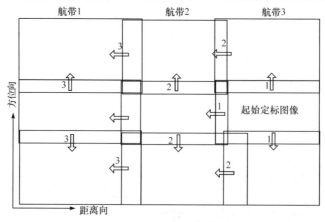

图 5.20　传递路线示例

有三条航带,每条航带内有 3 景影像。其中,航带 3 的中间一景影像上有数量充足的控制点。因此,可以将该景设为传递路线的起始景。图中的箭头给出了传递的路线,标示 1 的箭头所指的影像为一级影像,其中的控制点来自于起始影像的连接点,标示 2 的箭头所指的影像的控制点来自于一级影像的连接点,标示 3 的箭头所指的影像的控制点来自于二级影像的连接点。

下面以 4 景图像为例,对逐景传递平差方法的操作步骤进行详细的说明。如图 5.21 所示,图中符号①、②、③、④、⑤表示重叠区域的编号。

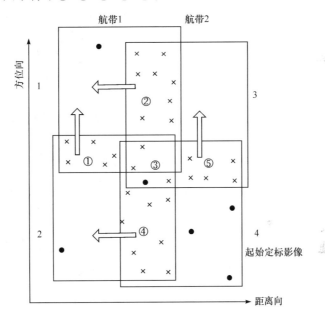

图 5.21　2×2 区域网示意图(●代表 GCPs,×代表 TPs)

(1) 确定起始定标影像。

由于单景定位时需要至少 3 个 GCPs,而第四景影像上的 GCPs 个数在 3 个以上,因此选择第四景影像作为起始定标影像。

(2) 列误差方程。

对式(5.35)进行泰勒级数一级展开可以得到如下的误差方程:

$$
\begin{cases}
v_{F_1} = A_{10}\Delta B + A_{11}\Delta\alpha + A_{12}\Delta\varphi + A_{13}\Delta X_{S0} + A_{14}\Delta Y_{S0} + A_{15}\Delta Z_{S0} + A_{16}\Delta R_0 - l_{F_1} \\
v_{F_2} = A_{20}\Delta B + A_{21}\Delta\alpha + A_{22}\Delta\varphi + A_{23}\Delta X_{S0} + A_{24}\Delta Y_{S0} + A_{25}\Delta Z_{S0} + A_{26}\Delta R_0 - l_{F_2} \\
v_{F_3} = A_{30}\Delta B + A_{31}\Delta\alpha + A_{32}\Delta\varphi + A_{33}\Delta X_{S0} + A_{34}\Delta Y_{S0} + A_{35}\Delta Z_{S0} + A_{36}\Delta R_0 - l_{F_3}
\end{cases}
$$

$$(5.37)$$

式中

$$A_{10} = \partial F_1/\partial B = 0, \quad A_{11} = \partial F_1/\partial\alpha = 0, \quad A_{12} = \partial F_1/\partial\varphi = 0$$

$A_{13} = \partial F_1/\partial X_{S0} = 2(X_{S0} + V_X t - X_P)$

$A_{14} = \partial F_1/\partial Y_{S0} = 2(Y_{S0} + V_Y t - Y_P)$

$A_{15} = \partial F_1/\partial Z_{S0} = 2(Z_{S0} + V_Z t - Z_P)$

$A_{16} = \partial F_1/\partial R_0 = -2(R_0 + x m_x)$

$A_{20} = \partial F_2/\partial B = 0, \quad A_{21} = \partial F_2/\partial \alpha = 0, \quad A_{22} = \partial F_2/\partial \varphi = 0$

$A_{23} = \partial F_2/\partial X_{S0} = V_X, \quad A_{24} = \partial F_2/\partial Y_{S0} = V_Y, \quad A_{25} = \partial F_2/\partial Z_{S0} = V_Z$

$A_{26} = \partial F_2/\partial R_0 = f_d \lambda/2$

$A_{30} = \partial F_3/\partial B = \left[\dfrac{1}{2} - \dfrac{R(\phi + \varphi)\lambda}{2\pi Q B^2} + \dfrac{(\phi + \varphi)^2 \lambda^2}{8\pi^2 Q^2 B^2} \right] \dfrac{1}{\sin\theta_1} \cos(\theta_1 - \alpha)$

$A_{31} = \partial F_3/\partial \alpha = R\cos(\theta_1 - \alpha)$

$A_{32} = \partial F_3/\partial \varphi = \left[\dfrac{\lambda R}{2\pi Q B} - \dfrac{(\phi + \varphi)\lambda^2}{4\pi^2 Q^2 B} \right] \dfrac{1}{\sin\theta_1} \cos(\theta_1 - \alpha)$

$A_{33} = \partial F_3/\partial X_{S0} = 0, \quad A_{34} = \partial F_3/\partial Y_{S0} = 0, \quad A_{35} = \partial F_3/\partial Z_{S0} = 1$

$A_{36} = \partial F_3/\partial R_0 = -\sin(\theta_1 - \alpha)$

$l_{F_1} = -\left[(X_S - X_P)^2 + (Y_S - Y_P)^2 + (Z_S - Z_P)^2 - (R_0 + x m_x)^2 \right]$

$l_{F_2} = -\left[(X_S - X_P)V_X + (Y_S - Y_P)V_Y + (Z_S - Z_P)V_Z + \dfrac{f_d \lambda(R_0 + m_x x)}{2} \right]$

$l_{F_3} = -\left[Z_S - R\sin(\theta_1 - \alpha) - Z_P \right]$

利用三个以上的 GCPs 就可以求得第四景影像的定位参数,若在该景影像中有 n 个 GCPs,则对 n 个 GCPs 分别列出误差方程后可得

$$V = AX - L \tag{5.38}$$

式中

$$V = \begin{bmatrix} v_{F_1}^1 & v_{F_2}^1 & v_{F_3}^1 & v_{F_1}^2 & v_{F_2}^2 & v_{F_3}^2 & \cdots & v_{F_1}^n & v_{F_2}^n & v_{F_3}^n \end{bmatrix}^{\mathrm{T}};$$

$$A = \begin{bmatrix} A_{10}^1 & A_{11}^1 & \cdots & A_{16}^1 \\ A_{20}^1 & A_{21}^1 & \cdots & A_{26}^1 \\ A_{30}^1 & A_{31}^1 & \cdots & A_{36}^1 \\ \vdots & \vdots & & \vdots \\ A_{10}^n & A_{11}^n & \cdots & A_{16}^n \\ A_{20}^n & A_{21}^n & \cdots & A_{26}^n \\ A_{30}^n & A_{31}^n & \cdots & A_{36}^n \end{bmatrix}$$ 为 $3n \times 7$ 阶的系数矩阵;

$X = [\Delta B, \Delta \alpha, \Delta \varphi, \Delta X_{S0}, \Delta Y_{S0}, \Delta Z_{S0}, \Delta R_0]^{\mathrm{T}}$ 为 7×1 阶的定位参数修正值向量;

$L = [l_{F_1}^1, l_{F_2}^1, l_{F_3}^1, l_{F_1}^2, l_{F_2}^2, l_{F_3}^2, \cdots, l_{F_1}^n, l_{F_2}^n, l_{F_3}^n]^{\mathrm{T}}$ 为 $3n \times 1$ 阶的常数项,式中的上标 $1, \cdots, n$ 表示 GCPs 的序号。

式(5.38)对应的法方程为

$$(\boldsymbol{A}^{\mathrm{T}}\boldsymbol{A})\boldsymbol{X}=\boldsymbol{A}^{\mathrm{T}}\boldsymbol{L} \tag{5.39}$$

根据最小二乘原理,可以得到未知数 $\boldsymbol{X}$ 的解为

$$\boldsymbol{X}=(\boldsymbol{A}^{\mathrm{T}}\boldsymbol{A})^{-1}(\boldsymbol{A}^{\mathrm{T}}\boldsymbol{L}) \tag{5.40}$$

(3) 根据解出的未知数 $\boldsymbol{X}$,更新定位参数的初值,有

$$
\begin{aligned}
B^{k+1} &= B^k + \Delta B \\
\alpha^{k+1} &= \alpha^k + \Delta\alpha \\
\varphi^{k+1} &= \varphi^k + \Delta\varphi \\
X_{S0}^{k+1} &= X_{S0}^k + \Delta X_{S0} \\
Y_{S0}^{k+1} &= Y_{S0}^k + \Delta Y_{S0} \\
Z_{S0}^{k+1} &= Z_{S0}^k + \Delta Z_{S0} \\
R_0^{k+1} &= R_0^k + \Delta R_0
\end{aligned}
\tag{5.41}
$$

式中,k 表示第 k 次迭代计算。

(4) 判断定位参数的修正值 $\boldsymbol{X}$ 是否小于设定阈值。

令 $\mathrm{Sum}\boldsymbol{X} = \sqrt{\dfrac{\Delta B^2 + \Delta\alpha^2 + \Delta\varphi^2 + \Delta X_{S0}^2 + \Delta Y_{S0}^2 + \Delta Z_{S0}^2 + \Delta R_0^2}{7}}$,如果 $\mathrm{Sum}\boldsymbol{X} >$

10^{-6},则将步骤(3)中更新的定位参数代入误差方程,重复步骤(2)～步骤(4);如果 $\mathrm{Sum}\boldsymbol{X} \leqslant 10^{-6}$,则跳出循环,得到起始定标场(第四景)校正后的定位参数。

(5) 计算与起始定标景重叠区域内的连接点地理坐标。

如图 5.21 所示,由步骤(4)中更新的定标参数计算第四景与第二景、第四景与第三景之间的连接点的地理坐标。

(6) 利用连接点计算该景影像定位参数。

将第二景和第四景影像之间的连接点以及第二景上已有的一个 GCPs 共同作为 GCPs 代入误差方程,并迭代求解第二景影像的定位参数。对第三景影像也进行相同的处理。

(7) 由第二景影像的定位参数计算第一景和第二景影像之间的连接点坐标,由第三景影像的定位参数计算第一景和第三景影像之间的连接点坐标。最后由传递过来的连接点计算第一景影像的定位参数。

综上,逐景传递平差方法的处理流程如图 5.22 所示。

5.4.2　光束法

在逐景传递的平差方法中,各景影像的定位参数是按照一定的顺序逐个解算出来的。而光束法方法平差时,则不用规划复杂的传递路线,而是通过解算整体的法方程式将各航带的定位参数一起求解出来。

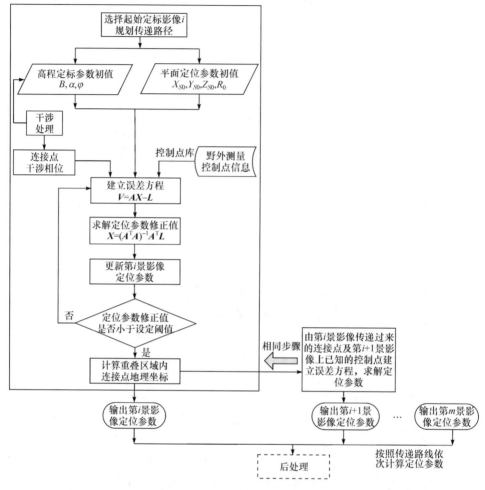

图 5.22　逐景传递平差方法流程图

　　按照光束法平差的原则,需要将各景影像上的控制点和连接点都代入一个大的误差方程中,进而得到一个大规模的法方程矩阵,通过对该误差方程的求解,可以同时得到各景影像的三维定位参数。解算得到的各景影像的定位参数不仅受该景影像上的 GCPs 及 TPs 的约束,而且受整个区域网内所有 GCPs 及所有 TPs 的约束,因此光束法得到的解是一个全局最优解。

　　在光学摄影测量中,光束法区域网平差方法的运算是以每条空间光线为一单元,利用三点共线的条件列出误差方程,这也是光束法名字的由来。而在机载 In-SAR 数据区域网平差中,将根据符合 InSAR 成像原理的三维定位模型来建立载机平台位置、像点以及地面点之间的关系。

　　下面仍以图 5.21 中的四景影像为例,对光束平差方法的操作步骤进行详细说明。

（1）列局部误差方程。

光束法联合平差是通过求解一个规模较大的矩阵方程实现的，该矩阵方程是由多个局部误差方程构成的。在列出总误差方程之前，首先需要对每一景影像列出局部误差方程，该误差方程包括与 GCPs 有关的误差方程和与 TPs 有关的误差方程两部分。

对于第 i 景影像上的控制点，它的误差方程与逐景传递法平差时的误差方程相似：

$$V_i^c = A_i^c X_i - L_i^c \tag{5.42}$$

式中，上标 c 表示与控制点有关的系数矩阵；A_i^c 为与第 i 景影像的定位参数有关的系数矩阵，其结构与式（5.38）中的矩阵 A 的结构相同，为 $3n_i \times 7$ 阶矩阵，n_i 为第 i 景影像上的 GCPs 个数；X_i 为第 i 景影像上的定位参数修正值，为 7×1 阶矩阵；L_i^c 为常数项，为 $3n_i \times 1$ 阶矩阵。

对于第 i 景影像上的连接点，由于连接点的地面坐标是未知的，因此在列误差方程时，要予以考虑。对式（5.35）进行泰勒级数一级展开可以得到误差方程为

$$
\begin{cases}
v_{F_1} = A_{10}\Delta B + A_{11}\Delta\alpha + A_{12}\Delta\varphi + A_{13}\Delta X_{S0} + A_{14}\Delta Y_{S0} + A_{15}\Delta Z_{S0} + A_{16}\Delta R_0 \\
\qquad + B_{10}\Delta X_P + B_{11}\Delta Y_P + B_{12}\Delta Z_P - l_{F_1} \\
v_{F_2} = A_{20}\Delta B + A_{21}\Delta\alpha + A_{22}\Delta\varphi + A_{23}\Delta X_{S0} + A_{24}\Delta Y_{S0} + A_{25}\Delta Z_{S0} + A_{26}\Delta R_0 \\
\qquad + B_{20}\Delta X_P + B_{21}\Delta Y_P + B_{22}\Delta Z_P - l_{F_2} \\
v_{F_3} = A_{30}\Delta B + A_{31}\Delta\alpha + A_{32}\Delta\varphi + A_{33}\Delta X_{S0} + A_{34}\Delta Y_{S0} + A_{35}\Delta Z_{S0} + A_{36}\Delta R_0 \\
\qquad + B_{30}\Delta X_P + B_{31}\Delta Y_P + B_{32}\Delta Z_P - l_{F_3}
\end{cases}
\tag{5.43}
$$

式中，$A_{10}, \cdots, A_{15}$、$A_{20}, \cdots, A_{25}$、$A_{30}, \cdots, A_{35}$ 以及 l_{F_1}、l_{F_2}、l_{F_3} 的含义均与式（5.42）中的含义相同；

$$B_{10} = \partial F_1/\partial X_P = -2(X_S - X_P)$$
$$B_{11} = \partial F_1/\partial Y_P = -2(Y_S - Y_P)$$
$$B_{12} = \partial F_1/\partial Z_P = -2(Z_S - Z_P)$$
$$B_{20} = \partial F_2/\partial X_P = -V_X$$
$$B_{21} = \partial F_2/\partial Y_P = -V_Y$$
$$B_{22} = \partial F_2/\partial Z_P = -V_Z$$
$$B_{30} = \partial F_3/\partial X_P = 0$$
$$B_{31} = \partial F_3/\partial Y_P = 0$$
$$B_{32} = \partial F_3/\partial Z_P = -1$$

将式（5.43）写成矩阵的形式为

$$V_{ij} = A_{ij}X_i + B_{ij}T_j - L_{ij} \tag{5.44}$$

式中,下标 i 表示影像的编号,j 表示重叠区域的编号。ij 表示与影像 i 所包含的重叠区域 j 内的连接点有关的矩阵。其中

$$A_{ij} = \begin{bmatrix} A^1_{10,i} & A^1_{11,i} & A^1_{12,i} & A^1_{13,i} & A^1_{14,i} & A^1_{15,i} & A^1_{16,i} \\ A^1_{20,i} & A^1_{21,i} & A^1_{22,i} & A^1_{23,i} & A^1_{24,i} & A^1_{25,i} & A^1_{26,i} \\ A^1_{30,i} & A^1_{31,i} & A^1_{32,i} & A^1_{33,i} & A^1_{34,i} & A^1_{35,i} & A^1_{36,i} \\ A^2_{10,i} & A^2_{11,i} & A^2_{12,i} & A^2_{13,i} & A^2_{14,i} & A^2_{15,i} & A^2_{16,i} \\ A^2_{20,i} & A^2_{21,i} & A^2_{22,i} & A^2_{23,i} & A^2_{24,i} & A^2_{25,i} & A^2_{26,i} \\ A^2_{30,i} & A^2_{31,i} & A^2_{32,i} & A^2_{33,i} & A^2_{34,i} & A^2_{35,i} & A^2_{36,i} \\ \vdots & \vdots & \vdots & \vdots & \vdots & \vdots & \vdots \\ A^{m_j}_{10,i} & A^{m_j}_{11,i} & A^{m_j}_{12,i} & A^{m_j}_{13,i} & A^{m_j}_{14,i} & A^{m_j}_{15,i} & A^{m_j}_{16,i} \\ A^{m_j}_{20,i} & A^{m_j}_{21,i} & A^{m_j}_{22,i} & A^{m_j}_{23,i} & A^{m_j}_{24,i} & A^{m_j}_{25,i} & A^{m_j}_{26,i} \\ A^{m_j}_{30,i} & A^{m_j}_{31,i} & A^{m_j}_{32,i} & A^{m_j}_{33,i} & A^{m_j}_{34,i} & A^{m_j}_{35,i} & A^{m_j}_{36,i} \end{bmatrix}$$

$$B_{ij} = \begin{bmatrix} B^1_{10,i} & B^1_{11,i} & B^1_{12,i} & & & & & & \\ B^1_{20,i} & B^1_{21,i} & B^1_{22,i} & & & & & & \\ B^1_{30,i} & B^1_{31,i} & B^1_{32,i} & & & & & & \\ & & & B^2_{10,i} & B^2_{11,i} & B^2_{12,i} & & & \\ & & & B^2_{20,i} & B^2_{21,i} & B^2_{22,i} & & & \\ & & & B^2_{30,i} & B^2_{31,i} & B^2_{32,i} & & & \\ & & & & & & \ddots & & \\ & & & & & & B^{m_j}_{10,i} & B^{m_j}_{11,i} & B^{m_j}_{12,i} \\ & & & & & & B^{m_j}_{20,i} & B^{m_j}_{21,i} & B^{m_j}_{22,i} \\ & & & & & & B^{m_j}_{30,i} & B^{m_j}_{31,i} & B^{m_j}_{32,i} \end{bmatrix}$$

$$X_i = [\Delta B_i, \Delta\alpha_i, \Delta\varphi_i, \Delta X_{S0,i}, \Delta Y_{S0,i}, \Delta Z_{S0,i}, \Delta R_{0,i}]^{\mathrm{T}}$$

$$T_j = [\Delta X^1_P, \Delta Y^1_P, \Delta Z^1_P, \Delta X^2_P, \Delta Y^2_P, \Delta Z^2_P, \cdots, \Delta X^{m_j}_P, \Delta Y^{m_j}_P, \Delta Z^{m_j}_P]^{\mathrm{T}}$$

$$L_{ij} = [l^1_{F_1,i}, l^1_{F_2,i}, l^1_{F_3,i}, l^2_{F_1,i}, l^2_{F_2,i}, l^2_{F_3,i}, \cdots, l^{m_j}_{F_1,i}, l^{m_j}_{F_2,i}, l^{m_j}_{F_3,i}]^{\mathrm{T}}$$

$$V_{ij} = [v^1_{F_1,i}, v^1_{F_2,i}, v^1_{F_3,i}, v^2_{F_1,i}, v^2_{F_2,i}, v^2_{F_3,i}, \cdots, v^{m_j}_{F_1,i}, v^{m_j}_{F_2,i}, v^{m_j}_{F_3,i}]^{\mathrm{T}}$$

A_{ij} 是与第 i 景影像的定位参数有关的系数矩阵,例如,第 1 景影像包含的重叠区域为①、②、③,因此,第一景影像对应的 A_{ij} 包括 A_{11}、A_{12}、A_{13}。A_{ij} 的阶数为 $3m_j \times 7$,m_j 为与第 i 景影像有关的重叠区域 j 上的连接点个数;B_{ij} 是与第 i 景影像的连接点地面坐标有关的系数矩阵,阶数为 $3m_j \times 3m_j$;X_i 是第 i 景影像的定位参数修正值,为 7×1 阶矩阵;T_j 是重叠区域 j 上连接点的坐标修正值,为 $3m_j \times 1$ 阶矩阵;

L_{ij} 是常数项，为 $3m_j \times 1$ 阶矩阵；V_{ij} 是 $3m_j \times 1$ 阶矩阵。

（2）列总误差方程。

有了第（1）步中的基础，就可以将各景的局部误差方程合并，得到总误差方程。对于图 5.21 所示的 2×2 景的区域网，其总误差方程可以表示为

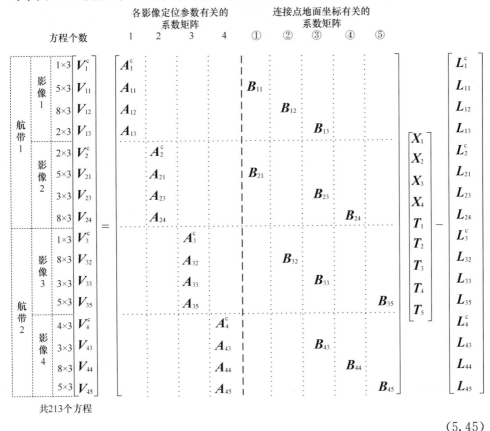

$$(5.45)$$

为了说明方便，将式（5.45）简写为

$$V = \begin{bmatrix} A & B \end{bmatrix} \begin{bmatrix} X \\ T \end{bmatrix} - L \tag{5.46}$$

（3）解矩阵方程。

式（5.46）相应的法方程式可表示为

$$\begin{bmatrix} A^{\mathrm{T}} \\ B^{\mathrm{T}} \end{bmatrix} \begin{bmatrix} A & B \end{bmatrix} \begin{bmatrix} X \\ T \end{bmatrix} - \begin{bmatrix} A^{\mathrm{T}} L \\ B^{\mathrm{T}} L \end{bmatrix} = 0$$

$$\begin{bmatrix} A^{\mathrm{T}} A & A^{\mathrm{T}} B \\ B^{\mathrm{T}} A & B^{\mathrm{T}} B \end{bmatrix} \begin{bmatrix} X \\ T \end{bmatrix} = \begin{bmatrix} A^{\mathrm{T}} L \\ B^{\mathrm{T}} L \end{bmatrix} \tag{5.47}$$

进一步，式（5.47）可表示为

$$\begin{bmatrix} N_{11} & N_{12} \\ N_{12}^{\mathrm{T}} & N_{22} \end{bmatrix} \begin{bmatrix} X \\ T \end{bmatrix} = \begin{bmatrix} L_1 \\ L_2 \end{bmatrix} \tag{5.48}$$

令 $N = \begin{bmatrix} N_{11} & N_{12} \\ N_{12}^{\mathrm{T}} & N_{22} \end{bmatrix}$，$Q = \begin{bmatrix} X \\ T \end{bmatrix}$，$U = \begin{bmatrix} L_1 \\ L_2 \end{bmatrix}$，则式(5.48)进一步简化为

$$NQ = U \tag{5.49}$$

根据最小二乘原理，可以得到未知数的解为

$$Q = (N^{\mathrm{T}}N)^{-1}(N^{\mathrm{T}}U) \tag{5.50}$$

式中

$$N_{11} = \begin{bmatrix} (A_1^{\mathrm{T}}A_1)^c + A_{11}^{\mathrm{T}}A_{11} \\ + A_{12}^{\mathrm{T}}A_{12} + A_{13}^{\mathrm{T}}A_{13} \\ & (A_2^{\mathrm{T}}A_2)^c + A_{21}^{\mathrm{T}}A_{21} \\ & + A_{23}^{\mathrm{T}}A_{23} + A_{24}^{\mathrm{T}}A_{24} \\ & & (A_3^{\mathrm{T}}A_3)^c + A_{32}^{\mathrm{T}}A_{32} \\ & & + A_{33}^{\mathrm{T}}A_{33} + A_{35}^{\mathrm{T}}A_{35} \\ & & & (A_4^{\mathrm{T}}A_4)^c + A_{43}^{\mathrm{T}}A_{43} \\ & & & + A_{44}^{\mathrm{T}}A_{44} + A_{45}^{\mathrm{T}}A_{45} \end{bmatrix}$$

$$N_{12} = \begin{bmatrix} A_{11}^{\mathrm{T}}B_{11} & A_{12}^{\mathrm{T}}B_{12} & A_{13}^{\mathrm{T}}B_{13} \\ A_{21}^{\mathrm{T}}B_{21} & & A_{23}^{\mathrm{T}}B_{23} & A_{24}^{\mathrm{T}}B_{24} \\ & A_{32}^{\mathrm{T}}B_{32} & A_{33}^{\mathrm{T}}B_{33} & & A_{35}^{\mathrm{T}}B_{35} \\ & A_{43}^{\mathrm{T}}B_{43} & A_{44}^{\mathrm{T}}B_{44} & A_{45}^{\mathrm{T}}B_{45} \end{bmatrix}$$

$$N_{22} = \begin{bmatrix} B_{11}^{\mathrm{T}}B_{11} \\ + B_{21}^{\mathrm{T}}B_{21} \\ & B_{12}^{\mathrm{T}}B_{12} \\ & + B_{32}^{\mathrm{T}}B_{32} \\ & & B_{13}^{\mathrm{T}}B_{13} + B_{23}^{\mathrm{T}}B_{23} \\ & & + B_{33}^{\mathrm{T}}B_{33} + B_{43}^{\mathrm{T}}B_{43} \\ & & & B_{24}^{\mathrm{T}}B_{24} \\ & & & + B_{44}^{\mathrm{T}}B_{44} \\ & & & & B_{35}^{\mathrm{T}}B_{35} \\ & & & & + B_{45}^{\mathrm{T}}B_{45} \end{bmatrix}$$

$$L_1 = \begin{bmatrix} (A_1^{\mathrm{T}}L_1)^c + A_{11}^{\mathrm{T}}L_{11} + A_{12}^{\mathrm{T}}L_{12} + A_{13}^{\mathrm{T}}L_{13} \\ (A_2^{\mathrm{T}}L_2)^c + A_{21}^{\mathrm{T}}L_{21} + A_{23}^{\mathrm{T}}L_{23} + A_{24}^{\mathrm{T}}L_{24} \\ (A_3^{\mathrm{T}}L_3)^c + A_{32}^{\mathrm{T}}L_{32} + A_{33}^{\mathrm{T}}L_{33} + A_{35}^{\mathrm{T}}L_{35} \\ (A_4^{\mathrm{T}}L_4)^c + A_{43}^{\mathrm{T}}L_{43} + A_{44}^{\mathrm{T}}L_{44} + A_{45}^{\mathrm{T}}L_{45} \end{bmatrix}$$

$$L_2 = \begin{bmatrix} B_{11}^{\mathrm{T}}L_{11} + B_{21}^{\mathrm{T}}L_{21} \\ B_{12}^{\mathrm{T}}L_{12} + B_{32}^{\mathrm{T}}L_{32} \\ B_{13}^{\mathrm{T}}L_{13} + B_{23}^{\mathrm{T}}L_{23} + B_{33}^{\mathrm{T}}L_{33} + B_{43}^{\mathrm{T}}L_{43} \\ B_{24}^{\mathrm{T}}L_{24} + B_{44}^{\mathrm{T}}L_{44} \\ B_{35}^{\mathrm{T}}L_{35} + B_{45}^{\mathrm{T}}L_{45} \end{bmatrix}$$

一般来说,连接点通过提取影像间重叠区域的同名点获得,存在一定的误差,而控制点是野外实地测量得到的,可靠性较高。因此,在实际处理中,可以对控制点和连接点赋予不同的权重,这样式(5.47)的法方程可表示为

$$\begin{bmatrix} A^{\mathrm{T}}PA & A^{\mathrm{T}}PB \\ B^{\mathrm{T}}PA & B^{\mathrm{T}}PB \end{bmatrix} \begin{bmatrix} X \\ T \end{bmatrix} = \begin{bmatrix} A^{\mathrm{T}}PL \\ B^{\mathrm{T}}PL \end{bmatrix} \tag{5.51}$$

式中,P 为加权矩阵,通常情况下,对于控制点,权系数可以设置为 1,而对于连接点,权系数设置为 1/2。也可以根据实际情况中控制点和连接点的精度和分布情况合理地设置其他权重。

(4) 更新定位参数初值及连接点地面坐标,有

$$\begin{aligned} B_i^{k+1} &= B_i^k + \Delta B_i \\ \alpha_i^{k+1} &= \alpha_i^k + \Delta \alpha_i \\ \varphi_i^{k+1} &= \varphi_i^k + \Delta \varphi_i \\ X_{S0,i}^{k+1} &= X_{S0,i}^k + \Delta X_{S0,i} \\ Y_{S0,i}^{k+1} &= Y_{S0,i}^k + \Delta Y_{S0,i} \\ Z_{S0,i}^{k+1} &= Z_{S0,i}^k + \Delta Z_{S0,i} \\ R_{0,i}^{k+1} &= R_{0,i}^k + \Delta R_{0,i} \\ X_{P,j}^{k+1} &= X_{P,j}^k + \Delta X_{P,j} \\ Y_{P,j}^{k+1} &= Y_{P,j}^k + \Delta Y_{P,j} \\ Z_{P,j}^{k+1} &= Z_{P,j}^k + \Delta Z_{P,j} \end{aligned} \tag{5.52}$$

式中,k 表示第 k 次迭代计算,$i=1,2,3,4$,$j=1,2,\cdots,29$。

(5) 判断定位参数的修正值及连接点坐标的修正值是否小于设定阈值。

$$令 \mathrm{Sum}\boldsymbol{X} = \sqrt{\frac{(\Delta B_1^2 + \Delta \alpha_1^2 + \cdots + \Delta R_{01}^2) + \cdots + (\Delta B_4^2 + \Delta \alpha_4^2 + \cdots + \Delta R_{04}^2)}{6 \times 4}}$$

$$\text{Sum}\boldsymbol{T}=\sqrt{\frac{(\Delta X_{P1}^2+\Delta Y_{P1}^2+\Delta Z_{P1}^2)+\cdots+(\Delta X_{P29}^2+\Delta Y_{P29}^2+\Delta Z_{P29}^2)}{29\times3}}$$

如果 $\text{Sum}\boldsymbol{X}>10^{-6}$ 且 $\text{Sum}\boldsymbol{T}>10^{-2}$,则将步骤(4)中更新后的值代入误差方程,重复步骤(2)~步骤(5);否则,跳出循环,得到区域内四景影像校正后的定位参数。

5.4.3　一种改进的大规模法方程矩阵求解算法

光束法三维联合平差时,由于未知数的增加,法方程系数矩阵规模增大。法方程的条件数是原系数矩阵条件数的平方,即法方程加剧了方程的病态性。

如图 5.23 所示,若有 k 条航带,每条航带有 m 景影像,整个区域共有 q 个 TPs,则法方程的系数矩阵的阶数为 $(7n+3q)\times(7n+3q)$,$n=km$。当航带数和连接点个数较多时,系数矩阵的条件数的次数会超过 10^{10},此时矩阵已近似病态,若再使用等效误差方程求解定位参数,会造成方程解不稳定甚至不收敛的情况。图 5.24 是图 5.23 所示的区域所对应的法方程系数矩阵的结构图,图中空白区域代表 0,阴影区域代表有值的部分。

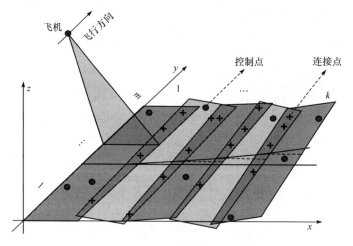

图 5.23　InSAR 影像区域网构成示意图(●代表 GCPs,+代表 TPs)

针对上述问题,本节介绍一种改进的大规模法方程求解方法[48]。该方法充分利用法方程系数矩阵是对称正定的稀疏矩阵的特点,采用交替趋近法[49]并结合 $\boldsymbol{LDL}^{\mathrm{T}}$ 稀疏矩阵分解技术[50]求解定位参数。交替趋近法可以对两类未知数 $\boldsymbol{X}$ 和 $\boldsymbol{T}$ 交替迭代求解,减小了法方程矩阵的规模,在求解 $\boldsymbol{X}$ 时,只需要解算一个 $7n\times7n$ 阶的矩阵方程;在求解 $\boldsymbol{T}$ 时,只需要解算一个 $3q\times3q$ 阶的矩阵方程。而 $\boldsymbol{LDL}^{\mathrm{T}}$ 分解法能够简化程序设计,减少计算量。具体方法如下。

将式(5.45)中和控制点有关的项放在一起,和连接点有关的项放在一起,整理后可以得到:

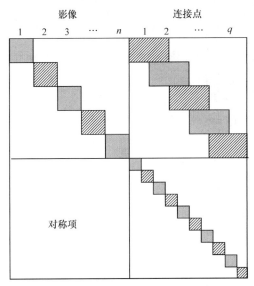

图 5.24　法方程系数矩阵结构示意图

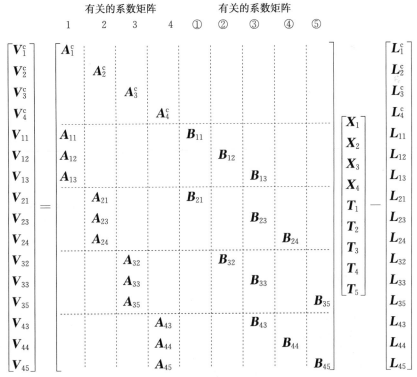

$$(5.53)$$

式(5.53)可以写为

$$V = \begin{bmatrix} A_C & \mathbf{0} \\ A_T & B_T \end{bmatrix} \begin{bmatrix} X \\ T \end{bmatrix} - \begin{bmatrix} L_C \\ L_T \end{bmatrix} \tag{5.54}$$

式中，X 是各景影像定位参数的修正值；T 是各连接点地面坐标的修正值；A_C 是与所有控制点有关的系数矩阵；A_T、B_T 是与连接点有关的系数矩阵；L_C 是与控制点有关的常数项，L_T 是与连接点有关的常数项。

当连接点的地面坐标是已知值时，$T=\mathbf{0}$，此时误差方程为

$$V = \begin{bmatrix} A_C \\ A_T \end{bmatrix} X - \begin{bmatrix} L_C \\ L_T \end{bmatrix} \tag{5.55}$$

式(5.55)可以简写为

$$V = A_{CT} X - L_{CT} \tag{5.56}$$

当各景影像的定位参数是已知值时，$X=\mathbf{0}$，此时误差方程为

$$V = B_T T - L_T \tag{5.57}$$

求解定位参数的具体步骤如下：

(1) 将各景影像的地面 GCPs 和 TPs 坐标（分别为已知的和近似的）代入式(5.56)，得到其法方程矩阵为

$$(A_{CT}^T A_{CT}) X = A_{CT}^T L_{CT} \tag{5.58}$$

将式(5.58)中的系数矩阵进行 LDL^T 分解得

$$A_{CT}^T A_{CT} = \begin{bmatrix} l_{11} & & & \\ l_{21} & l_{22} & & \\ \vdots & \vdots & \ddots & \\ l_{n1} & l_{n2} & \cdots & l_{m} \end{bmatrix} \begin{bmatrix} d_{11} & & & \\ & d_{22} & & \\ & & \ddots & \\ & & & d_{m} \end{bmatrix} \begin{bmatrix} l_{11} & l_{21} & \cdots & l_{n1} \\ & l_{22} & \cdots & l_{n2} \\ & & \ddots & \vdots \\ & & & l_{m} \end{bmatrix} = LDL^T \tag{5.59}$$

由式(5.59)可知

$$\begin{cases} l_{i1} d_{11} l_{j1} + l_{i2} d_{22} l_{j2} + \cdots + l_{ij} d_{jj} l_{jj} = a_{ij} \\ d_{11} l_{i1}^2 + d_{22} l_{i2}^2 + \cdots + d_{ii} l_{ii}^2 = a_{ii} \end{cases} \quad i=1,2,\cdots,n; l_{ii}=1 \tag{5.60}$$

由此可推出

$$\begin{cases} l_{ij} = \left(a_{ij} - \sum_{k=1}^{j-1} l_{ik} l_{kk} d_{jk} \right) \Big/ d_{jj} \\ d_i = a_{ii} - \sum_{k=1}^{i-1} d_{kk} l_{ik}^2 \end{cases} \quad i=1,2,\cdots,n; j=1,2,\cdots,i-1 \tag{5.61}$$

则式(5.58)变为

$$LDL^T X = A_{CT}^T L_{CT} \tag{5.62}$$

（2）令

$$Z = DL^T X \tag{5.63}$$

将式（5.63）代入式（5.62），有

$$LZ = A_{CT}^T L_{CT} \tag{5.64}$$

解该下三角方程组，有

$$Z = L^{-1} A_{CT}^T L_{CT} \tag{5.65}$$

（3）令

$$Y = L^T X \tag{5.66}$$

将式（5.66）代入式（5.63），可得

$$Z = DY \tag{5.67}$$

解该对角矩阵方程组，有

$$Y = D^{-1} Z \tag{5.68}$$

（4）解式（5.66）的上三角方程组，得到定位参数修正值：

$$X = (L^T)^{-1} Y \tag{5.69}$$

（5）最后利用 X 修正各景影像的定位参数，有

$$\begin{aligned}
B_i^{k+1} &= B_i^k + \Delta B_i \\
\alpha_i^{k+1} &= \alpha_i^k + \Delta \alpha_i \\
\varphi_i^{k+1} &= \varphi_i^k + \Delta \varphi_i \\
X_{S0,i}^{k+1} &= X_{S0,i}^k + \Delta X_{S0,i} \\
Y_{S0,i}^{k+1} &= Y_{S0,i}^k + \Delta Y_{S0,i} \\
Z_{S0,i}^{k+1} &= Z_{S0,i}^k + \Delta Z_{S0,i} \\
R_{0,i}^{k+1} &= R_{0,i}^k + \Delta R_{0,i}
\end{aligned} \tag{5.70}$$

式中，i 代表影像的序号，$i = 1, \cdots, n$。

（6）将修正的定位参数代入式（5.57），得到法方程 $(B_T^T B_T) T = B_T^T L_T$。与求解影像定位参数的修正值 X 类似，对 $B_T^T B_T$ 进行 LDL^T 分解，可以求得连接点的地面坐标修正值 T，从而修正各连接点的地面坐标：

$$\begin{aligned}
X_{P,j}^{k+1} &= X_{P,j}^k + \Delta X_{P,j} \\
Y_{P,j}^{k+1} &= Y_{P,j}^k + \Delta Y_{P,j} \\
Z_{P,j}^{k+1} &= Z_{P,j}^k + \Delta Z_{P,j}
\end{aligned} \tag{5.71}$$

式中，j 代表连接点序号，$j = 1, \cdots, q$。

（7）重复第（1）～第（6）步，直到定位参数与连接点地面坐标的修正值小于设定阈值。

综上所述，改进后的光束法区域网联合平差的具体技术流程如图 5.25 所示。

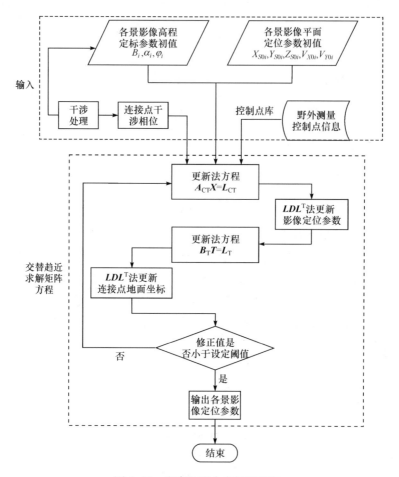

图 5.25　光束法联合定标流程图

5.4.4　区域网平差方法对比实验

本节采用 2010 年 12 月山西长治地区的机载双天线 InSAR 数据分别进行航带内、航带间的影像平差实验,从而对前面介绍的两种区域网平差方法进行对比验证。

1. 航带内影像平差实验

本实验采用的数据共 5 景影像,沿方位向分布,位于同一航带内。如图 5.26 所示,该组实验数据参数如表 5.5 所示。

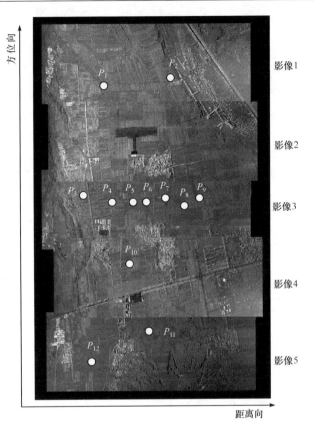

图 5.26　航带内平差实验图像(○表示 GCPs)

表 5.5　航带内平差实验数据参数

参数	取值
飞行高度/m	3000
雷达收发模式	标准模式
地面高度/m	900~1100
距离向分辨率/m	0.5
方位向分辨率/m	0.5
侧视方向	右侧视
区域覆盖范围(宽×高)	7.5km×30km
影像间重叠度	20%~30%
控制点个数	12
各重叠区域上连接点个数	14,11,14,22

　　为比较前述不同平差方法的定位效果,分别利用逐景传递平差法和光束平差法进行定位实验,具体过程如下。

1) 利用逐景传递平差法进行联合定位

由于影像 3 上的 GCPs 较多,因此选取影像 3 作为起始定标影像。如图 5.27(a)所示,在影像 3 上选取点 P_3、P_6、P_9 作为 GCPs,其他点作为检查点(check point,CP)。传递顺序如下:

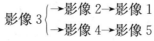

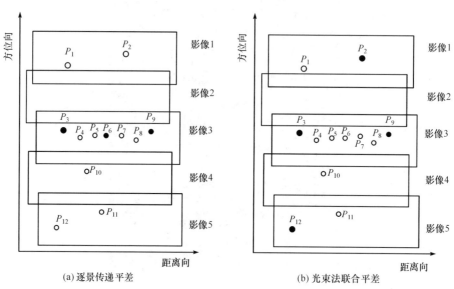

(a) 逐景传递平差　　　　　　　　　　　　(b) 光束法联合平差

图 5.27　航带内平差实验中 GCPs 及 CP 分布图(●代表 GCPs,○代表 CP)

2) 利用光束平差法进行联合定位

GCPs 及 CP 分布如图 5.27(b)所示,影像 1 上选取 P_2 作为 GCPs,在影像 3 上选取点 P_3、P_9 作为 GCPs,在影像 5 上选取 P_{12} 作为 GCPs,航带 2 和航带 4 上无控制点,其他点作为检查点。

统计各点的平面误差及高程误差如表 5.6 和表 5.7 所示。表 5.6 是逐景传递平差的结果,表 5.7 是光束法联合平差的结果。平面误差计算公式为 $\sigma = \sqrt{X_G^2 + Y_G^2}$。

表 5.6　逐景传递平差定位精度　　　　　　　　　　(单位:m)

点号	影像 1 平面/高程	影像 2 平面/高程	影像 3 平面/高程	影像 4 平面/高程	影像 5 平面/高程
P_1	0.134/0.604				
P_2	0.389/0.098				
P_3			0.282/−0.00		

续表

点号	影像 1 平面/高程	影像 2 平面/高程	影像 3 平面/高程	影像 4 平面/高程	影像 5 平面/高程
P_4			0.086/0.446		
P_5			0.097/−0.384		
P_6			0.337/−0.00		
P_7			0.324/−0.310		
P_8			0.670/0.474		
P_9			0.449/−0.00		
P_{10}				0.606/0.491	
P_{11}					0.913/0.838
P_{12}					0.184/−0.09
均方根平均值	0.291/0.433	—	0.371/0.309	0.606/0.491	0.659/0.596

表 5.7　光束法联合平差定位精度　　（单位：m）

点号	影像 1 平面/高程	影像 2 平面/高程	影像 3 平面/高程	影像 4 平面/高程	影像 5 平面/高程
P_1	0.347/0.445				
P_2	0.220/0.114				
P_3			0.232/0.103		
P_4			0.483/−0.221		
P_5			0.584/−0.365		
P_6			0.611/0.454		
P_7			0.398/0.221		
P_8			0.402/0.341		
P_9			0.116/−0.068		
P_{10}				0.422/−0.478	
P_{11}					0.657/0.517
P_{12}					0.201/0.065
均方根平均值	0.290/0.324	—	0.437/0.285	0.422/−0.478	0.486/0.368

从表 5.6 和表 5.7 的定位结果可以看出,对于航带内多景影像进行平差时,无论是使用逐景传递平差方法还是光束法联合平差法,检查点的误差相差不大,5 景影像的误差都在 0.3～0.8m 范围内。这主要是因为同一航带内,各景影像之间的连续性较好,因此定位参数稳定性较好。其次,同一航带内,这 5 景影像沿距离向的伸缩变化一致,因此在匹配同名点时,不仅同名点数量较多,而且同名点匹配精度较高。因此两种平差方法的精度都比较理想。

2. 航带间影像平差实验

本实验采用的数据共 4 景影像,沿距离向分布,分别位于 4 条相邻的航带内,如图 5.28 所示,该组实验数据参数如表 5.8 所示。

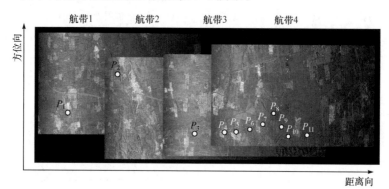

图 5.28　航带间平差实验图像(○表示 GCPs)

表 5.8　航带间平差实验数据参数

参数	取值
飞机飞行高度/m	7000
雷达收发模式	标准模式
地面高度/m	900~1200
距离向分辨率/m	1
方位向分辨率/m	1
侧视方向	右侧视
区域覆盖范围(宽×高)	50km×9.2km
影像间重叠度	50%~60%
控制点个数	11
各重叠区域上连接点个数	38,33,31

从图 5.28 中可以看出,虽然整个区域只有 11 个控制点,但是有许多控制点位于重叠区域,因此,它可以当做多个控制点使用。各航带上控制点分布如表 5.9 所示。

表 5.9　航带间平差实验中各航带的 GCPs 分布

航带	GCPs 序号
航带 1	P_1, P_2
航带 2	$P_2, P_3, P_4, P_5, P_6, P_7$
航带 3	$P_3, P_4, P_5, P_6, P_7, P_8, P_9, P_{10}, P_{11}$
航带 4	$P_4, P_5, P_6, P_7, P_8, P_9, P_{10}, P_{11}$

与航带内平差实验类似,仍然分别采用逐景传递法和光束法进行平差实验,比较定位结果。另外,从表 5.9 可以看出,除了航带 1 上的 GCPs 数量小于 3,航带 2、3、4 上的 GCPs 数量均大于 3,因此可以对每景影像进行独立定位,即对每一景影像,都使用至少 3 个控制点进行校正。将独立定位的结果前两种平差实验结果进行比较,可以评价平差方法的有效性。具体实验过程如下。

1) 利用逐景传递平差法进行联合定位

选取航带 4 作为起始定标影像,航带 4 上选取 P_4、P_6、P_8、P_{11} 作为 GCPs,其他点作为 CP。GCPs 和 CP 分布如图 5.29(a)所示。传递顺序如下:航带 4→航带 3→航带 2→航带 1。

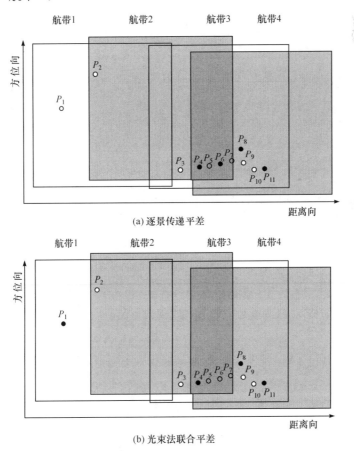

(a) 逐景传递平差

(b) 光束法联合平差

图 5.29　航带间平差实验中 GCPs 及 CP 分布(●代表 GCPs,○代表 CP)

2) 利用光束平差法进行联合定位

航带 1 上 P_1 作为 GCPs,航带 4 上 P_4、P_8、P_{11} 作为 GCPs。控制点和检查点分布如图 5.29(b)所示。

3) 各航带独立定位

由于航带 1 上控制点数量小于 3 个,不能进行单景定位;在航带 2 上选取点 P_2、P_3、P_4、P_5 作为 GCPs;在航带 3 上选取点 P_3、P_6、P_{10}、P_{11} 作为 GCPs;在航带 4 上选取点 P_4、P_7、P_{11} 作为 GCPs,分别进行独立定位。其他点作为检查点。

统计各点的平面误差及高程误差如表 5.10～表 5.12 所示。表 5.10 是逐景传递的平差结果,表 5.11 是光束法联合平差的结果,表 5.12 是各景影像独立定位的结果。

表 5.10　逐景传递平差精度　　　　　　(单位:m)

点号	航带 1 平面/高程	航带 2 平面/高程	航带 3 平面/高程	航带 4 平面/高程
P_1	6.998/6.01			
P_2	10.210/9.484	2.092/−2.916		
P_3		8.728/−11.367	2.401/−4.186	
P_4		2.401/−3.0173	2.021/−0.767	1.662/0.324
P_5		1.114/1.421	0.457/1.136	1.916/0.699
P_6		6.253/5.112	0.544/0.697	1.644/0.118
P_7		10.517/9.580	1.638/−0.703	1.770/0.585
P_8			1.295/1.419	2.077/0.219
P_9			1.630/2.910	1.748/0.240
P_{10}			1.616/2.215	1.736/0.450
P_{11}			0.907/0.350	0.957/0.301
均方根平均值	8.752/7.939	6.288/6.668	1.520/1.997	1.716/0.411

表 5.11　光束法联合平差精度　　　　　　(单位:m)

点号	航带 1 平面/高程	航带 2 平面/高程	航带 3 平面/高程	航带 4 平面/高程
P_1	2.508/−3.034			
P_2	1.651/2.019	1.478/−0.921		
P_3		9.594/−10.245	0.884/−2.763	
P_4		1.360/−2.808	1.652/0.055	1.524/−1.025
P_5		1.334/0.597	0.864/1.609	1.633/1.214
P_6		1.764/3.175	0.867/0.501	1.653/1.702
P_7		1.167/−2.797	1.223/−1.302	1.920/1.600
P_8			0.798/0.435	1.658/0.822

续表

点号	航带 1 平面/高程	航带 2 平面/高程	航带 3 平面/高程	航带 4 平面/高程
P_9			1.261/1.549	1.911/0.688
P_{10}			1.779/0.503	1.921/−0.363
P_{11}			1.027/0.917	2.735/−0.962
均方根平均值	2.123/2.577	4.129/4.688	1.199/1.327	1.903/1.285

表 5.12　单景影像独立定位精度　　　　　　　　（单位：m）

点号	航带 1 平面/高程	航带 2 平面/高程	航带 3 平面/高程	航带 4 平面/高程
P_1				
P_2		3.454/4.659		
P_3		5.950/−6.774	0.875/−0.355	
P_4		1.124/−1.049	1.351/0.703	0.906/0.00
P_5		0.774/0.888	1.225/1.453	1.47/0.699
P_6		1.993/2.3453	0.986/−0.709	0.874/0.585
P_7		1.201/−0.232	1.036/−2.783	1.364/0.00
P_8			0.781/−1.006	0.978/−0.612
P_9			0.965/0.472	2.415/−0.239
P_{10}			0.267/0.105	1.664/−0.450
P_{11}			1.345/0.961	1.348/0.00
均方根平均值	—	3.017/3.536	1.031/1.208	1.425/0.428

　　将表 5.10～表 5.12 的定位结果与表 5.6 和表 5.7 的定位结果相比可以看出，无论是区域网平差还是单景独立定位的方法，多航带影像的定位精度都比单航带多景影像的定位精度低。这主要由以下几方面原因造成：首先，航带内平差实验数据的载机飞行高度为 3000m，而航带间平差实验数据的载机飞行高度为 7000m，而图像的定位精度和飞行高度密切相关，随着飞行高度的增加，定位精度会降低，它们近似呈线性关系[51]。其次，由于相邻两条航带之间载机飞行的时间间隔较长，长达一天甚至数天，因而航带间的连续性不如航带内的连续性高，所以定位参数初值误差较大，对定位精度会造成一定的影响。此外，航带间同名点配准的精度较低。由于相邻航带的斜距影像进行同名点提取时，需要使用其中一条航带的远距端影像与另一条航带的近距端影像进行匹配，而对于 SAR 影像，存在远距端拉

伸、近距端压缩的现象,因此会造成同名点提取的误差比航带内同名点提取的误差大。

　　本实验中,每景影像单独定位时,共用了 11 个 GCPs,而光束法联合平差时,只需要 4 个 GCPs 就可以达到与单景定位精度相当的水平。而利用逐景传递法定位时,虽然也只使用了 4 个 GCPs,但是随着航带数目的增加,误差会传递累积。这是由于逐景传递平差时,除了起始定位影像,其他影像上的控制点来自于相邻影像上的同名连接点。例如,航带 i 上的影像的 GCPs 完全来源于航带 $i+1$ 上传递过来的同名点(图 5.30)。这些连接点位于航带 i 的远距端,而其近距端没有控制信息。因此,航带 i 使用航带 $i+1$ 传递过来的 TPs 进行定位后,再计算其近距端的 TPs 的地面坐标是有误差的,这样有误差的 TPs 又作为航带 $i-1$ 的 GCPs 继续定位,如此下去,误差会越来越大。

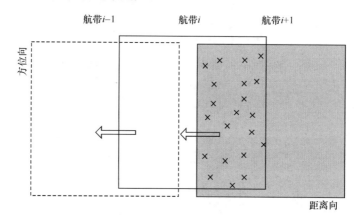

图 5.30　逐景传递时连接点分布

　　而对于光束法联合平差,平差时,将整个区域视为一个整体,实验中,4 个 GCPs 的分布,尤其是距离向上的分布对于整个区域较为均匀(图 5.31)。在联合平差过程中,这四条航带在平差过程中相互制约、相互影响,例如,航带 1 除了直接受控制点 P_1 的制约,还通过影像间的连接点间接地受控制点 P_4、P_8、P_{11} 的制约,对于其他航带也有相同的作用。联合平差后,求得的定位参数是一个整体最优解,即使得整个区域的误差最小的解。因此多航带区域网平差时,光束法的精度要高于逐景传递的方法。

　　另外,从表 5.10～表 5.12 还可以看出,航带 2 上点 P_3 的误差很大,其误差是该航带上其他点的误差平均值的 2 倍,在摄影测量规范中认为误差大于中误差 2 倍的点是粗差点,因此这里可以认为航带 2 上的 P_3 点是粗差点,所以在统计平均误差时,应将该点剔除。剔除粗差后,各航带检查点的平均误差如表 5.13 所示。

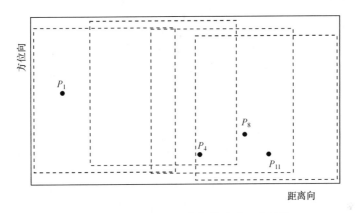

图 5.31　联合平差时四条航带成为一个整体

表 5.13　剔除粗差后检查点平均误差　　　　　　　　（单位：m）

定位方法	航带 1 平面/高程	航带 2 平面/高程	航带 3 平面/高程	航带 4 平面/高程
逐景传递平差	8.752/7.939	5.676/5.245	1.520/1.997	1.716/0.411
光束法联合平差	2.123/2.577	1.434/2.324	1.199/1.327	1.903/1.285
单景独立定位	—	1.960/2.415	1.031/1.208	1.425/0.428

综上所述，对单航带内多景影像平差时，使用逐景传递平差和光束法联合平差都能得到较高的定位精度，但是对于大区域多航带 InSAR 影像平差时，应采用基于 RDP 模型的光束法联合平差方法。

5.5　小　　结

本章介绍了机载 InSAR 定标及区域网平差方法，首先针对区域网平差中的关键步骤同名点提取，介绍了其基本原理及经典方法，并针对 SAR 图像存在斑点噪声和几何畸变的特点，分别介绍了基于大尺度双边 SIFT 和基于先验信息的同名点提取方法，在保持同名点精度的同时，可以增加同名点数量；然后介绍了机载 In-SAR 的单景定位模型和定标方法，包括先高程后平面的两步定标方法和三维定标方法；最后，针对机载 InSAR 多景影像的联合定标，采用三维定位模型，介绍了逐景传递法和光束法两种区域网平差方法的应用，并通过实测数据实验探讨了不同方法的适用性。

参 考 文 献

[1] Zitova B, Flusser J. Image registration methods：A survey. Image and Vision Computing,

2003,21(11):977-1000.

[2] 陈涛. 图像仿射不变特征提取方法研究. 长沙:国防科技大学博士学位论文,2006.

[3] Morel J M,Guo S Y. ASIFT:A new framework for fully affine invariant image comparison. SIAM Journal on Imaging Sciences,2009,2(2):438-469.

[4] 张贤达. 矩阵分析与应用. 北京:清华大学出版社,2004.

[5] Harris C,Stephens M. A combined corner and edge detector. Proceedings of Alvey Vision Conference,Manchester,1988:147-151.

[6] Marr D,Hildreth E. Theory of edge detection. Proceedings of the Royal Society of London, 1980,B207:187-217.

[7] Stockman G,Kopstein S,Benett S. Matching images to models for registration and object detection via clustering. IEEE Transactions on Pattern Analysis and Machine Intelligence, 1982,4(3):229-241.

[8] Langridge D J. Curve encoding and detection of discontinuities. Computer Graphics Image Processing,1982,20:58-71.

[9] Smith S M,Brady J M. SUSAN—A new approach to low level image processing. International Journal of Computer Vision,1997,23(1):45-78.

[10] Canny J. A computational approach to edge detection. IEEE Transactions on Pattern Analysis and Machine Intelligence,1986,8(16):679-698.

[11] Hough P V C. Method and Means for Recognizing Complex Patterns:America,3069654,1962.

[12] Vincent L,Soille P. Watersheds in digital spaces:An efficient algorithm based on immersion simulations. IEEE Transactions on Pattern Analysis and Machine Intelligence,1991,13(6): 583-598.

[13] Shi J,Malik J. Normalized cuts and image segmentation. IEEE Transactions on Pattern Analysis and Machine Intelligence,2000,22(8):888-905.

[14] Matas J,Chum O,Urban M,et al. Robust wide-baseline stereo from maximally stable extremal regions. Image and Vision Computing,2004,22(10):761-767.

[15] Tuytelaars T,Mikolajczyk K. Local invariant feature detectors:A survey. Foundations and Trends in Computer Graphics and Vision,2007,3(3):177-280.

[16] Mikolajczyk K,Schmid C. A performance evaluation of local descriptors. Proceeding of the IEEE Computer Society Conference on Computer Vision and Pattern Recognition,Madison, 2003,2:II257-II263.

[17] Rubner Y,Tomasi C,Guibas L J. The earth mover's distance as a metric for image retrieval. International Journal of Computer Vision,2000,40(2):99-121.

[18] Puzicha J, Hofmann T, Buhmann J. Non-parametric similarity measures for unsupervised texture segmentation and image retrieval. Proceedings of the IEEE Conference on Computer Vision and Pattern Recognition,San Juan,1997:267-272.

[19] Barber N W,et al. Querying images by content,using color,texture,and shape. SPIE Conference on Storage and Retrieval for Image and Video Databases,1993,1908:173-187.

[20] Fischchler M A, Blooes R C. Random sample consensus: A paradigm for model fitting with applications to image analysis and automated cartography. Communications of the ACM, 1984,24:381-395.

[21] Forsyth D, Torr P, Zisserman A. A comparative analysis of RANSAC techniques leading to adaptive real-time random sample consensus. Proceedings of the European Conference on Computer Vision, Marseille, 2008:500-513.

[22] Lowe D G. Object recognition from local scale invariant features. Proceedings of International Conference on Computer Vision, Kerkyra, 1999:1150-1157.

[23] Lowe D G. Distinctive image features from scale-invariant keypoints. International Journal of Computer Vision, 2004,60(2):91-110.

[24] Beis J, Lowe D G. Shape indexing using approximate nearest-neighbour search in high dimensional spaces. Conference on Computer Vision and Pattern Recognition, Puerto Rico, 1997:1000-1006.

[25] Fischchler M A, Blooes R C. Random sample consensus: A paradigm for model fitting with applications to image analysis and automated cartography. Communications of the ACM, 1984,24:381-395.

[26] Wang S, You H, Fu K. BFSIF: A novel method to find feature matches for SAR image registration. IEEE Geoscience and Remote Sensing Letters, 2012,9(4):649-653.

[27] Perona P, Malik J. Scale space and edge detection using anisotropic diffusion. IEEE Transaction Pattern Analysis and Machine Intelligence, 1990,12(7):629-637.

[28] Yu Y, Acton S T. Speckle reducing anisotropic diffusion. IEEE Transactions on Image Processing, 2002,11(11):1260-1270.

[29] Tomasi C, Manduchi R. Bilateral filtering for gray and color images. Proceedings of International Conference on Computer Vision, Bombay, 1998:839-846.

[30] Zhang W G, Liu F, Jiao L C. SAR image despeckling via bilateral filtering. Electronics Letters, 2009:45(15):781-783.

[31] Lee J S. Digital image enhancement and noise filtering by use of local statistics. IEEE Transactions on Pattern Analysis and Machine Intelligence, 1980,2(2):165-168.

[32] Frost V S, et al. A model for radar images and its application to adaptive digital filtering of multiplicative noise. IEEE Transactions on Pattern Analysis and Machine Intelligence, 1982,4(2):157-166.

[33] Morel J M, Guo S Y. ASIFT: A new framework for fully affine invariant image comparison. SIAM Journal on Imaging Sciences, 2009,2(2):438-469.

[34] 黄国满, 岳昔娟, 赵争, 等. 基于多项式正射纠正模型得的机载 SAR 影像区域网平差. 武汉大学学报(信息科学版), 2008,33(6):569-572.

[35] Konecny G, Schuhr W. Reliability of radar image data. Proceedings of the 16th ISPRS Congress, Kyoto, 1988:1-10.

[36] 尤红建. SAR 图像对地定位的严密共线方程模型. 测绘学报, 2007,36(2):158-162.

[37] Leberl F. Radargrammetric Image Processing. Norwood:Artech House,1990.

[38] 张利,黄国满,周亚鹏,等. 机载合成孔径雷达图像几何纠正方法研究. 测绘科学,2007,32(6):30-32.

[39] Heinrich O H. Geocoding SAR interferograms by least squares adjustment. ISPRS Journal of Photogrammetry & Remote Sensing,1998,55(4):277-288.

[40] 马婧,尤红建,龙辉,等. 一种新的稀少控制条件下机载 SAR 影像区域网平差方法的研究. 电子与信息学报,2010,32(12):2842-2847.

[41] Crosetto M. Calibration and validation of SAR interferometry for DEM generation. ISPRS Journal of Photogrammetry & Remote Sensing,2002,57(2002):213-227.

[42] Wessel B,Gruber A,et al. TANDEM:Block adjustment of interferometric height models. Proceedings of the ISPRS Workshop 2009,Hannover,2009.

[43] 韩松涛,向茂生. 一种基于特征点权重的机载 InSAR 系统区域网干涉参数代表方法. 电子与信息学报,2010,3(5):1244-1247.

[44] 胡继伟,洪峻,明峰,等. 一种适用于大区域稀疏控制点下的机载 InSAR 定标方法. 电子与信息学报,2011,33(1):1792-1797.

[45] 王宁娜,机载 InSAR 独立模型法 DEM 区域网平差技术研究. 北京:中国测绘科学研究院硕士学位论文,2011.

[46] 毛永飞,向茂生. 基于加权最优化模型的机载 InSAR 联合定标算法. 电子与信息学报,2011,33(12):2819-2824.

[47] 毛永飞,向茂生,韦立登. 一种机载干涉 InSAR 区域网平面定位算法. 电子与信息学报,2012,34(1):166-171.

[48] 马婧,尤红建,胡东辉. F. Leberal 模型与干涉测量模型相结合的机载 InSAR 影像区域网平差. 红外与毫米波学报,2012,31(3):271-276.

[49] 王之卓. 摄影测量原理. 北京:测绘出版社,1984.

[50] 奚梅成. 数值分析方. 合肥:中国科学技术大学出版社,2004.

[51] 尤红建,丁赤飚,向茂生. 机载高分辨率 SAR 图像直接对地定位原理及精度分析. 武汉大学学报(信息科学版),2005,30(8):712-715.

第6章 机载 InSAR 数字高程模型重建

6.1 引 言

在区域网平差后,得到各景影像的三维定位参数。根据定位参数和高程重建的几何模型,可以实现在斜距坐标下的高程反演。而由于 SAR 自身的特点,在水体和阴影区域回波信号弱甚至接收不到回波信号,干涉相位呈现噪声特性,因而反演的高程也近似噪声,需要通过后处理进行 DEM 修复。此外,InSAR 获取的高程实际上是数字表面模型(digital surface model,DSM),需要经过滤波处理获得DEM。在此基础上,根据各景影像的高程值和定位参数可以计算其平面位置,通过正射校正及拼接得到大区域的正射影像(digital orthophoto map,DOM)及正射DEM。具体处理流程如图 6.1 所示。

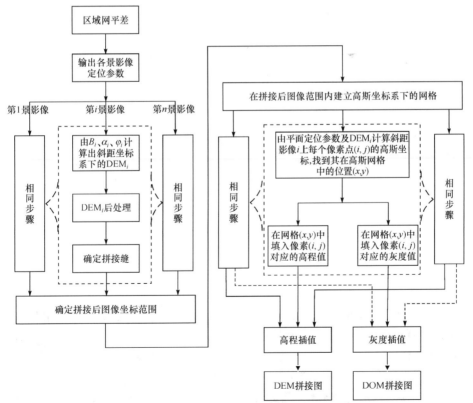

图 6.1 机载 InSAR 数字高程模型重建流程图

本章首先在 6.2 节简单介绍 DEM 反演方法;然后 6.3 节重点介绍 DEM 后处理方法,包括水体和阴影区域的 DEM 修复以及 DSM 滤波;最后 6.4 节介绍正射校正及拼接方法,并通过实测数据实验验证生成产品的精度。

6.2　DEM 反演

机载 InSAR DEM 反演过程较为简单,为便于说明,将机载 InSAR 测量几何关系示意图重新示于图 6.2 中。

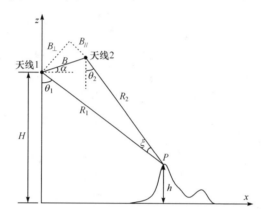

图 6.2　机载 InSAR 测量几何关系示意图

根据雷达平台位置与地面目标的几何关系,目标点的高程按式(6.1)计算:

$$h = H - R_1 \cos\theta_1 = H - R_1 \cos\left(\alpha + \arcsin\left(\frac{B}{2R_1} - \frac{\lambda\phi}{2\pi QB} - \frac{\lambda^2\phi^2}{8\pi^2 Q^2 R_1 B}\right)\right)$$

(6.1)

式中,B、α 分别为区域网联合平差后得到的基线长度和基线角;ϕ 为利用平差得到的相位偏置对解缠相位修正后的绝对干涉相位值。按照式(6.1)可以对各景影像逐一反演出斜距平面下的 DEM。

6.3　DEM 后处理

由于水体和阴影区域回波信号弱甚至接收不到回波信号,因此水体和阴影区域在 SAR 图像上均表现为较暗的区域,干涉相干性较差,相应的干涉相位呈现噪声特性,因而这些区域反演的高程也近似噪声,无法反映地表的真实地形,这也是影响 InSAR 获取 DEM 完整性的主要因素。因此,在 DEM 反演后,需要进行水体和阴影区域的提取及区分,在此基础上分别对水体和阴影区域的 DEM 进行修复。

另外,InSAR 获取的高程数据实际上是数字表面模型(DSM),它是包含地表建筑物、桥梁和树木等高度的地面高程模型,尤其是目前测绘常用的 X 波段 In-SAR,穿透能力比较弱,生成的 DSM 中含有更多的树木等地物的高程。DSM 和 DEM 相比,DEM 只包含了地形的高程信息,并未包含其他地表高程信息,DSM 是在 DEM 的基础上,进一步涵盖了除地面以外的其他地物的高程。因此,如果要获取所需的 DEM,必须去除建筑物、桥梁和树木等非地面的高度。从 DSM 中生成 DEM,在摄影测量、InSAR 和激光雷达(light detection and ranging,LIDAR)领域都会涉及,LIDAR 称为 DSM 滤波。本书在处理 InSAR DSM 数据时也采用这一说法,目的和 LIDAR 是一致的,都是为了去除地表非地面高程,获取真正的地形信息。很多文献对 DSM 和 DEM 不加区分地使用,本书仅在 DSM 滤波这一小节进行区分使用,其他章节均使用 DEM 的说法。

本节首先介绍水体和阴影区域的自动提取及区分,在此基础上分别介绍水体、阴影区域的 DEM 修复方法,最后介绍 InSAR DSM 的滤波方法。

6.3.1　水体和阴影区域自动提取及区分

1. 机载 InSAR 数据水体和阴影提取

如何提取水体和阴影是对其进行 DEM 修复的前提条件。SAR 图像中的水体和阴影检测方法,常用的有基于阈值分割的方法[1]、块跟踪算法[2]、纹理分类算法[3]等,这些方法仅利用了 SAR 幅度图像的信息,对于复杂的场景难以精确提取。而 InSAR 在处理过程中会生成相干系数图这一产品,因此就出现了一些利用相干系数进行水体阴影的提取方法[4-7],但是由于相干系数计算是以估计窗口内的数据满足各态历经过程这一假设为前提的,从而导致相干系数计算不准确而影响提取结果。本节根据水体和阴影区域 DEM 相似的特点,介绍一种基于 DEM 粗差点的水体阴影提取方法。

DEM 数据误差可分为系统误差、随机误差和粗差[8]。系统误差的产生常常是由测量仪器等方面的因素构成的,应尽量使其降低到最低程度;随机误差是一种不具有任何必然规律的观测误差,也可称为噪声;粗差在传统的 DEM 测绘过程中,出现的可能性较小,它实际上是一种错误,对数字高程数据所反映的空间变化的扭曲非常严重,有些情况下,粗差的存在会使 DEM 严重失真甚至完全不可接受。由此可见,水体和阴影区域的 DEM 跳变可以视为粗差,如图 6.3 所示。

对于 DEM 的粗差点检测有很多方法[9,10],InSAR 获取的 DEM 是规则网格的形式,有助于数据粗差检测算法的设计。这里选择基于坡度信息的网格数据粗差检测方法[8]来进行 InSAR DEM 的粗差点检测,算法基于坡度连续性的概念,利用坡度变化差异(differences in slope change,DSC)进行粗差点的检测和取舍。

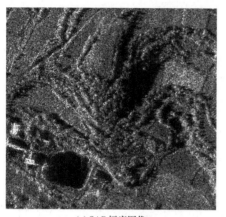

(a) SAR幅度图像

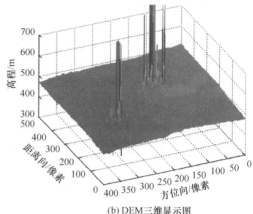

(b) DEM三维显示图

图 6.3　水体阴影在 SAR 幅度图像和 InSAR DEM 中的表现

以图 6.4 中的点 P 为例,粗差点检测的算法步骤如下:

(1) 计算 P 点八邻域的 DEM 坡度值,以水平方向为例,表达如下:

$$\text{slope}_j(i,j) = \{h(i,j+1) - h(i,j)\}/\text{dist} \tag{6.2}$$

式中,dist 是点 $(i,j+1)$ 和点 (i,j) 之间的距离。同理,该领域内可计算水平和垂直方向共计 12 个坡度值。

(2) 计算坡度的变化值,仍以水平方向为例,有

$$\Delta\text{slope}_j(i,j) = \text{slope}_j(i,j) - \text{slope}_j(i,j-1) \tag{6.3}$$

同理可计算每个方向上三个坡度的变化值。

(3) 计算坡度变化差值(DSC),在水平方向上,有

$$\begin{aligned}\text{DSC}_j(i,j,1) &= \Delta\text{slope}_j(i,j) - \Delta\text{slope}_j(i-1,j) \\ \text{DSC}_j(i,j,2) &= \Delta\text{slope}_j(i,j) - \Delta\text{slope}_j(i+1,j)\end{aligned} \tag{6.4}$$

在垂直方向,有

$$\begin{aligned}\text{DSC}_i(i,j,1) &= \Delta\text{slope}_i(i,j) - \Delta\text{slope}_i(i,j-1) \\ \text{DSC}_i(i,j,1) &= \Delta\text{slope}_i(i,j) - \Delta\text{slope}_i(i,j+1)\end{aligned} \tag{6.5}$$

将求取的 DSC 值在两个方向分别求和,得到水平和垂直方向各有一个 DSC 和值。选取合适的阈值,若某一个点在两个方向上的 DSC 和值的绝对值都超过阈值,则认为该点是粗差点。这里阈值的选取是决定检测精度的关键,对于一般的地形图或摄影测量方式获取的数字高程,其中的粗差点较少,可以根据所有数据点在两个方向上的 DSC 和值计算出两个均方根值,并以 K 倍的均方根值作为检验粗差的阈值。而对于 InSAR 数据获取的原始 DEM,如果一个处理区域内水体和阴影范围比较大,会使阈值抬高而检测不出粗差点。因此这里通过在处理区域中分别采集水体、阴影以及正常 DEM 区域的样本,通过统计分析来得到合适的 DSC 和值

的阈值。

$h(i-1,j-1)$	$h(i-1,j)$	$h(i-1,j+1)$
$h(i,j-1)$	P $h(i,j)$	$h(i,j+1)$
$h(i+1,j-1)$	$h(i+1,j)$	$h(i+1,j+1)$

图 6.4　网格数据八邻域示意图

在初步得到粗差点的基础上，为了防止极少数由于数据处理误差形成的粗差点分布到正常区域，可以根据粗差点幅度值较低、相干性较差等特征对其进行一定的优选。

经过以上的筛选，可以将剩余的粗差点当做种子点，在 SAR 斜距图像中进行区域生长，获取水体和阴影的具体区域。区域生长法[11]的难点在于相似性准则的设置，相似性准则可利用 SAR 图像灰度设置阈值。为达到自动选取的目的，阈值设置如下：首先在 SAR 图像中找出粗差对应的所有点，求取其灰度均值 μ 和标准差 σ；然后可以将阈值设置为 $\mu+2\sigma$，小于该值的就认为是水体和阴影区域。区域生长完成之后，就得到水体和阴影的混合模板。由于 SAR 图像斑点噪声的影响，在水体和阴影区域的边缘，往往还存在着一些微小的空洞，可以通过形态学处理，使边缘呈现得更好。

2. 机载 InSAR 数据水体和阴影区分

水体和阴影在 SAR 图像、相干系数图和 DSM 中都表现出相似性，但是两者所包含的地形信息并不一致，因此需要分别进行修复，首先要对水体和阴影进行识别。对于 SAR 图像，常用的自动或半自动区分方法包括引入其他传感器获取的水体模板[12]、引入辅助 DEM[13,14]、融合其他传感器数据[15]等。外源数据的引入都要涉及配准的问题，这会导致一定的误差；而且对于高分辨率 InSAR，无论是外源的水体模板还是 DEM，其分辨率往往较低，对于大型的水体和阴影区分较好，但是对于小型水体和阴影则无能为力。InSAR 自身能够生成 DEM，虽然在水体和阴影区域高程不准确，但是其边缘高程比较准确，更重要的是其 DEM 和 SAR 图像是完全匹配的，因此可以利用 InSAR 自身 DEM 来实现水体和阴影的自动区分。

根据上一步提取的模板在对应的斜距 DEM 上得到每个区域的边缘高程信息,如图 6.5 为阴影区域的成像几何示意图,由此可得

$$h/l = \cos\theta \tag{6.6}$$

式中,h 为阴影起始点和结束点,即图中点 A 和 B 之间的 DEM 差值;l 为点 A 和 B 之间的斜距间隔;θ 为雷达视角。理想情况下,针对提取出的水体阴影混合模板,计算每一对沿距离向分布的起始点和结束点之间的 h/l 值,判断其是否满足式(6.6),如果某一区域中的点对都满足,则该区域为阴影区域。

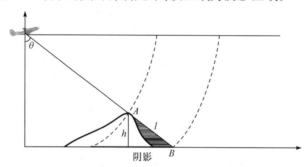

图 6.5　阴影区域成像几何示意图

对于一般的平静水体,如湖泊、池塘等,理想情况下,湖泊和池塘的边缘高程应该是完全相等的,此时式(6.6)变为

$$h/l = 0 \tag{6.7}$$

而河流的边缘高程应该随流向下降,且河流两岸的高程近似相等,但在距离向,河流模板起始点和结束点的高程不一定相等,但是只要河流可见,没有淹没在阴影里,则满足

$$h/l < \cos\theta \tag{6.8}$$

根据上述分析,对于某个检测出来的区域,在已经确定其边缘高程信息的情况下,可以沿距离向搜索,找出区域内沿距离向分布的所有起始结束点对,当式(6.8)成立时,该点对判断为水体,式(6.6)成立时判断为阴影。统计其中水体点对和阴影点对的个数,如果水体点对占优,就判断为水体,反之判断为阴影。经过自动判别,就可以生成满足要求的水体和阴影独立的模板。

根据上述分析,机载 InSAR 数据水体和阴影区域自动提取及区分算法流程如图 6.6 所示。

3. 实验结果分析

实验选取了如图 6.7 所示的具有较多小面积水体区域的机载 InSAR 数据,图 6.7(a)和(b)分别为 SAR 幅度图像和相干系数图,图 6.7(c)为原始的 DEM,其中白色方框区域内既包含水体也包含阴影,其 DEM 的三维显示如图 6.7(d)所示,可以看出水体阴影区域的 DEM 呈现出较大的跳变。

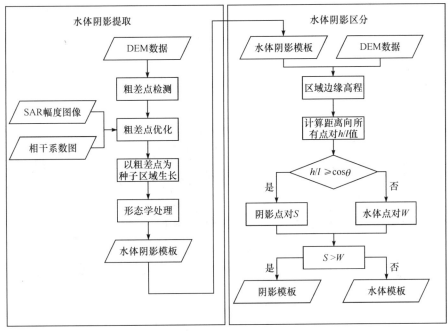

图 6.6　水体阴影区域提取和区分算法流程

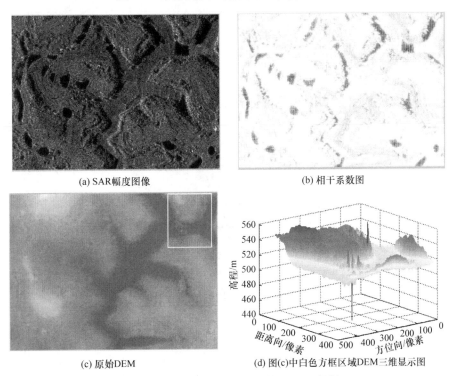

(a) SAR幅度图像

(b) 相干系数图

(c) 原始DEM

(d) 图(c)中白色方框区域DEM三维显示图

图 6.7　包含水体和阴影的机载 InSAR 数据

水体阴影区域提取和识别的结果如图 6.8 所示。其中图 6.8(a)为基于坡度的粗差点检测结果,图 6.8(b)为优化后的粗差点,与图 6.8(a)中粗差点的分布基本一致,表明粗差点基本都分布在水体和阴影区域。图 6.8(c)为水体和阴影的提取结果,与幅度图像对比可见,其中的水体和阴影均能正确地提取出来。图 6.8(d)和(e)分别为自动识别得到的水体模板和阴影模板,可见两者具有很好的区分效果。

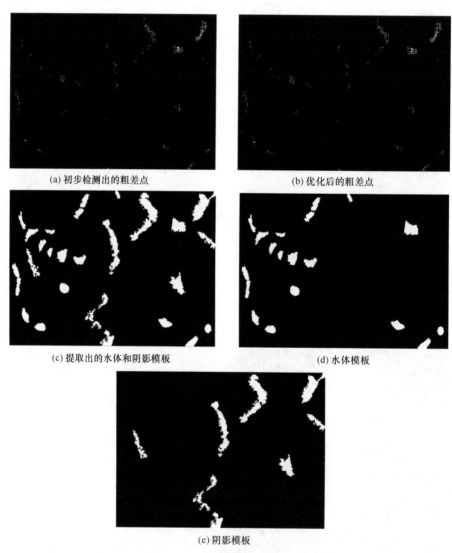

(a) 初步检测出的粗差点　　　　　　　(b) 优化后的粗差点

(c) 提取出的水体和阴影模板　　　　　　(d) 水体模板

(e) 阴影模板

图 6.8　水体和阴影提取及区分结果图

6.3.2 水体区域 DEM 后处理

在提取出水体区域的基础上,本节对水体区域 DEM 进行后处理,主要包括两个方面:一是表面高程一致的平静水体,如池塘、水库和湖泊等;二是高程随流域下降的流动水体,如河流。因此,本节首先在水体区域中实现河流的自动提取,然后对平静水体和流动水体分别进行 DEM 后处理。

1. 河流自动提取

对于河流,其高程表现为沿着河流的流向呈现下降的趋势,并且能够和周边环境融合一致。图 6.9(a)和(b)给出了包含河流区域的 SAR 图像和水体模板。在水体模板中,相比平静水体,河流呈现以下特点:

(1) 河流虽然有时被其他地物,如桥梁等所截断,但是即使被截断,其分段长度仍然较长;

(2) 河流一般表现出蜿蜒曲折的特点,其外接矩形内河流面积所占的比例较低;

(3) 对于近似呈直线型分布的河流,其外接矩形的形状与河流形状具有相似性,即长度远大于宽度。

根据上述三个特点,采取基于外接矩形的方法来快速判定河流区域,为提高处理效率,无须采用高精度的外接矩形算法来实现,而仅进行水平外接矩形的计算。具体处理步骤如下:

(1) 在水体模板内找出每一个连通区域的外接矩形;

(2) 统计外接矩形的长和宽,如果长度小于最小长度阈值,则剔除此区域;

(3) 统计区域内像素数目与外接矩形的总像素数目之比,如果所占比例小于设定的占空比阈值,则直接判断为河流和道路;

(4) 对剩下的区域统计外接矩形的长宽比,如果大于设定的长宽比阈值,则判断为河流和道路。

此时得到的河流和道路由于桥梁等因素的影响会出现间断,如图 6.9(c)所示,为了使其连通起来呈现出完整性,采用形态学闭运算将间断的地方连接起来,如图 6.9(d)所示。

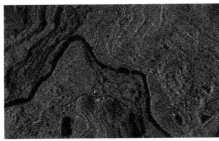

(a) 包含河流区域的SAR图像　　　　　　　　(b) 水体模板

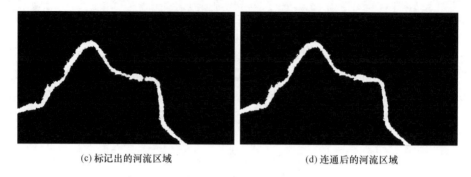

(c) 标记出的河流区域　　　　　　　　(d) 连通后的河流区域

图 6.9　河流的提取与连通处理

2. 平静水体 DEM 后处理

1) 基于整体边缘的高程确定方法

在平静水体中,其水面高程可以认为是一个确定值,其边缘高程信息也可认为是基本相等的。考虑到原始 DEM 中水面高程的随机性,利用边缘高程信息进行 DEM 修复是一个合理可行的方案。然而,由于水体周围存在树木、堤坝等地物,加之系统误差及处理误差的影响,水体周围的高程并非完全一致。图 6.10 为水库的幅度图像及其边缘高程图,从边缘高程展开图中可以看出,平静水体的边缘高程呈现一定的起伏,因此,需对边缘的高程进行一定的滤波处理,文献[12]采取了一种沿边缘进行水体高程确定的方法,步骤如下:

(1) 沿水体边缘提出高程信息。

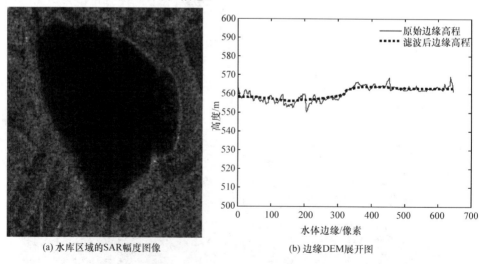

(a) 水库区域的SAR幅度图像　　　　　　(b) 边缘DEM展开图

图 6.10　平静水体及其边缘高程图

（2）对展开的水体边缘高程进行中值滤波，使边缘信息去除掉极高点和极低点，变得相对平滑。

（3）在滤波后的水体边缘线上，寻找最小值作为水体的高程。

确定水体的高程信息之后还需要在水陆交界处做特殊处理，避免定位不准确出现的突变，也符合现实中水陆边界的相对平滑过渡。这里采取加权平滑过渡的方法来实现，如图 6.11 所示。

水面	0.9 (0.1)	0.8 (0.2)	…	…	0.2 (0.8)	0.1 (0.9)	陆地

图 6.11　加权过渡示意图

图 6.11 采用的是 9 个像素宽度的平滑窗口，窗口全部取陆地上的像素点，窗口内的权值有两个，上面为水面高程权值，下面括号内为原始陆地高程权值，两者相加为 1。窗口内像素点的高程采用如下方式计算，以权值为 0.8(0.2) 的像素点为例：

$$h = 0.8h_水 + 0.2h_陆 \tag{6.9}$$

式中，$h_水$ 是水平面高程；$h_陆$ 是该像素的原始高程值。对于非窗口内的点，其高程保持不变，即水面的高程为上一步确定的水面高程，陆地高程保持原始高程不变。这样，水体和陆地的高程就可以较为平滑地过渡，符合实际地形的特点。

2）实验结果分析

实验区域的幅度图像如图 6.12 所示，可见该区域地势相对比较平坦，其中分

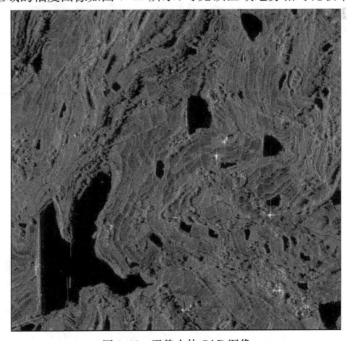

图 6.12　平静水体 SAR 图像

布有不同面积的平静水体,左下角为一个大型水库。其原始 DEM 三维显示如图 6.13 所示,在对应的池塘和水库区域,DEM 呈现急剧的无规则跳变,图 6.14 为经过后处理的 DEM 三维显示图,水面高程的跳变消除,而且和周边的过渡比较平滑。

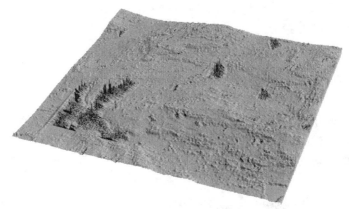

图 6.13　原始 DEM 三维显示图

图 6.14　平静水体修复后的 DEM 三维显示图

如图 6.15(a)给出了平静水体 DEM 修复前后的等高线图,可以看出,原始 DEM 高程数据在平静水体区域,等高线非常密集,几乎成块状显示,这也反映出此处 DEM 高程的变化急剧,而从图 6.15(b)的等高线可以看出,水体中间没有等高线出现,表明水体高程达到一致,完成了平静水体 DEM 修复的目标。

3. 流动水体 DEM 后处理

1) 基于骨架的高程确定方法

流动水体的高程应该与其两岸的高程相适应,可以采取空间插值的方法来实

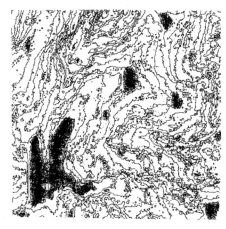

(a) 原始DEM等高线图　　　　　　　　　　(b) 水体DEM修复后的等高线图

图 6.15　平静水体修复前后等高线对比图

现。DEM 内插就是根据若干相邻参考点的高程求出待定点的高程值,在数学上属于插值问题。任意一种内插方法都是基于原始地形起伏变化的连续光滑性,也就是说临近的数据点间有较大相关性才可能由临近的数据点内插出待定点的高程。内插的中心问题在于邻域的确定和选择适当的插值函数。常用的空间插值方法有最邻近点法、距离权倒数法、移动平均法、克里金法等[16]。

在实际地形条件下,沿岸高程是复杂多变的,例如,树木等会影响沿岸的高程,加上高程误差的存在,如果单纯采用空间插值的方法,在河流内部会出现高程不平滑现象,因此要尽可能减少沿岸因素的影响。本节提出基于河流骨架的修复方法来实现,算法原理及实施步骤如下:

(1) 提取河流的骨架。

采用形态学骨架提取的算法提取河流的骨架,河流的骨架保持了河流的形状信息,但是不可避免地会产生无关的短"毛刺"或寄生成分。目前如何去除毛刺是图像处理中一个经典的问题和研究热点,但是一般方法都存在只能去除很短"毛刺"或者骨架主体被去除的缺点。考虑到去除"毛刺"的复杂性,算法中并不对"毛刺"进行去除,因为骨架主体和"毛刺"都存在于河流中,"毛刺"比较接近于岸边,而骨架呈中心线分布,两者的高程结合更有助于河流高程信息的选取。

(2) 河流骨架的高程计算。

对于骨架上的每一个点,可利用沿岸的真实高程来内插计算,内插采取实际中广为应用的反距离加权方法,表示为

$$h_p = \sum_{i=1}^{n} p_i h_i \Big/ \sum_{i=1}^{n} p_i \qquad (6.10)$$

式中，h_p 是待定点的高程；h_i 是第 i 个参考点的高程值；n 是参考点的个数；p_i 是第 i 个参考点的权重。加权平均法的影响因素主要包括搜索点数 n、搜索方向、权函数等[17]，本节采用的搜索方向为四方向，点数为 8～12 个，权函数为

$$p=1/r^2 \tag{6.11}$$

式中，r 为待定点到参考点的距离。搜索窗口采取动态窗口，即如果满足条件的参考点数不够，则增大窗口。

（3）骨架高程的优化。

由于沿岸高程的多变性以及内插等因素的影响，河流骨架上的高程点并不平滑。因此，需要对骨架点的高程进行适当的优化。对于每一个骨架点，统计一定窗口内所有骨架点高程的中值，并以中值代替此骨架点高程，这样可以有效去除误差极值。

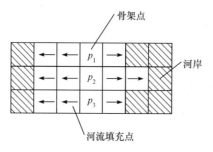

图 6.16　河流区域高程生成示意图

（4）河流高程值的生成。

通过对骨架点高程的优化，其骨架的高程已经基本符合河流沿流向下降的地形特点。因此，通过骨架点向岸边进行高程值的复制，如图 6.16 所示，直至将所有的河流区域填充完毕。

（5）河流与沿岸的平滑修正。

为了使修复的河流高程融入周边环境，在水陆交接处需要进行平滑过渡，过渡的方法和平静水体一致，采取如图 6.11 所示的加权过渡模板进行平滑。

2）实验结果分析

实验区域仍为图 6.9(a)所示的 SAR 图像，其原始 DEM 高程三维显示图如图 6.17 所示。其中，河流内的高程起伏较大，同时平静水体和阴影区域的 DEM 也呈现剧烈跳变。图 6.18 为修复之后的 DEM 高程三维显示图，可见，河流的高程已经适应地形的实际情况。修复前和修复后的等高线对比图如图 6.19 所示，从

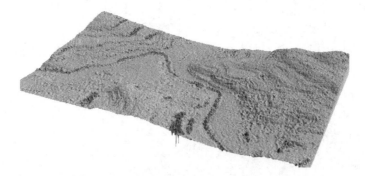

图 6.17　河流区域的原始 DEM 三维显示图

图 6.19(a)中可以看出，河流区域的等高线密集而且不呈现任何规律性，而图 6.19(b)中修复后的河流等高线则呈现一定的规律性，局部高程变换平缓，没有等高线穿过，从河流整体高程看，上游和下游中间有等高线穿过，表明其高程有呈流域下降趋势。

图 6.18　河流区域后处理后的 DEM 三维显示图

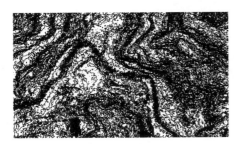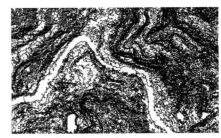

(a) 原始 DEM 等高线　　　　　　　　　　(b) 河流 DEM 修复后的等高线

图 6.19　河流区域等高线对比图

由于道路与河流的特征类似，因此图 6.20 给出了道路和河流同时存在的情况，从左向右横跨图像的为道路，比较平直；位于图像右边的为河流，和道路在右上角交叉。原始 DEM 及修复后的 DEM 三维显示图分别如图 6.21 和图 6.22 所示，从图中可以看出，道路和河流的 DEM 都很好地得到修复。图 6.23 显示了修复前后的等高线对比图，图 6.23(a)中道路与水体中的等高线都显得非常密集，高程起伏非常严重。经过修复之后，图 6.23(b)中无论是河流还是道路都呈现局部平缓的特征，河流沿流域下降，而道路与路两旁高程保持同样的起伏趋势。

图 6.20　道路和河流交叉的 SAR 图像

图 6.21　道路和河流区域原始的 DEM 三维图

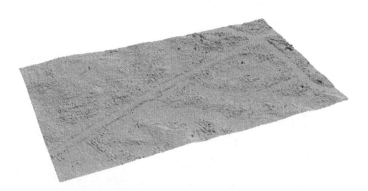

图 6.22　道路和河流区域处理后的 DEM 三维图

(a) 原始DEM等高线　　　　　　　(b) DEM修复后的等高线

图 6.23　道路和河流区域处理前后等高线对比图

6.3.3　阴影区域 DEM 后处理

在提取出阴影区域的基础上,本节介绍阴影区域 DEM 后处理方法。在 SRTM 高程数据中,也存在着一些由于阴影导致的数据空洞。对于数据空洞的修补,很多学者在这方面进行了研究,并开发出大量的 SRTM 数据空洞的填补工具[18],如表 6.1 所示。

表 6.1　SRTM 数据空洞填补工具

工具名称	处理方法	开发者或公司	说明
Intrepid Software	最小曲率算法	GeoImage Ltd SRTM product	有多种内插方法可供选择
SRTM FILL V1.00	逐次内插	3D Nature	对较小的空洞(如 4 个像素)有效
SRG Axis		Tao@WTUSM gistudio@tom.com	对单像素空洞填补效果较好
CIAT ARCINFO AML	等高线内插法	Hijmans 等	从 DEM 中提取等高线内插后进行填补
SAGA	提供各种内插方法	Bolch 等	使用 DEM 进行填补,可作精确分析
DEM Tools		TerraSim	可作为 ArcGIS 的扩展模块使用,自动填补 DEM 空洞
SRTM FILL Script	设定一个像素的缓冲区,再计算加权平均值	MicroImage	对单像素空洞采用内插,对多像素空洞采用 DEM 填补

工具名称	处理方法	开发者或公司	说明
DRG SRTM Void Killer		http://www.dgadv.com	仅对 SRTM30 数据进行内插填补
Blackart V3.99	拉普拉斯算子等	http://www.terrainmap.com	对填补 1°×1° SRTM 数据效果最好
Landformer Pro	最近邻域等	http://www.geomantics.com	需要加载 DCW 文件或已有地形图、等高线辅助内插

上述方法大部分是基于内插的方法,即由空洞周围的数据来估计中心缺失的数据,这种方法对于小块或散乱的点状空洞效果较好,比较贴近实际地形的变化特征,但是对于大块区域则无能为力。而在起伏较大的高山地区,常存在大面积的阴影区域,这种情况下,外源 DEM 融合是一种切实可行的获取完整地形数据的途径。这种方法相对简单,但在实际处理中外源 DEM 与要求的 DEM 存在分辨率、坐标系、精度等不一致的问题。本节首先介绍基于外源 DEM 融合的大面积阴影区域 DEM 修复方法,然后针对小面积的阴影,给出一种基于阴影线插值的 DEM 修复方法。

此外,另一个解决这一问题的思路是融合同一区域的多角度 InSAR 观测数据,从而在某一角度下的阴影区域可以利用其他角度的数据补偿[19,20]。本节的最后将介绍机载 InSAR 多角度数据融合的处理流程及实验结果。

1. 基于外源 DEM 融合的阴影区域 DEM 后处理

1) 算法流程

第 5 章中已经介绍了 SRTM 和 ASTER GDEM 两类目前常用的外源 DEM 数据,由于 ASTER GDEM 的栅格分辨率相比 SRTM3 更为接近机载高分辨率 In-SAR DEM 的分辨率,因此本节选取 ASTER GDEM 作为外源 DEM。

ASTER GDEM 数据是在 WGS84 坐标系下,其高程基准为 EGM96 水准面[21],而需要处理的机载高分辨率 InSAR DEM 是在斜距坐标系中,因此首先需要将 ASTER GDEM 从大地坐标系(WGS84)转换到斜距图像坐标系中,使外源数据与斜距 DEM 像素坐标对应起来。

由于两者的水平分辨率差异较大,高程差异分布不均匀,因此直接将 GDEM 数据填补上阴影区域,会导致修补区域和其他区域的高程差异很大,尤其是在边界出现十分明显的高程阶跃。所以,基于数据融合的阴影修复方法首先需要对两者的高程差异进行修正,并进行边缘辅助处理。具体的处理步骤如下。

（1）高程差异修正。

实验表明，机载 InSAR DEM 和 ASTER GDEM 的高程偏差并不是全区域均匀恒定的，所以每个阴影区域都需要单独进行高程差异修正。由于阴影区域内部的高程为错误高程，因此采取边缘统计的方式获取区域高程差。首先提取阴影区域的外边缘，为了减少边缘点高程误差，提取的外边缘可增加到几个像素宽度，然后利用式（6.12）计算两者在此阴影区域的整体高程偏差：

$$\Delta h = \sum_{i=1}^{N} (h_i - h_{\mathrm{ASTER}\_i})/N \tag{6.12}$$

式中，N 为阴影区域外边缘的像素总个数，h_i 为机载 InSAR DEM 阴影外边缘单个像素的高程，h_{ASTER_i} 为 ASTER GDEM 中单个像素在相同位置的高程。

（2）外源 DEM 的修正填充。

将机载 InSAR DEM 中的阴影区域每一点的高程用修正后的 ASTER GDEM填充：

$$h_{\mathrm{comp}\_i} = h_{\mathrm{ASTER}\_i} + \Delta h \tag{6.13}$$

式中，h_{comp_i}、h_{ASTER_i} 分别表示阴影区域内部同一个点的 InSAR DEM 修正值和ASTER GDEM 值；Δh 为上一步求得的整体高程偏差。

（3）边缘融合处理。

由于上述步骤是计算 ASTER GDEM 与 InSAR DEM 的平均高程偏差，在阴影区域的边缘仍然会存在一定的跳变，这里通过沿距离向调整的方式使两者无缝融合。

图 6.24 为沿距离向调整 DEM 的示意图，其中 $\overset{\frown}{A_1 B_1}$ 为只经过高程差异修正后的 ASTER GDEM，与 InSAR 的边缘高程点 A_2、B_2 还有一定的差异。为消除边缘的跳变，使其平滑过渡，将 ASTER GDEM 的边缘点 A_1、B_1 的高程值分别修正Δh_1、Δh_2，中间点的高程修正值通过线性插值进行计算，以 P 点为例，表达如下：

$$\Delta h = (\Delta h_1 l_2 + \Delta h_2 l_1)/(l_1 + l_2) \tag{6.14}$$

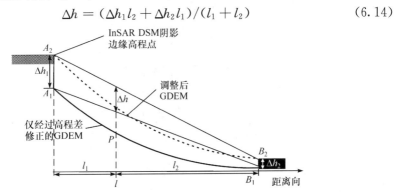

图 6.24　沿距离向调整示意图

式中，l_1、l_2 分别代表点 P 到阴影近距端和远距端的距离。

调整之后的 ASTER GDEM 在距离向和 InSAR DEM 已经达到较好的融合

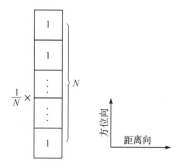

图 6.25　方位向滤波掩膜示意图

效果，但是在方位向由于相邻两行的高程存在一定的差异，可能会出现一些条纹效应，因此再对阴影区域采取方位向的线状均值滤波即可减弱此影响，其滤波掩膜如图 6.25 所示。

2）实验结果分析

实验区域的 SAR 幅度图像如图 6.26（a）所示，图像大小为 3951×4501 像素，区域内由于山体坡度较大，在背坡形成了大面积的阴影区域。其原始 DEM 如图 6.26（b）所示，颜色越浅表示高度越高，阴影内部由于高程的剧烈跳变，其灰度深浅不一，而且远远超出真实地形的灰度范围。图 6.26（c）显示了采取数据融合方式获取的 DEM，可见，其中的阴影区域高程已经得到很好的修正，但是由于两者分辨率的差异，DEM 中的填充区域出现"马赛克"效应，这是由于低分辨率的 ASTER GDEM 转换到 InSAR DEM 中时仅采用了最简单的最近邻插值法，实际处理中为了进一步提高融合效果，可以采用双线性插值、sinc 插值等其他插值方法。

(a) SAR 幅度图像

(b) 原始DEM

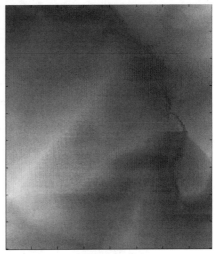
(c) 处理后的DEM

图 6.26　山体阴影区域 SAR 图像及处理前后的 DEM

2. 基于阴影线插值的阴影区域 DEM 后处理

1) 算法流程

本节第一部分介绍了利用数据融合的方式修复大面积阴影区域的 DEM,但对于小面积的阴影区域该方法并不适用。在 4.7.4 节介绍了阴影区域的相位解缠方法,从几何关系和局部频率两个角度的分析均得出了阴影区域的起始点和结束点之间干涉相位差很小,因此可以利用起始点和结束点处的干涉相位线性拟合出阴影区域内部的干涉相位,从而避免相位解缠时误差的传播。在此基础上,通过高程反演可以得到阴影区域的高程信息。值得注意的是,这样得到的并不是阴影区域内的高程信息,而是阴影线的高程(图 6.27)。但是阴影线的高程是阴影区域未知

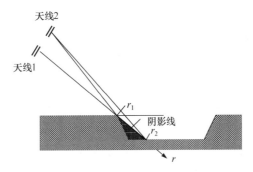

图 6.27　InSAR 阴影区域成像几何示意图

高程的上限值,而且对于小面积的阴影区域,其内部的高程变化较小,可近似认为阴影线的高程贴近于地形坡度,因此沿这条线进行 DEM 重建是合理的。

因此,对小面积的阴影区域逐行沿距离向进行基于阴影线的 DEM 内插,具体步骤如下:

(1) 阴影线上的高程确定。

扫描阴影区域每一行,得到距离向近距端和远距端的两个边缘点,这两个边缘点不仅提供了高程信息,也提供了水平距离信息。根据这两个边缘点的高程对阴影中的每一个像素点按式(6.15)进行内插:

$$h = h_{near} - (h_{near} - h_{far}) \cdot l_{tonear} / l \tag{6.15}$$

式中,h_{near} 是近距端边缘点高程;h_{far} 是远距端边缘点高程;l_{tonear} 是待插值点到近距端边缘点的距离;l 是阴影近距端和远距端之间的距离。

(2) 减弱条纹现象及边界融合。

按行填充 DEM 会导致条纹现象的出现,这是由相邻两行的边缘高程差异值导致的,在基于数据融合的 ASTER GDEM 调整中也存在这种现象。对于小面积阴影区域,这个现象将更加明显。因此同样可以采取如图 6.25 所示的线状掩膜对阴影区域及其边缘进行滤波处理。

2) 实验结果分析

实验选取了一小块由地形起伏导致的小面积阴影区域,幅度图像如图 6.28(a)所示,图像大小为 368×713 像素。图 6.28(b)为原始 DEM 的三维显示图,可见,小面积阴影区域的 DEM 跳变也非常剧烈。图 6.28(c)给出了融合 ASTER GDEM 数据修复后的结果,这里仅进行了整体高程修正,没有进行边缘处理,可以明显看出补充的 DEM 没有表现出相应的高程变化,因为相对 ASTER GDEM 的分辨率,该区域比较小,因此高差表现不明显。基于阴影线插值的修复结果如图 6.28(d)所示,其中阴影下面的坡度信息已经表现出来,虽然和实际地形存在一定的误差,但是作为推测高程已经能够满足实际需要。

(a) SAR幅度图像　　　　　　　　　　(b) 原始DEM三维显示图

(c) 外源数据融合后的DEM三维显示图　　　(d) 基于阴影线插值后的DEM三维显示图

图 6.28　小面积阴影区域 SAR 图像及处理前后的 DEM

3. 基于多角度 InSAR 数据融合的阴影区域 DEM 恢复

1) 算法流程

通过多次飞行分别从不同方向照射测区,从而形成不同的几何畸变区域。如图 6.29 所示,从山体左侧照射时,AB 段在图像上形成阴影区域,从右侧照射时,CD 段形成阴影区域。将多角度 InSAR 数据分别进行成像、干涉处理可以获得各自非阴影区域的 DEM,分别进行地理编码后,在地理坐标系下进行多角度数据的拼接即可得到整个测区的地形图。

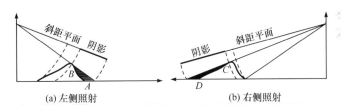

(a) 左侧照射　　　　　　　　(b) 右侧照射

图 6.29　山区地形不同方向照射成像几何示意图

在实际数据处理过程中,如果得到的单一角度 DEM 误差较大,则在多角度数据拼接时会出现“拼接缝”的现象。而在山区地形条件下,人为地布设控制点非常困难,无法通过不同角度图像中控制点之间的仿射变换消除目标三维定位的不一致性。因此,要达到在无控制点情况下的多角度数据“无缝拼接”,需要在单一角度数据处理的过程中尽可能地减小误差,从而尽可能消除重叠区域 DEM 的不一致现象。一方面,运动补偿是机载 InSAR 处理的关键步骤之一。在山区地形条件下,参考高程的误差是引起运动补偿误差的主要原因,从而影响干涉相位和反演DEM 的精度。另一方面,受几何畸变的影响,山区地形的相位滤波及解缠也是一个复杂的问题。因此,为实现多角度 InSAR 数据的融合,需要针对运动补偿、相位滤波及解缠等步骤采用高精度的处理方法进行各个角度数据的处理,具体算法在前面章节均已经介绍过,这里不再详细说明。

2) 实验结果分析

本节采用由中国科学院电子学研究所研制的 X 波段机载双天线 InSAR 系统于 2011 年 7 月在四川绵阳地区采集的数据，进行阴影区域 DEM 恢复实验。实验通过从两个方向对同一场景进行照射，获得两组干涉数据，其中一组数据为由东向西飞行获得的，另一组数据为由西向东飞行获得的，航迹示意图如图 6.30 所示。

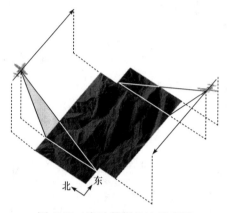

北 东

图 6.30　实验数据航迹示意图

两个角度得到的图像差异较大，尤其在山区地形条件下，将会形成不同的阴影区域，利用这一特点通过拼接互补实现阴影区域的干涉测量。对一幅 7km×10km 大小的图像分别进行两个角度的处理得到各自的正射 DEM 和 DOM，并进行拼接，结果如图 6.31（见文后彩图）所示。由图可以看出，在拼接图中没有明显的拼接缝现象，达到了较好的拼接效果，但仍然存在少量无法测量高程的区域（图中高程置零的区域），这是由于这些区域在两个角度的图像中均表现为相干性较差的区域，后续还可以进一步利用多个角度数据进行补充。

北

东

0m　　　　625m　　　　1250m

(a) 由东向西飞行数据对应的DEM(见文后彩图)

(b)由东向西飞行数据对应的DOM

0m　　　　　　625m　　　　　　1250m

(c)由西向东飞行数据对应的DEM(见文后彩图)

(d) 由西向东飞行数据对应的DOM

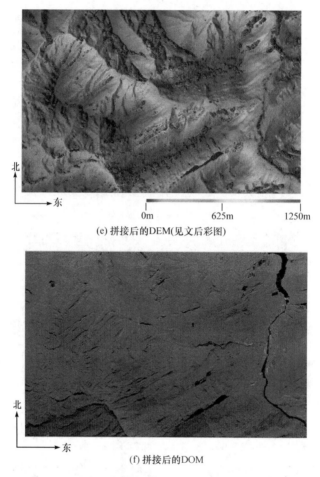

(e) 拼接后的DEM(见文后彩图)

(f) 拼接后的DOM

图 6.31　两个角度数据生成的 DEM 和 DOM 及拼接结果

6.3.4　DSM 滤波

本节首先介绍典型的 InSAR DSM 滤波方法,在此基础上对基于曲面拟合的 DSM 重构方法进行改进,融合 InSAR 相干系数和幅度图,可以使重构的 DEM 更加接近实际地形。

1. 典型 InSAR DSM 滤波方法介绍

专门针对 InSAR DSM 进行滤波的方法相对较少,主要有构建 DSM 图像金字塔滤波方法[22,23]、基于曲面拟合的 DSM 滤波方法[24]和借鉴 LIDAR 的滤波方法[25]等,下面分别进行介绍。

1) DSM 图像金字塔滤波方法

DSM 图像金字塔滤波方法[22] 的基本思想是：首先构建 DSM 金字塔，认为 DSM 金字塔顶层得到的就是 DEM；然后逐层向下进行 DEM 重构，每一层地面点的选取由本层的候选地面点和上一层重构的 DEM 共同决定，迭代计算直到最低层完成 DEM 的重构。主要操作步骤如下：

首先，建立 DSM 金字塔，区别于普通的图像金字塔构建算法，其上一层每个点的高程值来自于下一层的局部最小值。金字塔层数由测区最大地物尺寸决定，即 DSM 金字塔最高层获取的高程信息中已经全部是地面点信息。

然后，从最高层开始逐层向下选择地面点并重构 DEM。选取规则为：以第 n 层为例，在本层根据局部最小值找出候选地面点，逐点与第 $n+1$ 层重构的 DEM 进行比较，如果超出指定阈值则删除此点，再根据剩余的地面点重构出第 n 层的 DEM。如此重复直到金字塔最底层，即构建出与原始 DSM 分辨率相同的 DEM。

2) 基于曲面拟合的 DSM 滤波方法

基于曲面拟合的 DSM 滤波方法[24] 是从原始的 InSAR DSM 出发，利用候选地面点拟合出地势面，然后调整距离拟合面超过阈值的候选地面点。主要操作步骤如下：

(1) 提取候选地面点。其提取候选地面点的方式与 DSM 金字塔滤波方式相同，都是采用局部最小值作为候选地面点。

(2) 调整不合理的候选地面点。在调整不合理的候选地面点时采取的是曲面拟合的方式，具体方法为设置一个特定窗口，如图 6.32 所示，其中待调整点为空心方框，空心和实心圆点都是候选地面点。根据空心圆点构建曲面，若待调整点到曲面的距离大于指定阈值，则把待调整点高程调整到曲面相应的位置上；否则，待调整点高程不变。空心点的查找约束条件为：点位于窗口的四个象限而且距离中心点最远。因此窗口的选择非常重要，必须使窗口大于测区最大地物。

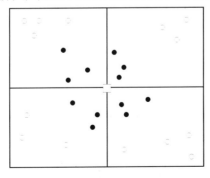

图 6.32　待调整点与其邻域分布

（3）DEM 内插。经过调整之后的地面点则认为是真正的地面点，然后选择插值方法进行 DEM 内插，对于每一个待插值点，其内插参考点选用图 6.32 的实心圆点进行，实心圆点的查找约束条件为：点位于窗口的四个象限而且距离中心点最近。

3）借鉴 LIDAR 的滤波方法

DSM 滤波在 LIDAR 领域一直是研究热点，目前已经开发出各式各样的算法，很多已经应用于商业领域，并取得了不错的效果。根据技术路线的差异，这些算法大致可分为三类：形态学方法、基于内插的方法和基于曲面约束的方法[26]。

形态学方法通常是在局部区域设定一定大小的滤波窗口，利用形态学开运算，剔除高于地面的点，得到逼近地形的一个表面[27]。该方法的好处是简单直观，且有现成的理论依据。缺点是算法易受滤波窗口大小的影响，且不能很好地处理地形变化剧烈的区域。

基于内插的方法的核心思想是通过一个较粗的起始 DEM，逐步从备选数据点中筛选并内插加密 DEM 达到分类的目的。此方法原理清晰，计算简单，并能较好地处理地形起伏变化较大的山区，特别是具有大片树林的山区地形。其缺点就是容易导致过检测，并且对数据中存在的误差比较敏感。

基于曲面约束的方法是将地面看成一个连续且平缓变化的表面，所以可用带限制条件的参数曲面约束分类。然而，此方法过于强调地形的平缓变化，忽略了地形的复杂性，因此在地形变化剧烈的山区会存在一定问题。而且由于曲面计算和分析计算量较大，此类算法的运行效率相对比较低。

ISPRS 第三委员会第三工作组曾发起了一项针对多种滤波算法滤波效果比较的研究，通过对比 8 种不同的滤波方法，Sithole 指出所有的滤波算法在平坦的乡村地形上都表现得非常好，但是在复杂的城市区域与含有植被的粗糙地形上都出现了错误，目前尚且不存在一种适用于各种地形的全自动 LIDAR DSM 滤波算法[28]。

2. 改进的基于曲面拟合的机载 InSAR DSM 滤波方法

根据上述已有的滤波方法可见，对机载 InSAR DSM 进行滤波生成 DEM，一般处理流程包括以下三个步骤：

（1）候选地面点的生成；

（2）对候选地面点进行优化，找出真实的地面点；

（3）根据真实地面点进行 DEM 内插重建。

不同算法的主要区别表现在第（2）步。构建 DSM 金字塔的方法每一层都需重构 DEM，中间有一层出错就会影响下一层，容易出现误差累积，而且其构建 DSM 金字塔时极易受粗差点的影响，而在 InSAR 原始 DSM 中粗差点大量存在，如果地面点位于粗差低点，会造成正常地面点大于判决阈值而被删除，不仅损失更多的地形细节信息,而且会使 DEM 中的高程值偏低。

曲面拟合的方式具有一定的剔除粗差的功能,但是如果建筑物或者树丛等地物的范围较大,整个窗口位于建筑物或树丛内,那么如图 6.32 所示的空心圆点仍然是非地面点,构成的趋势面不能剔除地物高程点;如果待判断的候选地面点处于建筑物或树丛的边缘,那么有部分空心点会处于地物之上,造成拟合面严重偏离地形面,使真实地面点调整错误,从而导致 DSM 滤除不够干净。此外,如果指定的窗口过大,会对地形过度平滑,损失部分地形细节信息;而窗口太小,又不能滤除大于此窗口的建筑和树丛等地物。

由于 InSAR 和 LIDAR 的 DSM 数据在精度方面存在一定的差异,如果直接在 InSAR 的 DSM 网格中采用 LIDAR 的 DSM 滤波方法进行处理,则会被原始 DSM 的噪声所影响,使得地面点提取的错误较多。而且由于 InSAR 在数据处理过程中受干涉相位滤波等因素的影响,使 DSM 的相邻点高程变得近似连续,并不如 LIDAR 的 DSM 中建筑边缘的高程区分明显,所以有些 LIDAR 的 DSM 滤波算法并不适用于 InSAR。

针对已有的 DSM 滤波方法的不足,本节对基于曲面拟合的 DSM 滤波方法进行改进,融入相干系数图和 SAR 图像,不仅使拟合窗口能够自适应变化,还可以使尽可能多的地面点参与拟合,使非地面候选点的调整更加准确,从而使生成的 DEM 更加接近实际地形。下面分别介绍改进算法的各个步骤。

1) 候选地面点生成

从 DSM 中获取 DEM 的第一步就是找出合理的候选地面点。这一步骤除了确定可能的局部地面点,还有一个很重要的作用,就是减弱 DSM 中噪声的影响。很多 DSM 滤波算法都假定地面点是局部范围内的高程极小值点,这里同样采取这一策略。在 DSM 上获取候选地面点,需要考虑局部窗口的大小,窗口越小,在整个 DSM 区域中所能选取的候选点密度就越高,越有利于 DEM 插值重建,但是,窗口变小也会导致错误的候选地面点增多,如果错误点剔除不完全反而会使 DEM 精度降低;相反,窗口越大,损失的地形细节就越多,因此需要进行折中考虑。

为了使候选地面点分布均匀,同时也避免重复获取同一个点作为候选地面点的情况,直接把 DSM 分成窗口大小的块,每块里面寻找到候选地面点。这些点中有一部分不是地面点,一方面由于候选点窗口一般不能很大,而地物大于窗口时,候选点可能分布在地物上面;另一方面,这些点中会有一部分为阴影区域的非地形极小值点,尽管在 6.3.3 节进行了阴影区域的修复,但是在阴影提取算法中,对于极小的阴影区域是忽略不计的,因为 DSM 噪声的存在,如此小的阴影很难判别出来。

2) 候选地面点优化

(1) 相干系数辅助优化。

由于阴影区域在 DSM 中具体表现为无规则的急剧跳变,会大量出现极小值点,从而会使候选地面点落到阴影区域。排除这些非地面最低点,一种简便快速的方法就是利用相干系数。由于机载 InSAR,尤其是双天线干涉测量方式的相干系数相对较高,因此可采取硬阈值的方式对 InSAR 相干系数图进行二值化。如果候选地面点的相干系数高于阈值则保留,低于阈值则直接剔除。

经过相干系数的辅助优化,大部分非地形极小值点已经得到去除,后面再利用曲面拟合和 SAR 粗分类图像可以对残留的非地形极小值点进行去除。

(2) SAR 图像和曲面拟合辅助优化。

如果候选地面点位于建筑物或树丛等地物上面,计算其到地表趋势面的高度差是行之有效的判断方法。地表趋势面一般可用平滑的数学表面来表示,通常采用高阶多项式来拟合构建。但是由于二次或者高次多项式本身的不稳定性,容易产生并不符合实际地形的起伏。Zhang 等[24]通过对比实验,发现采取平面拟合的方式优于二次或者更高阶次的曲面。所以这里曲面拟合的方式采取平面来实施,更有利于错误候选点的检测。平面方程为

$$z = a_0 + a_1 x + a_2 y \tag{6.16}$$

式中,z 表示候选点高程值;x、y 分别表示候选点在斜距平面的距离向坐标和方位向坐标。根据最小二乘原理,可知拟合系数 a_0、a_1、a_2 由式(6.17)得出:

$$A = (M^T P M)^{-1}(M^T P Z) \tag{6.17}$$

式中,$A = [a_0, a_1, a_2]^T$;$Z = [z_1, z_2, \cdots, z_n]^T$;$M = \begin{bmatrix} 1 & x_1 & y_1 \\ 1 & x_2 & y_2 \\ \vdots & \vdots & \vdots \\ 1 & x_n & y_n \end{bmatrix}$;$P = \begin{bmatrix} p_1 & & 0 \\ & \ddots & \\ 0 & & p_n \end{bmatrix}$,

$p_1, \cdots, p_n$ 为相应点的权系数,n 是用来拟合的点数。

基于曲面拟合的 DSM 滤波方法在进行曲面拟合时,采取如图 6.32 所示的固定窗口,用来拟合曲面的参考点如其中的空心圆点所示。前面已经介绍过其不足之处在于这些空心圆点很可能分布到树木或者建筑上面。如果仅有极个别点出现错误,对构造的平面不会造成大的影响,因为这里采取最小二乘法,其采样点一般取 12 个左右,从而不会造成中心点的误判。但是如果分布在树木或者建筑上的点较多,则构建的平面偏离实际地表面会很严重,会导致中心点的误判。

为了改善这一情况,可以利用 SAR 图像的分类结果来优化候选地面点。如果 SAR 图像能够准确区分出树丛或建筑等地物,那么在 DSM 中直接删除或调整相应的点就可以实现精确地面点选取。考虑到精细的分类算法往往很复杂,大大增加处理时间,加之采取最小二乘平面拟合的方式能够容忍一定的点出现偏差,而不影响中心点高程的判断,因此这里采取比较快速的粗分类算法。

与普通 SAR 图像的地物分类不同,这里仅仅进行两类问题的区分,一类为包含地物区域,包括树木、建筑等;另一类为不包含地物区域,主要指裸地和草地等。

在图像分类和分割中,异质性测量常常作为一种有用的辅助工具辅助分类,异质性测量可以对图像中的纹理和细节进行很好的描述[29]。变差系数作为 SAR 图像异质性测量的指标之一,能够反映局部纹理和边缘信息[30]。变差系数的定义为局部标准差和均值的比值,表达如下:

$$C_s = \frac{\sigma_s}{\mu_s} \tag{6.18}$$

式中,C_s 为变差系数;σ_s 为局部标准差;μ_s 为局部均值。建筑物和树木在机载高分辨率 SAR 图像中表现出较大的异质性,而裸地和草地区域则表现出同质性。如图 6.33 所示,变差系数灰度化图能够很明显地标记出包含地物区域和不包含地物区域。图 6.33(a)中白色矩形框内的不包含地物区域亮度较高,但在变差系数图中与其他不包含地物区域类似,椭圆标记区域为树丛区域,其在变差系数图中与建筑区也类似。因此通过变差系数图进行粗分类可以用于曲面拟合参考点的选取。得到变差系数图后采取 OSTU 最大类间方差法[31]自动选取阈值对其进行分类,如图 6.33(c)所示即变差系数分类结果。包含地物区域和不包含地物区域已经比较准确地定位出来。

(a) SAR幅度图像　　　　　　　　　　　　　　(b) 变差系数图

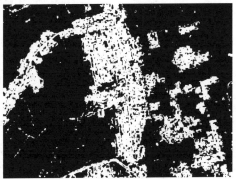

(c) 分类结果图

图 6.33　变差系数分类结果

根据上述分析,SAR 图像和曲面拟合辅助优化的步骤如下:

(1) 设置初始窗口大小。

(2) 在窗口内寻找合乎要求的点,这些点要满足四个条件:必须位于分类后的不包含地物区域;远离窗口中心;分布在至少三个象限;点数为 12 个(如图 6.32 所示的空心点所示)。

(3) 如果窗口内的点不满足步骤(2)中的条件,则增大窗口,返回步骤(2)继续执行;否则,执行步骤(4)。

(4) 计算待优化点的高程与拟合高程之差,如果大于阈值,则将待优化点的高程值更新为拟合高程;否则,保留原值不变。

3) DEM 插值重构

候选地面点经过以上的优化和调整,非地面点已经基本去除或改正,接下来就是利用离散的地面点进行 DEM 的插值重构。DEM 插值算法有很多,这里选用较为常用的加权平均法(也称为反距离加权法),搜索方向为四方向(如图 6.32 所示的四个象限);点数为 8~12 个;权函数如式(6.11)所示。

搜索窗口采取动态矩形窗口,首先寻找最近的地面点(如图 6.32 中实心圆点所示),值得注意的是,经过调整的点也认为是地面点,即所有剩下的点都要参与内插重构,如果窗口内满足条件的参考点数不够,则增大窗口直到满足条件为止;然后利用式(6.10)来确定内插点的高程值。利用反距离加权算法对 DEM 进行逐点内插,最终完成 DEM 的重建。

4) 实验结果分析

图 6.34 和图 6.35 分别给出了改进的基于曲面拟合 DSM 滤波算法在城区和山坡起伏地区的滤波效果,从滤波前后 DEM 的差值图像可以看出,包含地物区域的高程得到了有效的去除。从滤波后的 DEM 来看,其高程噪声也得到有效抑制,

(a) SAR幅度图像

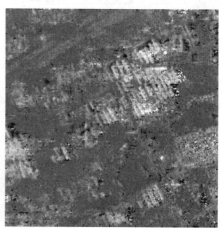

(b) 原始DSM

(c) 滤波后的DEM　　　　　　　　　(d) 滤波前后的DEM差值

图 6.34　城区 DSM 滤波结果

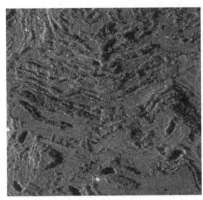

(a) SAR幅度图像

(b) 原始DSM三维显示图

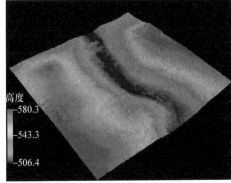

(c) 滤波后DEM三维显示图

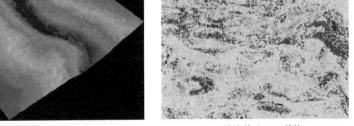

(d) 滤波前后DEM差值

图 6.35　山坡区域 DSM 滤波结果

如图 6.36 所示山坡区域原始 DSM 和滤波后的 DEM 等高线可以很明显看出,在等高线间距都为 5m 的情况下,原始 DSM 在未进行任何平滑滤波情况下其等高线密集杂乱,滤波之后则显得平滑清晰。

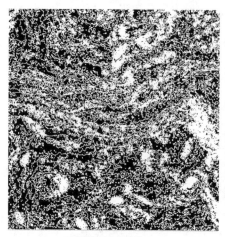 

(a) 原始DSM等高线   (b) 滤波后的DEM等高线

图 6.36 山坡区域滤波前后 DEM 等高线对比图

6.4 正射校正及拼接

在经过 DEM 后处理之后,基本上消除了水体和阴影等低相干区域的 DEM 噪声,并且经过滤波处理使 DEM 更加接近真实地形。但此时的 DEM 仍然是各景影像斜距坐标系下的高程,要得到地形测绘的高级产品,还需要对所有影像进行正射校正,也就是使用影像的平面定位参数及其对应的斜距坐标系下的 DEM 将区域内所有影像及 DEM 转换到地理坐标系下,并通过对多景影像及 DEM 的拼接,得到地理坐标系下整个区域的 DOM 及 DEM。本书采用高斯投影坐标系作为最终产品的坐标系。

另外,SAR 成像时,受距离向天线方向图调制的影响,通常在图像的近距和远距端信噪比较低,相应区域的 DEM 也存在一定的噪声,因此在对多景影像进行拼接时,应考虑这一因素,合理地选取拼接缝,尽可能避免使用低信噪比区域的图像和 DEM 数据。

在确定的拼接缝范围内,可以对各景影像进行正射校正,获得在高斯投影坐标系下的 DEM 和 DOM 产品。逐点校正和分块校正是正射校正时最常用的两种方法,本节将首先介绍这两种方法的处理步骤,然而利用机载双天线 InSAR 数据进行正射校正及拼接实验,并通过实测检查点验证生成产品的精度。

6.4.1　逐点校正

逐点校正就是对斜距图像中的每一像素都按照定位模型公式进行计算而得到实际的地面坐标,再按照采样间隔对实际地面坐标中的每个点进行重采样完成图像的正射校正。逐点正射校正的具体步骤如下:

(1) 根据定位公式计算地面坐标。

在确定的拼接缝范围内,将反演出的 DEM 值以及定位参数代入距离-多普勒方程,依次计算斜距图像上每一个像素点 (x,y) 的地面坐标 (X_G,Y_G)。已知距离多普勒公式为

$$\begin{cases} (X_S-X_G)^2+(Y_S-Y_G)^2+(Z_S-Z_G)^2=(R_0+\rho_r x)^2 \\ (X_S-X_G)V_X+(Y_S-Y_G)V_Y+(Z_S-Z_G)V_Z=-\dfrac{f_d\lambda(R_0+\rho_r x)}{2} \end{cases} \quad (6.19)$$

式中,令 $\Delta X=X_S-X_G$, $\Delta Y=Y_S-Y_G$, $\Delta Z=Z_S-Z_G$, $R=R_0+\rho_r x$, $F_d=\dfrac{f_d\lambda(R_0+\rho_r x)}{2}$,则式(6.19)可写为

$$\begin{cases} \Delta X^2+\Delta Y^2+\Delta Z^2=R^2 \\ V_X\Delta X+V_Y\Delta Y+V_Z\Delta Z=-F_d \end{cases} \quad (6.20)$$

由于已经得到了斜距坐标系下的 DEM,因此目标点的高程值 Z_G 已知,即 $\Delta Z=Z_S-Z_G$ 是已知值,将 ΔZ 代入式(6.20)后,求解二元二次方程,可得

$$\begin{cases} \Delta X=\dfrac{-B\pm\sqrt{B^2-4AC}}{2A} \\ \Delta Y=-\dfrac{F_d+V_X\Delta X+V_Z\Delta Z}{V_Y} \end{cases} \quad (6.21)$$

式中

$$A=1+\left(\dfrac{V_X}{V_Y}\right)^2$$

$$B=\dfrac{2V_X(F_d+V_Z\Delta Z)}{V_Y^2} \quad (6.22)$$

$$C=\dfrac{F_d^2+2F_dV_Z+V_Z^2\Delta Z^2}{V_Y^2}+\Delta Z^2-R^2$$

因此,斜距图像上的某点 (x,y) 对应的地面坐标为

$$\begin{cases} X_G=X_S-\Delta X \\ Y_G=Y_S-\Delta Y \end{cases} \quad (6.23)$$

式(6.23)即机载 InSAR 的直接定位公式[32]。其中,$X_S = X_{S0} + V_X \dfrac{y}{\mathrm{PRF}}$,$Y_S = Y_{S0} + V_Y \dfrac{y}{\mathrm{PRF}}$。

(2) 将地面坐标转换成高斯坐标。

根据坐标转换关系将地面坐标(X_G, Y_G, Z_G)转换到高斯坐标系下的坐标$(X_{\mathrm{Gauss}}, Y_{\mathrm{Gauss}}, Z_{\mathrm{Gauss}})$。

(3) 找到高斯坐标在高斯网格中的位置。

高斯坐标$(X_{\mathrm{Gauss}}, Y_{\mathrm{Gauss}}, Z_{\mathrm{Gauss}})$在高斯坐标网格中的位置为

$$\begin{cases} a = (X_{\mathrm{Gauss}} - X_{\mathrm{Gauss\_lt}})/\mathrm{res}_X \\ b = (Y_{\mathrm{Gauss}} - Y_{\mathrm{Gauss\_lt}})/\mathrm{res}_Y \end{cases} \tag{6.24}$$

式中,$(X_{\mathrm{Gauss\_lt}}, Y_{\mathrm{Gauss\_lt}})$是高斯网格左上角坐标;$\mathrm{res}_X$是高斯网格中 X 方向的采样间隔;res_Y是 Y 方向的采样间隔。

将该点的图像幅度或高程值填入网格(a, b)中,这样将每一点的图像幅度值和高程值都从斜距图像坐标系转换到高斯坐标系下,就可以得到正射校正后的 SAR 幅度图像,即 DOM,以及正射校正后的 DEM。

(4) 幅度/高度插值。

正射校正要在水平面上进行等间隔采样,而 SAR 侧视成像是在斜距方向进行等间隔采样,因此将 SAR 的侧视方向转换成正垂直水平面的方向,会造成采样不均匀,尤其在近距端的图像和地形起伏较大的地方会更加明显。图 6.37(a)显示了正射校正后 SAR 幅度图像的欠采样现象。因此,需要对正射校正后的 SAR 幅度图像和 DEM 均进行内插处理,图 6.37(b)为插值后的 DOM。

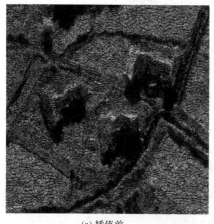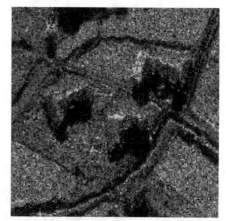

(a) 插值前　　　　　　　　　　　　　　(b) 插值后

图 6.37　内插处理前后的 DOM 对比

6.4.2　分块校正

对整幅 InSAR 图像中的每个像元按照定位方程进行逐点正射校正是非常耗时的,为了提高正射校正的效率,可以采用图像分块校正的策略来实现[33]。分块校正的具体步骤如下:

(1) 划分子块。

首先,在拼接缝范围内将每一幅 InSAR 的斜距影像划分成一定大小的子块。子块大小的选取可根据地形的复杂程度确定,地形起伏较大的区域分块应较为密集,而相对平坦的区域分块可以较为稀疏。

(2) 计算出各子块的四角点坐标。

按照式(6.23)及式(6.24)计算出各个子块四个角点的高斯坐标,并找到其在高斯网格中的位置。如图 6.38 所示,左侧黑色交叉点为分块的四角点,右侧黑色交叉点为四角点在高斯网格中的坐标。

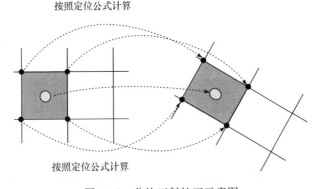

图 6.38　分块正射校正示意图

(3) 计算仿射变换系数。

得到每个子块的四个角点的高斯坐标后,建立高斯坐标系下子块与斜距坐标系下子块之间的仿射变换关系如下:

$$\begin{cases} x = a_0 + a_1 i + a_2 j + a_3 ij \\ y = b_0 + b_1 i + b_2 j + b_3 ij \end{cases} \tag{6.25}$$

式中,(x, y) 是斜距图像中的坐标;(i, j) 是正射校正后的图像坐标。

根据四个角点的坐标可以计算出仿射变换系数 $(a_0, a_1, a_2, a_3, b_0, b_1, b_2, b_3)$。将四个角点代入仿射变换公式,可得如下方程:

$$
\begin{bmatrix}
1 & i_1 & j_1 & i_1j_1 & 0 & 0 & 0 & 0 \\
0 & 0 & 0 & 0 & 1 & i_1 & j_1 & i_1j_1 \\
1 & i_2 & j_2 & i_2j_2 & 0 & 0 & 0 & 0 \\
0 & 0 & 0 & 0 & 1 & i_2 & j_2 & i_2j_2 \\
1 & i_3 & j_3 & i_3j_3 & 0 & 0 & 0 & 0 \\
0 & 0 & 0 & 0 & 1 & i_3 & j_3 & i_3j_3 \\
1 & i_4 & j_4 & i_4j_4 & 0 & 0 & 0 & 0 \\
0 & 0 & 0 & 0 & 1 & i_4 & j_4 & i_4j_4
\end{bmatrix}
\begin{bmatrix}
a_0 \\ a_1 \\ a_2 \\ a_3 \\ b_0 \\ b_1 \\ b_2 \\ b_3
\end{bmatrix}
=
\begin{bmatrix}
x_1 \\ y_1 \\ x_2 \\ y_2 \\ x_3 \\ y_3 \\ x_4 \\ y_4
\end{bmatrix}
\tag{6.26}
$$

则仿射变换系数为

$$
\begin{bmatrix}
a_0 \\ a_1 \\ a_2 \\ a_3 \\ b_0 \\ b_1 \\ b_2 \\ b_3
\end{bmatrix}
=
\begin{bmatrix}
1 & i_1 & j_1 & i_1j_1 & 0 & 0 & 0 & 0 \\
0 & 0 & 0 & 0 & 1 & i_1 & j_1 & i_1j_1 \\
1 & i_2 & j_2 & i_2j_2 & 0 & 0 & 0 & 0 \\
0 & 0 & 0 & 0 & 1 & i_2 & j_2 & i_2j_2 \\
1 & i_3 & j_3 & i_3j_3 & 0 & 0 & 0 & 0 \\
0 & 0 & 0 & 0 & 1 & i_3 & j_3 & i_3j_3 \\
1 & i_4 & j_4 & i_4j_4 & 0 & 0 & 0 & 0 \\
0 & 0 & 0 & 0 & 1 & i_4 & j_4 & i_4j_4
\end{bmatrix}^{-1}
\begin{bmatrix}
x_1 \\ y_1 \\ x_2 \\ y_2 \\ x_3 \\ y_3 \\ x_4 \\ y_4
\end{bmatrix}
\tag{6.27}
$$

（4）填充子块内部。

由仿射变换关系逐点计算校正后子块中的点在原始斜距图像中的位置,然后将斜距图中该位置上的幅度或高程值赋予校正图上对应的点。然而,由仿射变换关系计算出的斜距图中的坐标并不是整数,因此,也需要利用一定的插值方法进行重采样。

（5）对每一景影像重复第(1)～(4)步,完成整个测绘区域影像的正射校正。

6.4.3　正射校正及拼接实验

本节利用机载双天线 InSAR 数据进行正射校正及拼接实验,并通过实测检查点验证生成产品的精度。

实验区域为四川绵阳地区,采用两组机载 X 波段 InSAR 数据分别进行1:10000 和 1:50000 的地形图制作,两组数据的参数如表 6.2 所示。第一组数据如图 6.39(a)所示,用于制作 1:10000 地形图,共有 4 条航带,每条航带又包括2 景影像,整个区域覆盖范围为距离向 13km,方位向 43km。第二组数据如图 6.39(b)所示,用于制作 1:50000 地形图,共有 5 条航带,每条航带 1 景影像,整个区域覆盖范围为距离向 18km,方位向 24km。

表 6.2　实验数据参数

参数	第一组数据	第二组数据
载机高度/m	3600	6200
工作模式	标准模式	标准模式
场景地形	丘陵	丘陵，山地
区域覆盖范围	13km×43km	18km×24km
影像数目	4 航带×2 景	5 航带×1 景
实测高程检查点个数	195	245
实测平面检查点个数	112	65

(a) 1∶10000实验数据

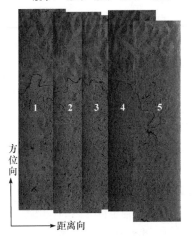

(b) 1∶50000实验数据

图 6.39　测区影像浏览图

采用基于 RDP 模型的光束法联合平差方法对两组数据分别进行实验,采用两端布设 GCPs 的方案,第一组实验中影像 1、2、7、8 上分别布设 4、3、4、4 个 GCPs,如图 6.40(a)所示,第二组实验中航带 1 和航带 5 上分别布设 3 个 GCPs,如图 6.40(b)所示。区域网平差后按照图 6.1 所示的流程进行 DEM 后处理、设置拼接缝、正射校正及拼接。

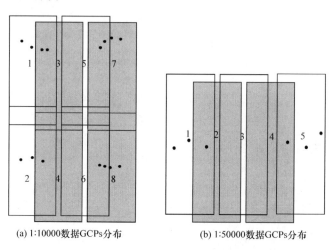

　　(a) 1:10000数据GCPs分布　　　　　　　　(b) 1:50000数据GCPs分布

图 6.40　　GCPs 分布图

在正射校正时,由于 1∶10000 测区地形较平缓,因此采用分块校正的方法以提高处理速度;而 1∶50000 测区西部较为平缓,但是东部位于山区,起伏较大,因此采用逐点校正方法。

由于 1∶10000 地图精度要求较高,因此输出正射校正图的高斯网格间隔设为 1m。而 1∶50000 地图精度要求较低,因此输出正射校正图的高斯网格间隔设为 2m。

在第 5 章区域网平差的实验中,均是以未参与运算的少量 GCPs 作为检查点来检验平差精度,但是这些少量的点并不能用于检验正射校正及拼接后的精度,因此,必须使用实测点对最终的产品进行精度检验。测量实测检查点不需要使用角反射器测量,只需要使用手持 GPS 测量仪就可以完成。实测检查点包括高程检查点和平面检查点,高程检查点一般放置在周围较为平坦的地方,如田地中;平面检查点一般选在图像中较为明显的标志物处,如道路交叉口、电线杆等位置。在本实验中,1∶10000 数据中共有 195 个实测高程检查点,112 个实测平面检查点,1∶50000 数据有 245 个实测高程检查点,65 个实测平面检查点。

1∶10000 数据的 DEM 拼接图及 DOM 拼接图如图 6.41(a)和(b)所示。

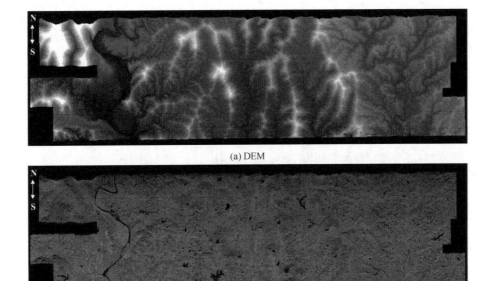

(a) DEM

(b) DOM

图 6.41　1∶10000 数据正射校正及拼接结果

　　1∶10000 数据拼接后实测检查点的高程精度如图 6.42 所示,平面精度如图 6.43 所示。根据 1∶10000 丘陵地区制图要求[34],高程精度≤1.2m,平面精度≤5m。高程误差大于 2×1.2m,平面误差大于 2×5m 的点认为是粗差点,图 6.42 中的粗差点用圆圈标出。表 6.3 给出了 1∶10000 数据实测检查点的误差统计结果。

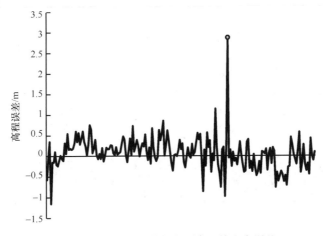

图 6.42　1∶10000 数据实测高程检查点误差

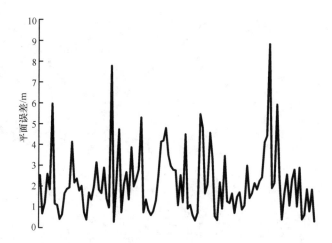

图 6.43　1∶10000 数据实测平面检查点误差

表 6.3　1∶10000 数据实测检查点误差统计

	粗差点个数	粗差率	剔除粗差后		
			中误差/m	最大误差/m	最小误差/m
高程	1	0.005	±0.35	1.154	0.003
平面	0	0	2.699	8.882	0.302

1∶50000 数据的 DEM 拼接图及 DOM 拼接图如图 6.44(a)和(b)所示。

(a) DEM

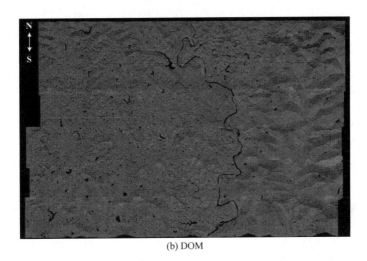

(b) DOM

图 6.44　1：50000 数据正射校正及拼接结果

　　1：50000 数据拼接后实测检查点的高程精度如图 6.45 所示，平面精度如图 6.46 所示。根据 1：50000 丘陵地区制图要求[35]，高程精度≤3m，平面精度≤25m。高程误差大于 2×3m，平面误差大于 2×25m 的点认为是粗差点，图 6.45 中的粗差点用圆圈标出。表 6.4 给出了 1：50000 数据实测检查点的误差统计结果。

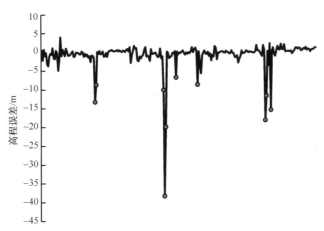

图 6.45　1：50000 数据实测高程检查点误差

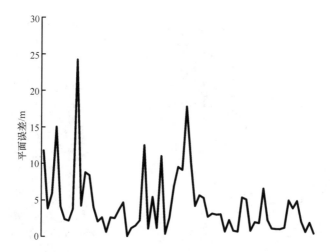

图 6.46　1∶50000 数据实测平面检查点误差

表 6.4　1∶50000 数据实测检查点误差统计

	粗差点个数	粗差率	剔除粗差后		
			中误差/m	最大误差/m	最小误差/m
高程	10	0.04	±1.21	5.803	0.001
平面	0	0	6.369	24.238	0.108

6.5　小　　结

本章介绍了机载 InSAR 数字高程模型重建的处理流程,重点介绍了 DEM 后处理的方法,包括水体和阴影区域的 DEM 修复方法以及 DSM 滤波方法。针对影像的正射校正,介绍了逐点校正和分块校正两种常用的方法,并利用实测机载双天线 InSAR 数据进行了多景影像的正射校正和拼接实验,最后通过实测检查点验证了产品的精度满足制图要求,体现了机载 InSAR 在地形测绘领域的重要价值。

参 考 文 献

[1] 安成锦,牛照东,李志军,等. 典型 Otsu 算法阈值比较及其 SAR 图像水域分割性能分析. 电子与信息学报,2010,32(9):2215-2219.

[2] 朱俊杰,郭华东,范湘涛. 高分辨率 SAR 图像的水体边缘快速自动与精确检测. 遥感信息,2005,5:29-31.

[3] 胡德勇,李京,陈云浩,等. 单波段单极化 SAR 图像水体和居民地信息提取方法研究. 中国图象图形学报,2008,13(2):257-263.

[4] 王健,向茂生,李绍恩. 一种基于 InSAR 相干系数的 SAR 阴影提取方法. 武汉大学学报(信息科学版),2005,30(12):1063-1066.

[5] 韩松涛,向茂生. 一种基于干涉成像几何的水体类地表干涉处理方法. 遥感技术与应用,2007,22(1):105-108.

[6] 索志勇,李真芳,吴建新,等. 干涉 SAR 阴影提取及相位补偿方法. 数据采集与处理,2009,24(3):264-269.

[7] 韩松涛. 水体类地表干涉处理方法研究. 北京:中国科学院电子学研究所硕士学位论文,2006.

[8] 李志林,朱庆. 数字高程模型. 武汉:武汉大学出版社,2003.

[9] Hannah M J. Error detection and correction in digital terrain models. Photogrammetric Engineering and Remote Sensing,1981,47(1):63-69.

[10] Felicísimo A M. Parametric statistical method for error detection in digital elevation models. ISPRS Journal of Photogrammetry and Remote Sensing,1994,49(4):29-33.

[11] 冈萨雷斯,等. 数字图像处理. 2 版. 阮秋琦,等译. 北京:电子工业出版社,2007.

[12] Slater J A,Garvey G,Johnston C,et al. The SRTM data "finishing" process and products. Photogrammetric Engineering and Remote Sensing,2006,72(3):237-247.

[13] Hahmann T,Martinis S,Twele A,et al. Extraction of water and flood areas from SAR data. Proceedings of the 7th European Conference on Synthetic Aperture Radar(EUSAR), Friedrichshafen,2008:1-4.

[14] 杨存建,魏一鸣,王思远,等. 基于 DEM 的 SAR 图像洪水水体的提取. 自然灾害学报,2002,11(3):121-125.

[15] 熊金国,王丽涛,王世新,等. 基于多光谱影像辅助的微波遥感水体提取方法研究. 中国水利水电科学研究院学报,2012,10(1):23-28.

[16] 黄文捷. 利用插值算法填补 SRTM3 DEM 数据空洞的比较分析. 江西测绘,2007,(3):25-29.

[17] 张锦明,郭丽萍,张小丹. 反距离加权插值算法中插值参数对 DEM 插值误差的影响. 测绘科学技术学报,2012,29(1):51-56.

[18] 阚瑷珂,朱利东,张瑞军,等. 基于数据融合的 SRTM 数据空洞填补方法. 地理空间信息,2007,5(3):62-64.

[19] Schmitt M,Stilla U. Utilization of airborne multi-aspect InSAR data for the generation of urban ortho-images. Proceedings of International Geoscience and Remote Sensing Symposium,Honolulu,2010:3937-3940.

[20] Gruber A,Wessel B,Huber M,et al. The approach for combing DEM acquisitions for the TanDEM-X DEM mosaic. Proceedings of International Geoscience and Remote Sensing Symposium,Melbourne,2013:2970-2973.

[21] ASTER GDEM Validation Team. ASTER Global DEM Validation Summary Report. METI/ERSDAC NASA/LPDAAC USGS/EROS,2009.

[22] Wang Y,Mercer B,Tao V C,et al. Automatic generation of bald earth digital elevation mod-

els from digital surface models created using airborne IFSAR. Proceedings of 2001 ASPRS Annual Conference, Missouri, 2001.

[23] Jiang L, Xiang M. Derivation of bald earth digital elevation models with X band airborne InSAR. Proceedings of IEEE the 2nd Asian-Pacific Conference on Synthetic Aperture Radar, Xi'an, 2009: 800-804.

[24] Zhang Y, Tao C V, Mercer J B. An initial study on automatic reconstruction of ground DEMs from airborne IFSAR DSMs. Photogrammetric Engineering and Remote Sensing, 2004, 70(4): 427-438.

[25] 付春永, 原喜屯, 许珂, 等. 一种基于高分辨率机载 SAR 的 DEM 制作方法. 测绘通报, 2012, 4: 50-51.

[26] 黄先锋, 李卉, 王潇. 机载 LiDAR 数据滤波方法评述. 测绘学报, 2009, 38(5): 466-469.

[27] Kilian J, Haala N, Englich M. Capture and evaluation of airborne laser scanner data. International Archives of Photogrammetry and Remote Sensing, 1996, 31(B3): 383-388.

[28] Sithole G, Vosselman G. Experimental comparison of filter algorithms for bare-Earth extraction from airborne laser scanning point clouds. ISPRS Journal of Photogrammetry and Remote Sensing, 2004, 59(1): 85-101.

[29] 陈杰, 朱晶, 周荫清, 等. 复杂目标场景合成孔径雷达图像异质性分析与测量方法研究. 电子学报, 2008, 36(9): 1687-1692.

[30] Lopes A, Touzi R, Nezry E. Adaptive speckle filters and scene heterogeneity. IEEE Transactions on Geoscience and Remote Sensing, 1990, 28(6): 992-1000.

[31] Ostu N. A threshold selection method from gray-level histogram. IEEE Transactions on Systems, Man and Cybernetics, 1979, 9(1): 62-66.

[32] 尤红建, 丁赤飚, 向茂生. 机载高分辨率 SAR 图像直接对地定位原理及精度分析. 武汉大学学报(信息科学版), 2005, 30(8): 712-715.

[33] 尤红建, 付琨. 合成孔径雷达图像精准处理. 北京: 科学出版社, 2011.

[34] GB 13990—1992. 1: 5000、1: 10000 地形图航空摄影测量内业规范. 北京: 中国标准出版社, 1992.

[35] GB 17157—1997. 1: 25000、1: 50000、1: 100000 地形图航空摄影测量内业规范. 北京: 中国标准出版社, 1998.

彩　　图

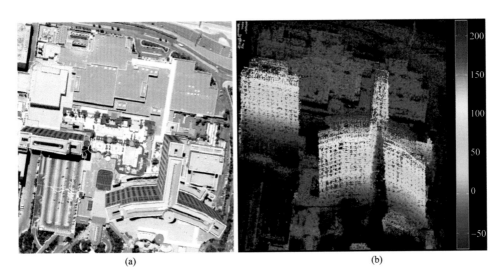

(a)　　　　　　　　　　　　　　(b)

图 1.1　拉斯维加斯 Bellagio 酒店三维重建结果

图 1.3　智利铜矿区域 TanDEM-X 生成的 DEM

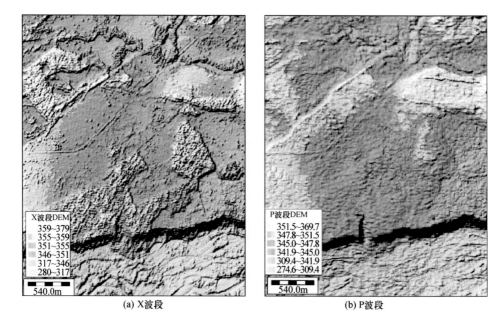

图 1.6　GeoSAR 系统 X、P 波段 DEM 测绘结果

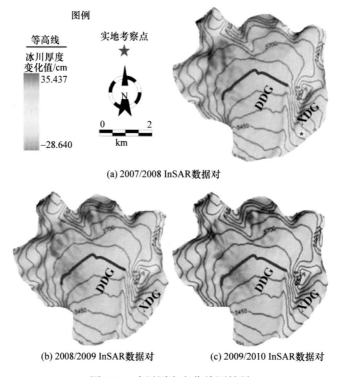

(a) 2007/2008 InSAR数据对

(b) 2008/2009 InSAR数据对　　　　　(c) 2009/2010 InSAR数据对

图 1.7　冰川厚度变化检测结果

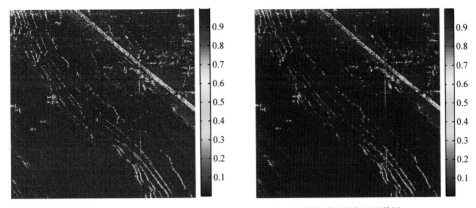

(a) 粗配准后的相干系数图　　　　　　　(c) 精配准后的相干系数图

图 4.5　配准后的相干系数图及其统计直方图

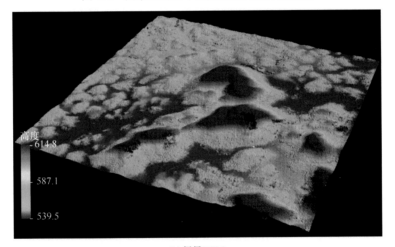

(a) 场景DEM

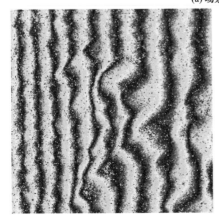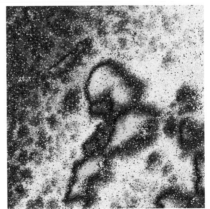

(b) 去平地效应前干涉相位图　　　　　　(c) 去平地效应后干涉相位图

图 4.7　去平地效应效果图

(a) 幅度图像

(b) 干涉相位图

图 4.34　ERS 数据叠掩区域幅度图像和干涉相位图

图 4.38　实测叠掩区域干涉相位图

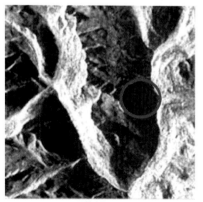

(a) 幅度图像

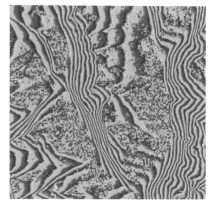
(b) 干涉相位图

图 4.41　SRTM 数据阴影区域幅度图像和干涉相位图

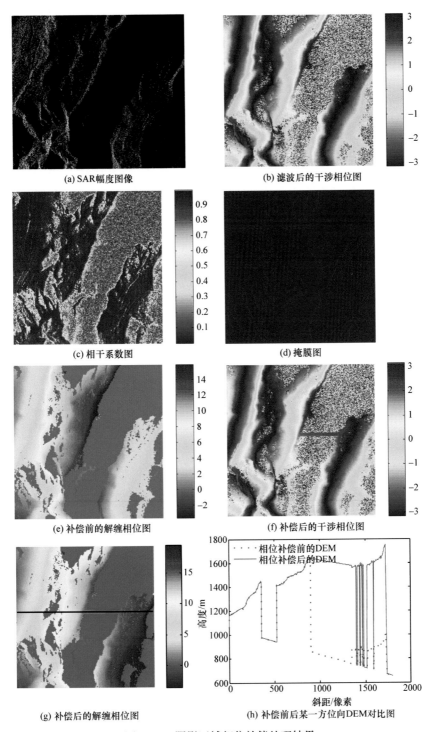

(a) SAR幅度图像

(b) 滤波后的干涉相位图

(c) 相干系数图

(d) 掩膜图

(e) 补偿前的解缠相位图

(f) 补偿后的干涉相位图

(g) 补偿后的解缠相位图

(h) 补偿前后某一方位向DEM对比图

图 4.44　阴影区域相位补偿处理结果

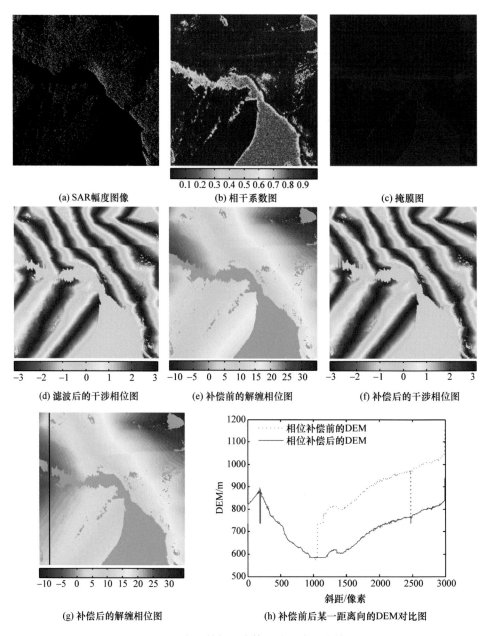

(a) SAR幅度图像　　　　(b) 相干系数图　　　　(c) 掩膜图

(d) 滤波后的干涉相位图　　(e) 补偿前的解缠相位图　　(f) 补偿后的干涉相位图

(g) 补偿后的解缠相位图　　(h) 补偿前后某一距离向的DEM对比图

图 4.47　实测数据 1 水体区域相位解缠结果

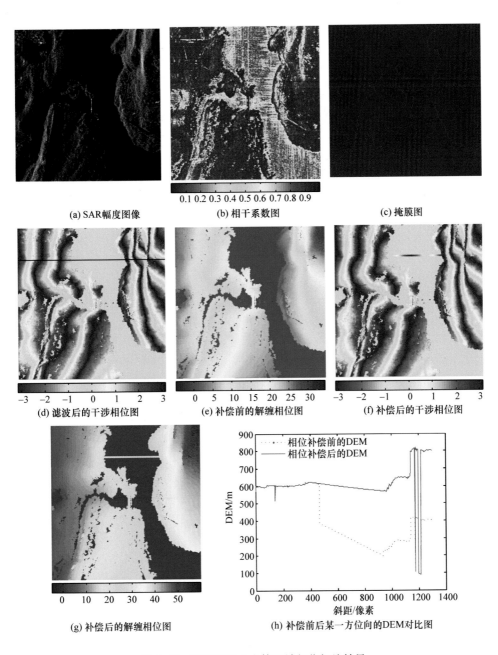

(a) SAR幅度图像   (b) 相干系数图   (c) 掩膜图

0.1 0.2 0.3 0.4 0.5 0.6 0.7 0.8 0.9

−3 −2 −1 0 1 2 3   0 5 10 15 20 25 30   −3 −2 −1 0 1 2 3

(d) 滤波后的干涉相位图   (e) 补偿前的解缠相位图   (f) 补偿后的干涉相位图

0 10 20 30 40 50

(g) 补偿后的解缠相位图

(h) 补偿前后某一方位向的DEM对比图

图 4.48   实测数据 2 水体区域相位解缠结果

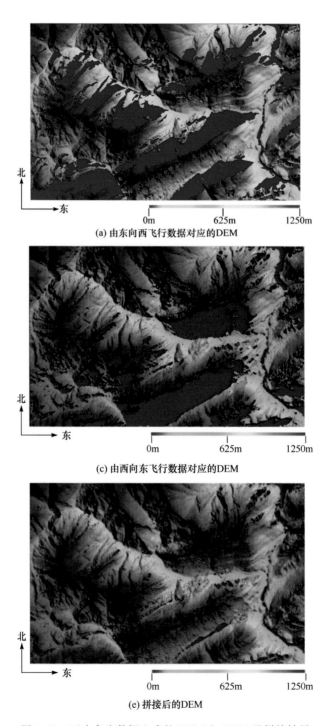

北
→东

0m　　625m　　1250m

(a) 由东向西飞行数据对应的DEM

北
→东

0m　　625m　　1250m

(c) 由西向东飞行数据对应的DEM

北
→东

0m　　625m　　1250m

(e) 拼接后的DEM

图 6.31　两个角度数据生成的 DEM 和 DOM 及拼接结果